全国教育科学"十一五"规划课题研究成果

现代工程制图

第 4 版

○主 编 陈雪菱 李 丽

U0185341

中国教育出版传媒集团

高等教育出版社·北京

内容提要

本书是在第 3 版的基础上,根据教育部高等学校工程图学课程教学指导分委员会制订的《高等学校工程图学课程教学基本要求》,结合有关院校近几年的教学实践成果修订而成的。

全书共 12 章:第一章制图的基本知识与技能,第二章点、直线与平面的投影,第三章基本立体及其表面交线,第四章组合体,第五章轴测图,第六章机件常用的表达方法,第七章零件图,第八章标准件与常用件,第九章装配图,第十章化工图,第十一章展开图,第十二章计算机绘图基础。

与本书配套的《现代工程制图习题集》(第 4 版)同时修订出版,可供读者选用。

本套教材适用于普通高等学校近机类及非机类各专业的工程制图课程,还可供其他类型学校相关专业选用和参考。

图书在版编目(C I P)数据

现代工程制图/陈雪菱,李丽主编. --4 版. --北京:高等教育出版社,2022.10

ISBN 978 - 7 - 04 - 059048 - 7

Ⅰ.①现⋯ Ⅱ.①陈⋯ ②李⋯ Ⅲ.①工程制图-高等学校-教材 Ⅳ.①TB23

中国版本图书馆 CIP 数据核字(2022)第 130912 号

Xiandai Gongcheng Zhitu

| 策划编辑 | 庚 欣 | 责任编辑 | 庚 欣 | 封面设计 | 张申申 | 版式设计 | 徐艳妮 |
| 责任绘图 | 邓 超 | 责任校对 | 刘娟娟 | 责任印制 | 高 峰 | | |

出版发行	高等教育出版社	网 址	http://www.hep.edu.cn
社 址	北京市西城区德外大街 4 号		http://www.hep.com.cn
邮政编码	100120	网上订购	http://www.hepmall.com.cn
印 刷	人卫印务(北京)有限公司		http://www.hepmall.com
开 本	787mm×1092mm 1/16		http://www.hepmall.cn
印 张	21		
字 数	510 千字	版 次	2017 年 7 月第 1 版
插 页	2		2022 年 10 月第 4 版
购书热线	010-58581118	印 次	2022 年 10 月第 1 次印刷
咨询电话	400-810-0598	定 价	42.50 元

现代工程制图
第4版

陈雪菱　李　丽

1　计算机访问 http://abook.hep.com.cn/1238467，或手机扫描二维码，下载并安装 Abook 应用。

2　注册并登录，进入"我的课程"。

3　输入封底数字课程账号（20位密码，刮开涂层可见），或通过 Abook 应用扫描封底数字课程账号二维码，完成课程绑定。

4　单击"进入课程"按钮，开始本数字课程的学习。

课程绑定后一年为数字课程使用有效期。受硬件限制，部分内容无法在手机端显示，请按提示通过计算机访问学习。

如有使用问题，请发邮件至 abook@hep.com.cn。

扫描二维码
下载 Abook 应用

http://abook.hep.com.cn/1238467

第4版前言

本书第 1 版于 2005 年出版，第 2 版于 2010 年出版，第 3 版于 2017 年出版。从前三版的实际使用情况来看，本书能较好地满足普通高等学校应用型人才的培养要求，配套的多媒体教学系统对教师的课堂教学和学生的课后学习都起到了良好的辅助作用。

本书是在第 3 版的基础上，根据教育部高等学校工程图学课程教学指导分委员会制订的《高等学校工程图学课程教学基本要求》，结合有关院校近几年的教学实践成果修订而成的。除继续保持第 3 版的内容和特色外，本次修订对部分内容作了调整和完善：

1. 根据最新的《技术制图》与《机械制图》国家标准对教材中的相关内容进行了更新。

2. 为了适应教学需要，在第二章增加了投影变换的基本知识及应用，以满足不同专业对教学内容的需求。

3. 将立体三视图的形成及投影规律调整到了第三章，使知识体系更加合理。

4. 按照 AutoCAD 2020 版对第十二章计算机绘图基础的内容进行了更新和修订。

除了以上几点外，对书中其他内容也进行了勘误和适当的调整、修改。

本书由陈雪菱、李丽主编，参与第 4 版修订工作的还有成都理工大学刘思颂、贾雨、曾兵、王兴建、王飞、申凤君。

与本书配套的《现代工程制图习题集》（第 4 版）同时修订出版，可供读者选用。

北京理工大学董国耀教授审阅了本套教材，并提出了很多宝贵的意见和建议，在此表示衷心的感谢。本套教材在编写和修订过程中，得到了一些院校和教师的建议和指导，在此一并表示感谢。

由于编者水平有限，书中难免存在错误和疏漏之处，恳切希望读者批评指正。

编　者
2022 年 1 月

目　录

绪　　论

一、学科研究的对象

在工程设计中，为了正确地表达仪器、设备的形状、结构和材料等内容，设计者通常按一定的投影方法并遵守有关的规定绘制出物体图样，这种图样称为工程图样。工程图样是加工、制造、检验仪器和设备的依据。在使用仪器、设备时，也需要通过工程图样了解仪器、设备的结构和性能。工程图样是工程界的重要技术文件，也是工程界进行技术交流的工具，因此工程图样被称为工程界的语言。

工程图样作为表达设计构思，传递制（建）造工程与产品信息的主要媒介，在国民经济各领域的技术工作和管理工作中有着广泛的应用。在科学研究中，图形能直观表达实验数据、反映科学规律，对于人们把握事物的内在联系，掌握问题的变化趋势具有重要意义。图形具有形象性、直观性和简洁性，是人们认识规律、表达信息、探索未知的重要工具。因此，工程图学是大学生应具备的一种素质，是一种工具，是培养创新思维的基础。

工程图学是高等学校工科专业的一门技术基础课，其理论严谨，与工程实际联系紧密，实践性强，是后续专业课程的基础。该课程研究在平面上图示空间几何元素和物体、图解空间几何问题，介绍计算机绘图的基础知识，培养学生读图、绘图的能力。本课程将以正投影的基本原理为理论基础，讲述工程图样在构思、设计产品，图解空间几何问题，以及分析、研究自然界与工程界的客观规律中的应用，同时尽量反映专业设计领域的最新设计手段和方法。

本课程的内容包括：

（1）工程图学基础。

由投影理论基础、构形方法基础、表达技术基础、绘图能力基础及工程规范基础构成。

（2）计算机绘图基础。

主要介绍利用 AutoCAD 绘图软件绘制机械图样的方法与技巧。

（3）专业图样的绘制与阅读。

以工程中常用的机件和装配体为例，着重介绍零件图和装配图的内容、特点、图示方法、规定画法和图例。

二、本课程的主要任务

（1）学习正投影法的基本理论及其应用。

（2）培养绘制和阅读机械工程图样的基本能力。

（3）培养学生空间想象能力和空间构形能力。

（4）培养尺规绘图、徒手绘图和运用计算机绘图软件绘制工程图样、进行三维造型设计的能力。

（5）培养认真负责的工作态度和严谨细致的工作作风。

三、本课程的学习方法

工程图学课程是一门既重理论又重实践的课程，体现了知识与能力的交融。其实践性主要体现在通过课程的学习，可以培养学生的徒手绘图能力、尺规绘图能力、计算机绘图能力以及创新能力。必须通过绘图和读图的实践训练，才能使学生较好地掌握课程的内容，逐步提高空间想象能力。

（1）充分理解和掌握基本概念、基本原理和基本作图，注意把投影分析和空间想象结合起来。

（2）正确应用形体分析和线面分析方法，分析和想象空间形体与平面图样之间的对应关系，即从二维平面图形想象三维形体，不断提高空间想象能力和空间构形能力。

（3）读图是本课程的重点也是难点，读图的过程主要是形象思维的过程，而形象思维方法离不开逻辑思维（即从概念出发进行分析、判断和推理）的帮助。在培养读图能力的过程中，有意识地运用逻辑思维进行投影分析是提高读图能力的有效途径。

（4）图形表达能力和空间思维能力的提高需要通过一定数量的作图才能掌握，因此强调完成作业的重要性。在完成作业的过程中，必须严格遵守国家标准的规定，培养耐心细致的学习态度和严肃认真的学习作风。

（5）在学习计算机绘图时，应注意掌握绘图软件中各种命令的应用技巧，并加强上机实践训练，这样才能不断提高计算机绘图的技能。

（6）尺规作图时，要注意正确使用绘图工具和采用正确的作图方法与步骤。

第一章　制图的基本知识与技能

工程图样是设计、制造、检验仪器和设备的重要技术资料。要正确绘制工程图样，就必须遵守国家标准的各项规定，掌握绘图的基本知识和技能，学会正确地使用绘图工具。本章主要介绍有关制图的国家标准、几何作图、平面图形的尺寸分析和画法、绘图工具的使用。

§1-1　《技术制图》与《机械制图》国家标准简介

图样是"工程界的语言"，为便于技术交流和指导生产，就必须有统一的规范。为此，我国在 1959 年首次颁布了《机械制图》国家标准，并随着经济建设的不断发展和对外技术交流的不断扩大，先后作了多次修订。为了与国际接轨，20 世纪 90 年代又颁布了《技术制图》国家标准。

本节摘要介绍《机械制图》和《技术制图》国家标准（简称"国标"）中有关图纸幅面和格式、比例、字体、图线和尺寸注法等部分的基本规定。

一、图纸幅面和格式（GB/T 14689—2008）

1. 图纸幅面

绘制图样时，应优先采用表 1-1 中规定的基本幅面尺寸，必要时也允许加长幅面，但应按基本幅面的短边成整数倍增加。各种图纸幅面参见图 1-1，其中粗实线部分为基本幅面（第一选择），细实线部分为第二选择的加长幅面，细虚线部分为第三选择的加长幅面。

表 1-1　基本幅面尺寸　　　　　　　　　　　　　　　mm

幅面代号		A0	A1	A2	A3	A4
尺寸 $B\times L$		841×1 189	594×841	420×594	297×420	210×297
周边	a	25				
	c	10			5	
	e	20		10		

2. 图框格式

表示一张图幅大小的框线，称为图纸边界线，用细实线绘制。在边界线里面，留出图纸周边后，用粗实线画出图框。图纸可以横放，也可以竖放。需要装订的图样，其图框格式如图 1-2a 所示；不需装订的图样，其图框格式如图 1-2b 所示。

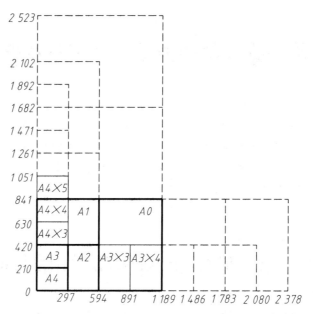

图 1-1 基本幅面与加长幅面尺寸

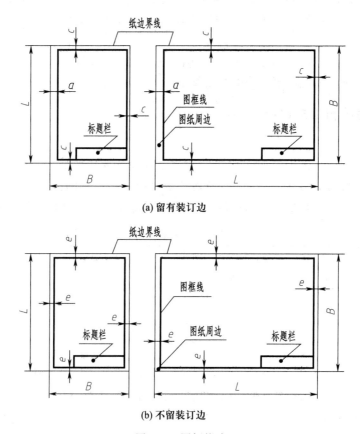

(a) 留有装订边

(b) 不留装订边

图 1-2 图框格式

3. 标题栏

每张图样都必须画出标题栏，一般置于图纸右下角，紧靠图框。标题栏中文字的方向一般为读图方向。标题栏外框用粗实线绘制。标题栏格式和尺寸在国家标准 GB/T 10609.1—2008《技术制图　标题栏》中有明确规定。学生在校学习工程制图课程期间，通常推荐采用简化的标题栏，其格式如图 1-3 所示。

图 1-3 中"A"栏的格式如图 1-4 所示。

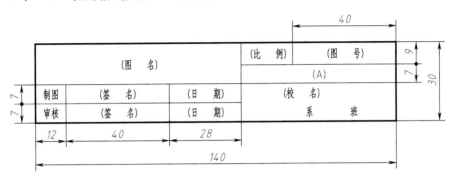

图 1-3　简化的标题栏格式

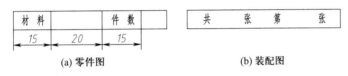

(a) 零件图　　　　　　　　　　　(b) 装配图

图 1-4　简化标题栏中"A"栏的格式

二、比例（GB/T 14690—1993）

图样与实物相应要素的线性尺寸之比称为图样的比例。绘图时所选比例应符合表 1-2 中的规定，优先选用第一系列，并尽量采用 1:1 的比例。

表 1-2　比　例

种　类	比　例				
	第　一　系　列		第　二　系　列		
原值比例	1:1				
缩小比例	1:2　　1:5　　1:10　 $1:2×10^n$　 $1:5×10^n$　 $1:1×10^n$		1:1.5　　1:2.5　　1:3　　1:4　　1:6　 $1:1.5×10^n$　 $1:2.5×10^n$　 $1:3×10^n$　 $1:4×10^n$　 $1:6×10^n$		
放大比例	5:1　　2:1 $5×10^n:1$　 $2×10^n:1$　 $1×10^n:1$		4:1　　2.5:1 $4×10^n:1$　 $2.5×10^n:1$		

注：n 为正整数。

绘制同一机件的各个视图应尽量选用同一比例，并填写在标题栏的"比例"一栏中。当某个视图需要采用不同比例时，必须在视图名称的下方或右侧加以标注。

标注尺寸时，不论图形比例为多少，都应标注机件的实际尺寸，如图 1-5 所示为不同比例画出的同一形体图形。

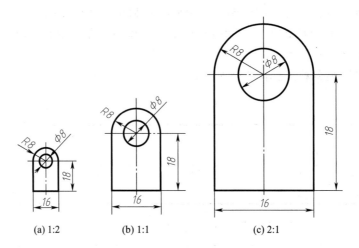

(a) 1:2   (b) 1:1   (c) 2:1

图 1-5   用不同比例画出的图形

三、字体（GB/T 14691—1993）

图样中书写的字体必须做到字体工整、笔画清楚、间隔均匀、排列整齐。

字体的号数用字高 h(mm) 表示，分为 1.8、2.5、3.5、5、7、10、14 和 20。

1. 汉字

图样中的汉字应写成长仿宋体字（直体），并应采用国家正式公布推行的简化字。字宽一般为 $h/\sqrt{2}$（$\approx 0.7h$），字号不应小于 3.5。

长仿宋体字的特点是结构均匀、注意起落，如图 1-6 所示。

10号字：字体工整笔画清楚间隔均匀排列整齐

7号字：字体工整笔画清楚间隔均匀排列整齐

5号字：技术制图机械电子汽车航空船舶土木建筑矿山港口纺织服装

图 1-6   长仿宋体汉字示例

2. 数字和字母

数字和字母可写成直体或斜体。斜体字字头向右倾斜，与水平基准线约成 75°。在技术文件中，数字和字母一般写成斜体，而与汉字混合书写时，可采用直体。

数字和字母又分 A 型和 B 型，A 型字体笔画宽度 d 为 $h/14$，B 型字体为 $h/10$。在同一图样中应采用同一型号的字体，用做指数、分数、极限偏差、注脚的数字及字母，一般采用比本字体小一号的字体。

图 1-7 为数字和字母的应用示例。

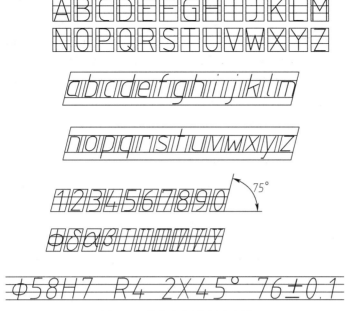

图 1-7 数字和字母应用示例

四、图线（GB/T 17450—1998、GB/T 4457.4—2002）

绘制图样时，应采用国家标准 GB/T 17450—1998《技术制图　图线》和 GB/T 4457.4—2002
《机械制图　图样画法　图线》中所规定的图线，如表1-3所示。

表1-3　图线（摘选）

代码	图线名称		图 线 线 型	应 用 举 例
01	实线	粗实线	——————————	可见轮廓线，剖切位置线
		细实线	——————————	尺寸线，尺寸界线，剖面线，重合断面的轮廓线，指引线，过渡线，辅助线
		波浪线	～～～～～	断裂处的边界线，视图与剖视图的分界线
		双折线	⌐⌐⌐	断裂处的边界线，视图与剖视图的分界线
02	虚线	细虚线	– – – – – –	不可见轮廓线
		粗虚线	▬ ▬ ▬ ▬ ▬	允许表面处理的表示线
04	点画线	细点画线	—— — —— — ——	轴线，对称中心线，分度圆（线）
		粗点画线	▬▬ ▬ ▬▬ ▬	限定范围表示线
05	细双点画线		—— —— — ——	相邻辅助零件的轮廓线，可动零件的极限位置的轮廓线，中断线，轨迹线

机械图样中常用的线型为粗实线、细实线、波浪线（细）、双折线（细）、细虚线、细点画线和细双点画线。

所有线型的图线宽度（d）应按图样的类型和尺寸大小在下列 9 个数值中选择：0.13，0.18，0.25，0.35，0.5，0.7，1，1.4，2，单位为 mm。机械图样中粗、细线宽比为 2：1。

手工绘图时，各线素（线素指不连续线的独立部分，如点、长度不同的画和间隔）的长度宜符合表 1-4 的规定，建议采用表 1-5 的图线形式。

图 1-8 所示为图线的应用举例。

表 1-4 图线的构成（摘选）

线 素	线 型	长 度
点	04，05	≤0.5d
短间隔	02，04，05	3d
画	02	12d
长画	04，05	24d

表 1-5 图 线 形 式

虚线	≈1 4~6
点画线	≈3 12~17
细双点画线	≈5 12~17

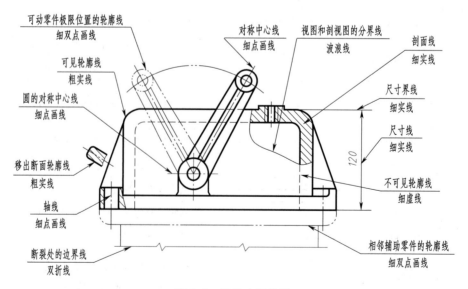

图 1-8 图线应用举例

绘图时，图线的画法应符合如下要求：

（1）在同一图样中，同类图线的宽度应基本一致。虚线、点画线及细双点画线的画、长画和短间隔应各自大致相等。点画线和细双点画线的首尾两端应是长画而不是短画。

（2）两条平行线（含剖面线）间的距离应不小于粗实线的两倍宽度，其最小距离不得小于0.7 mm。

（3）绘制圆的对称中心线时，圆心应为长画的交点，且对称中心线两端应超出圆弧2~5 mm。

（4）在较小的图形上绘制细点画线或细双点画线有困难时，可用细实线代替。

（5）当图线相交时，应是画相交。当虚线在粗实线的延长线上时，在虚、实线的连接处应留出空隙。

图1-9所示为图线的正确画法举例。

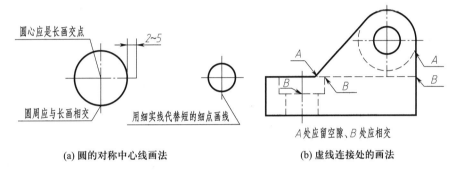

(a) 圆的对称中心线画法   (b) 虚线连接处的画法

图1-9 图线画法举例

五、尺寸注法（GB/T 4458.4—2003）

图样中的尺寸用以直接确定形体的真实大小和各部分间的相对位置。

1. 基本规则

（1）机件的真实大小应以图样上所注的尺寸数值为依据，与绘图比例及绘图的准确度无关。

（2）图样中（包括技术要求和其他说明）的尺寸以 mm 为单位，不需标注计量单位的代号或名称，如采用其他单位，则应注明相应的单位符号。

（3）图样中所标注的尺寸为该图样所示机件的最后完工尺寸，否则应另加说明。

（4）机件的每一尺寸一般只标注一次，并应标注在反映该结构最明显的图形上。

2. 尺寸组成及其注法

一个完整的尺寸一般由尺寸界线、尺寸线（含尺寸线终端）和尺寸数字（含字母和符号等）三要素组成，其基本标注方法见表1-6。

表 1-6　尺寸标注基本方法

<table>
<tr><th>项目</th><th>说　明</th><th>图　例</th></tr>
<tr><td>尺寸界线</td><td>（1）尺寸界线由细实线绘制，并应由图形的轮廓线、轴线或对称中心线处引出，必要时也可利用轮廓线、轴线或对称中心线作尺寸界线；
（2）尺寸界线一般应与尺寸线垂直，并超过尺寸线 2～3 mm，必要时才允许倾斜；
（3）在光滑过渡处标注尺寸时，应用细实线将轮廓线延长，从它们的交点处引出尺寸界线</td><td>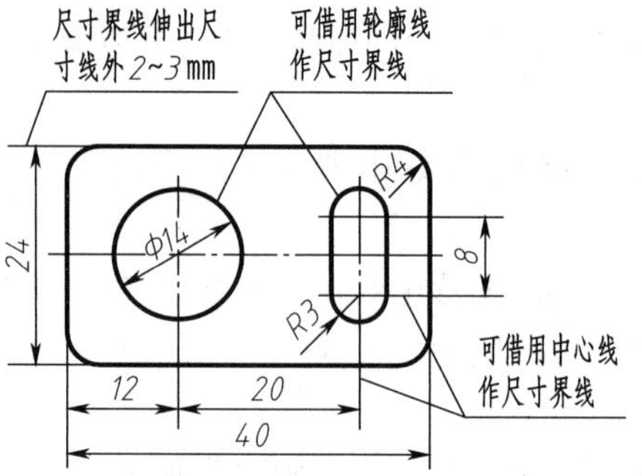

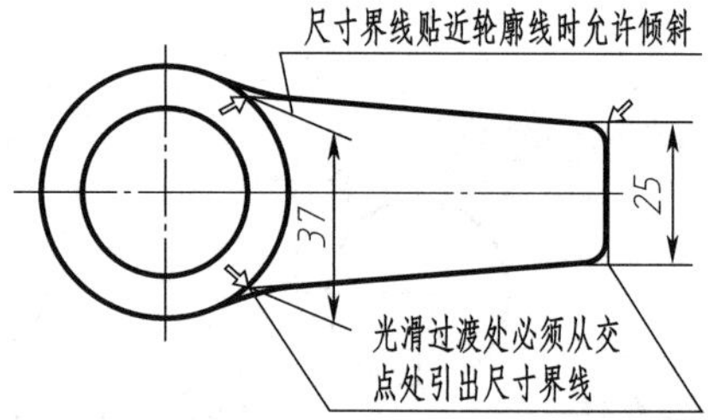
</td></tr>
<tr><td>尺寸线</td><td>（1）尺寸线应用细实线单独绘制，不能用其他图线代替，一般也不得与其他图线重合或画在其延长线上；
（2）标注线性尺寸时，尺寸线必须与所标注线段平行；
（3）互相平行的尺寸线，小尺寸在里，大尺寸在外</td><td>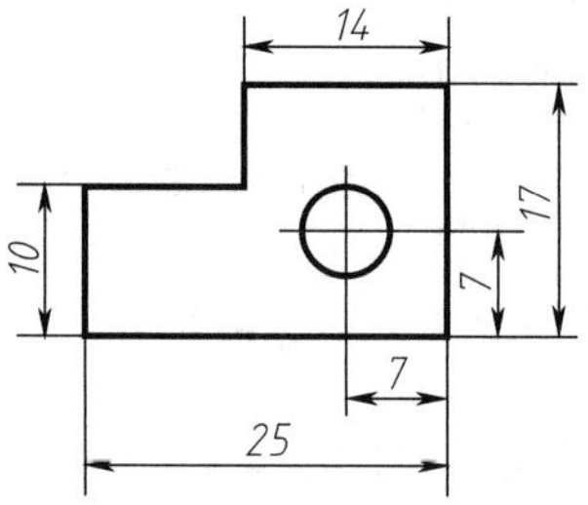

正确
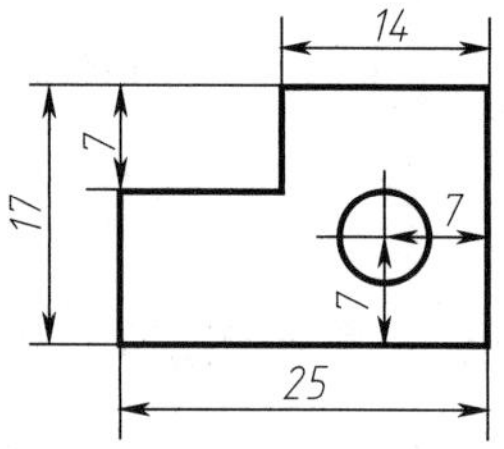

错误</td></tr>
<tr><td>尺寸线终端</td><td>（1）尺寸线终端有两种形式：
箭头：如图 a 所示，箭头尖端应与尺寸界线接触，机械图样中一般采用这种形式；
斜线：用细实线绘制，如图 b 所示，采用这种形式时，尺寸线与尺寸界线必须互相垂直；
（2）标注连续的小尺寸时，中间的箭头可用小黑点或斜线代替，如图 c、d 所示；
（3）当尺寸线太短没有足够位置画箭头时，可将其画在尺寸线延长线上</td><td>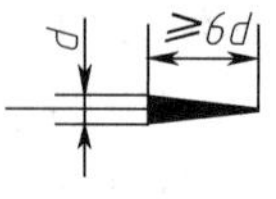

d为粗实线的宽度
(a)
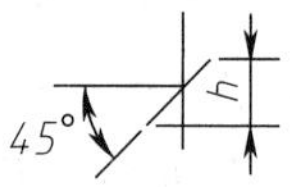

h为尺寸数字高度
(b)
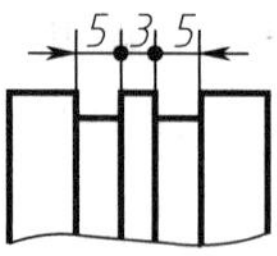

(c)
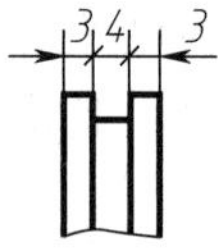

(d)</td></tr>
</table>

续表

项目	说　　明	图　　例
尺寸数字	（1）线性尺寸的数字一般应注写在尺寸线的上方，也允许注写在尺寸线的中断处，位置不够时可注写在尺寸线一侧的延长线上； （2）标注参考尺寸时，应将尺寸数字加上圆括弧	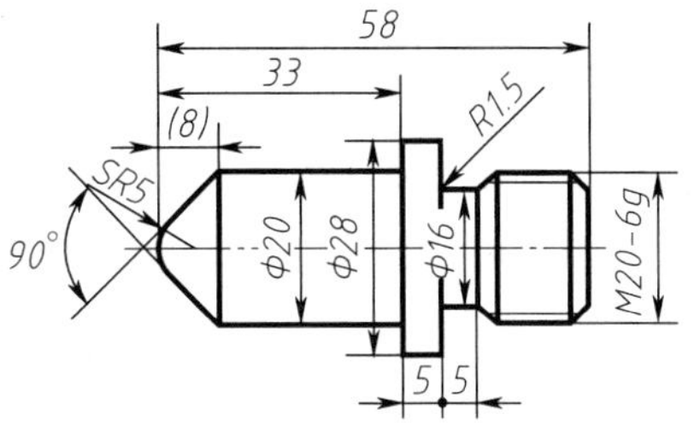
	（3）线性尺寸数字的方向应按图 a 所示，图示 30°范围内的尺寸可按图 b 或图 c 的形式标注； （4）在不致引起误解时，允许将非水平方向尺寸的数字水平注写在尺寸线中断处，如图 d、e 所示；在同一张图样中，应尽可能采用同一种形式注写	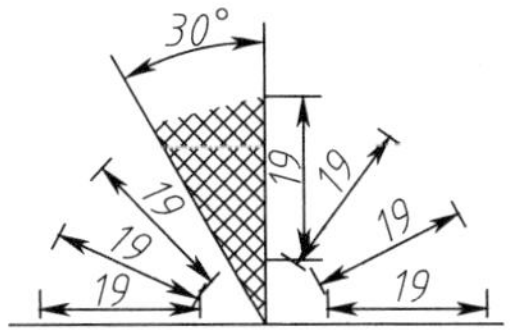 (a) 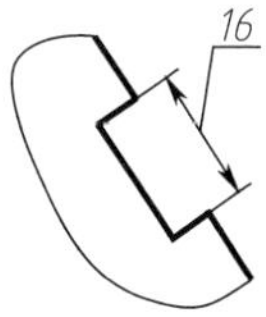 (b) 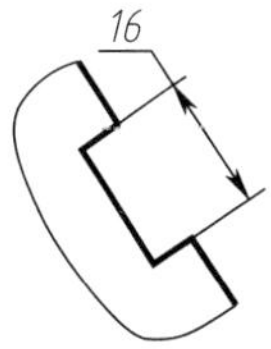 (c) 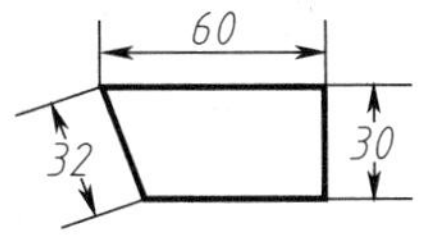 (d) 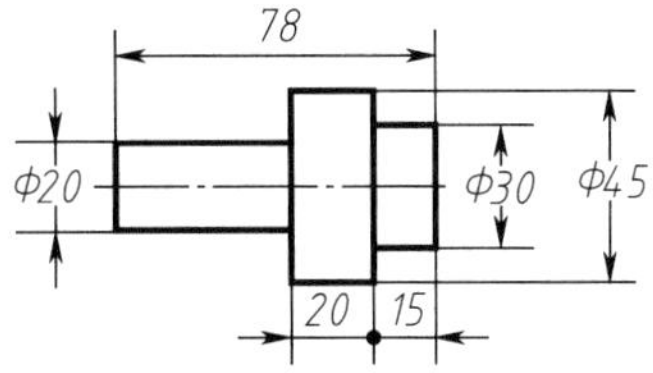 (e)
	（5）尺寸数字不允许被任何图线穿过，不可避免时必须将图线断开，以保证数字清晰	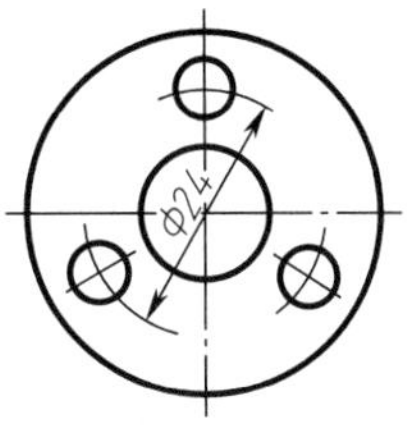 (a) 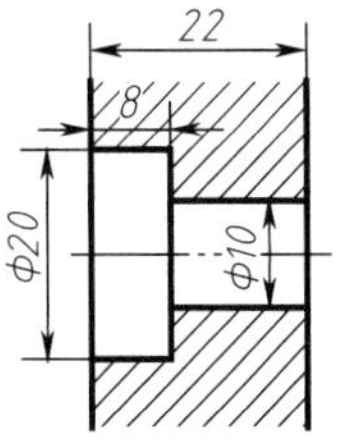 (b)
直径与半径	（1）标注整圆或大于半圆的圆弧时，应标注直径尺寸，尺寸线过圆心，终端为箭头，并在数字前加符号“ϕ”； （2）标注小于或等于半圆的圆弧时，应标注半径尺寸，尺寸线由圆心出发指向圆弧，并在数字前加符号“R”	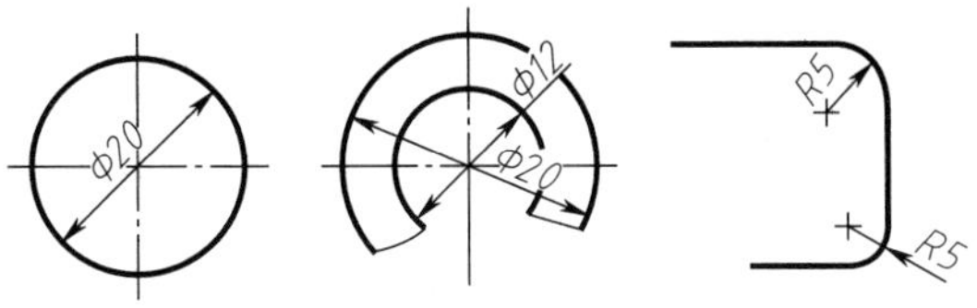

项目	说　明	图　例
直径与半径	（3）当圆弧过大，图幅内无法标出其圆心位置时，可按图 a 的形式标注；当不需标出其圆心位置时，可按图 b 的形式标注	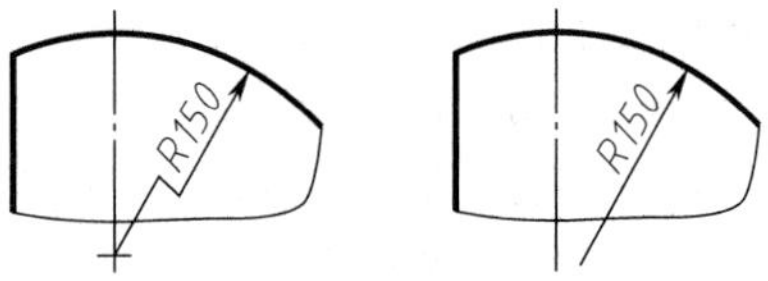 (a)　　　　　　(b)
	（4）标注球面的直径或半径时，应在符号"ϕ"或"R"前加"S"；在不致引起误解的情况下可省略符号"S"	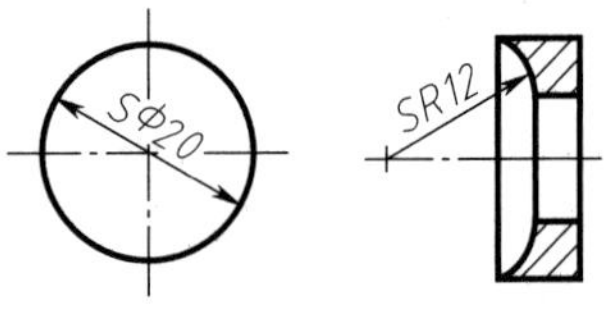 (a)　　　　　(b)
	（5）标注小圆或小圆弧时，可按图 a、b 所示方法	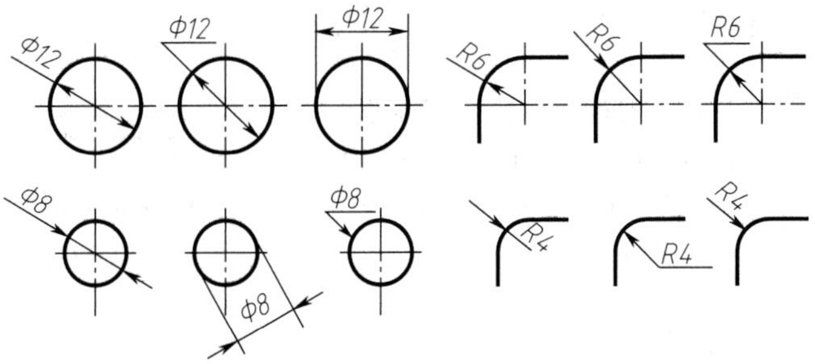 (a)　　　　　　　　(b)
角度	（1）标注角度的尺寸界线应沿径向引出，尺寸线应画成圆弧，圆心是该角的顶点； （2）角度数字一律水平注写在尺寸线中断处，必要时也可注写在尺寸线的上方或外面，或引出标注	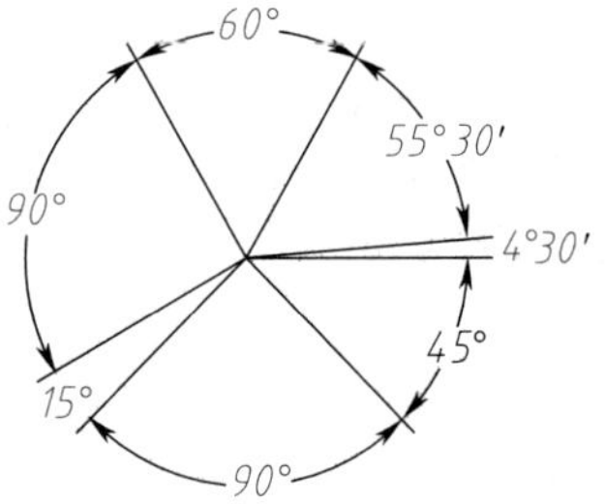
弦长与弧长	（1）标注弦长或弧长的尺寸界线应平行于该弦的垂直平分线（图 a、b）；当弧度较大时，可沿径向引出（图 c）； （2）标注弧长时，应在尺寸数字左侧加注符号"⌒"（图 b、c）	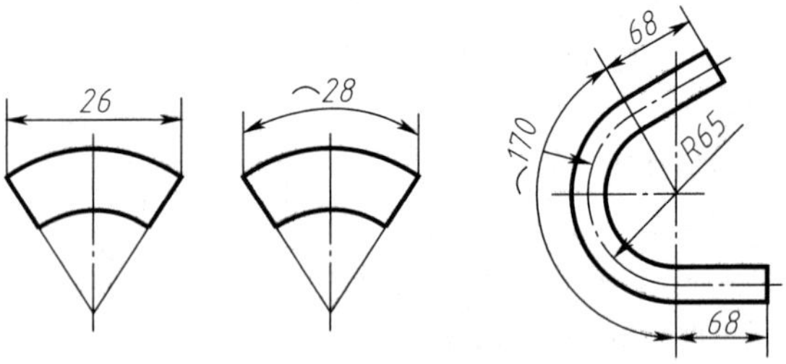 (a)　　　　(b)　　　　(c)

项目	说　明	图　例
对称图形	当对称机件的图形只画出一半或略大于一半时，尺寸线应略超过对称中心线或断裂处的边界线，此时仅在尺寸线的一端画出箭头	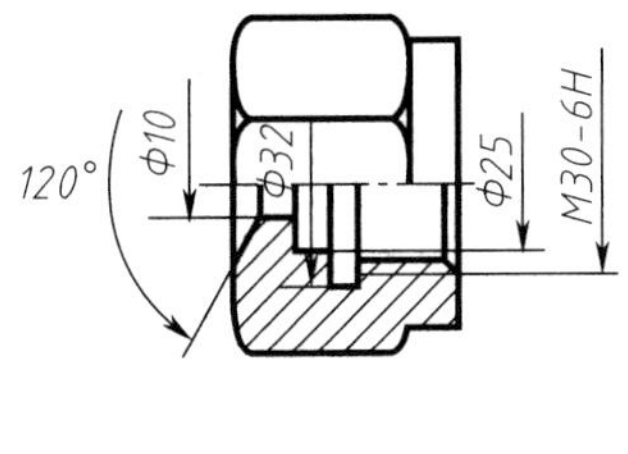 (a) 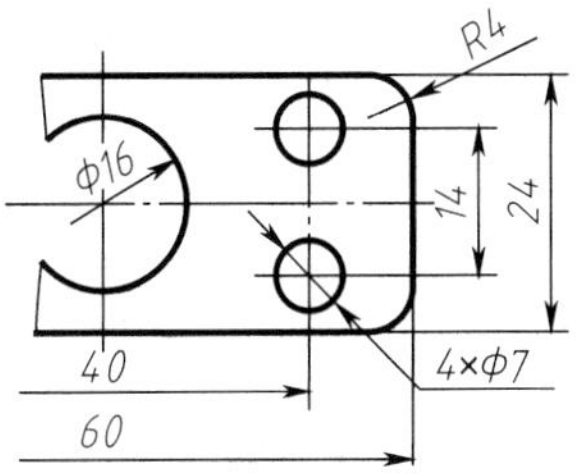　　　　　　　　(b)
其他	（1）标注板状零件的厚度时，可在尺寸数字前加注符号"t"（图 a）； 　（2）当需要指明半径尺寸是由其他尺寸所确定时，应用尺寸线和符号"R"标出，但不要注写尺寸数字（图 b）	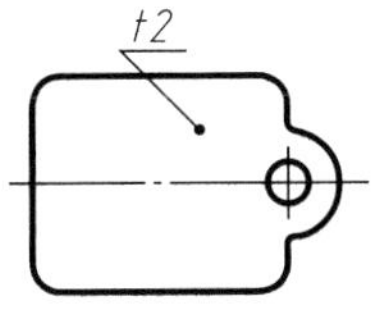 (a) 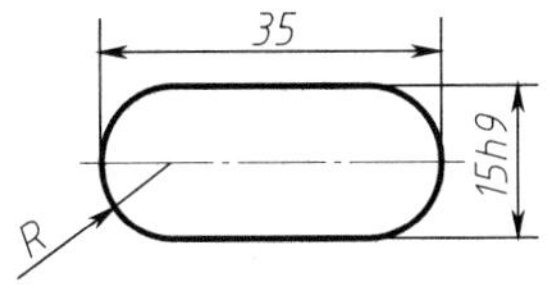　　　　　　　　(b)

§1-2　几　何　作　图

　　几何作图是指根据已知的几何条件，运用绘图工具绘出所需几何图形。而工程图样都是由基本的直线、圆、圆弧或其他曲线组合而成的，因此掌握几何作图的基本方法，便可准确、熟练地绘出工程图样。

一、正多边形的画法

1. 正六边形

（1）作圆的内接正六边形（已知对角线长度作图）

画法一：利用外接圆半径作图。因正六边形的对角线长度就是其外接圆的直径 D，且正六边形的边长就是其外接圆半径，因此直接以其半径在外接圆上截取正六边形各顶点，连接即可，如图 1-10 所示。

画法二：利用三角板和丁字尺配合作图。如图 1-11 所示，用 30°-60°三角板配合丁字尺也可作出圆的内接正六边形。

（2）作圆的外切正六边形（已知对边距离作图）

先作出对称中心线，再根据已知对边距离 s 作出水平对边，并用 30°-60°三角板配合丁字尺即可完成作图，如图 1-12 所示。

2. 正五边形

已知正五边形的外接圆，其作图方法如图 1-13 所示。

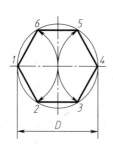

图 1-10   圆的内接正六边形画法（一）

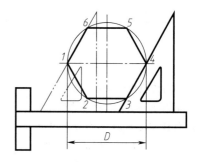

图 1-11   圆的内接正六边形画法（二）

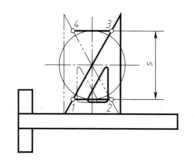

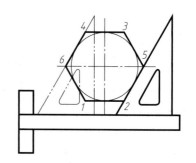

图 1-12   圆的外切正六边形画法

平分半径 OA 得中点 M，以 M 为圆心、MD 为半径作圆弧，交水平直径于点 E，线段 DE 即为正五边形边长，以 D 为起点在圆上作出五边形顶点，即可作出圆内接正五边形。

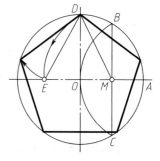

二、斜度和锥度

1. 斜度

斜度是指一直线（或平面）对另一直线（或平面）的倾斜程度，其大小用两直线（或平面）间夹角的正切值表示，图样中常用∠1：n的形式标注。斜度符号的画法如图 1-14 所示，标注时斜边方向应与斜度方向一致。图 1-15 所示为斜度 1：5 的图形的画法，以及标注方法。

图 1-13   圆内接正五边形画法

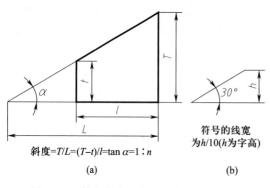

斜度=T/L=$(T-t)/l$=$\tan \alpha$=1：n

(a)   (b)

符号的线宽为$h/10$(h为字高)

图 1-14   斜度的表示方法及斜度符号画法

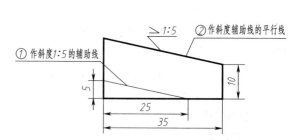

①作斜度1：5的辅助线

∠1：5   ②作斜度辅助线的平行线

图 1-15   斜度画法、标注方法举例

2. 锥度

锥度是指正圆锥底圆直径与其高度之比，其大小是圆锥素线与轴线夹角的正切值的两倍。锥度符号"▷"的方向应与圆锥方向一致，如图 1-16 所示。图 1-17 所示为锥度 1:5 的图形的画法，以及标注方法。

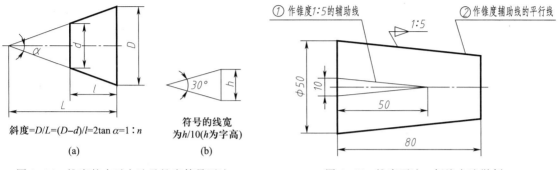

斜度=D/L=$(D-d)/l$=$2\tan\alpha$=$1:n$

(a)

符号的线宽
为$h/10$(h为字高)

(b)

图 1-16 锥度的表示方法及锥度符号画法

图 1-17 锥度画法、标注方法举例

三、圆弧连接

圆弧连接是指用已知半径的圆弧光滑连接（相切）两已知线段（直线或圆弧），这段已知半径的圆弧称为连接圆弧。为保证圆弧连接光滑，必须准确地作出连接圆弧的圆心和连接的切点。

1. 圆弧连接的基本作图

（1）半径为 R 的圆弧与已知直线 Ⅰ 相切，如图 1-18a 所示。连接圆弧圆心的轨迹是距离直线 Ⅰ 为 R 的两条平行线 Ⅱ 和 Ⅲ。当圆心为 O_1 时，由 O_1 向直线 Ⅰ 所作垂线的垂足 K 即为切点。

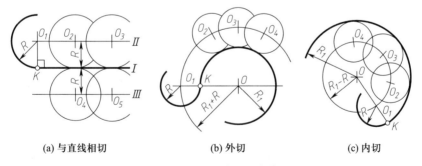

(a) 与直线相切

(b) 外切

(c) 内切

图 1-18 圆弧连接的基本作图

（2）半径为 R 的圆弧与已知圆弧（半径为 R_1）外切，如图 1-18b 所示。连接圆弧圆心的轨迹是已知圆弧的同心圆，其半径为 R_1+R。当圆心为 O_1 时，连心线 OO_1 与已知圆弧的交点 K 即为切点。

（3）半径为 R 的圆弧与已知圆弧（半径为 R_1）内切，如图 1-18c 所示。连接圆弧圆心的轨迹是已知圆弧的同心圆，其半径为 R_1-R。当圆心为 O_1 时，连心线 OO_1 与已知圆弧的交点 K 即为切点。

2. 圆弧连接作图举例

表 1-7 列举了五种圆弧连接的作图方法和步骤，连接圆弧的半径为 R。

表 1-7 圆弧连接作图举例

已 知 条 件	作图方法和步骤		
	（1）求连接圆弧圆心 O	（2）求切点 A、B	（3）画连接圆弧并描粗
圆弧连接两已知直线 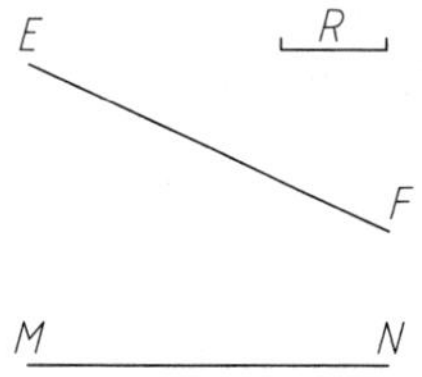 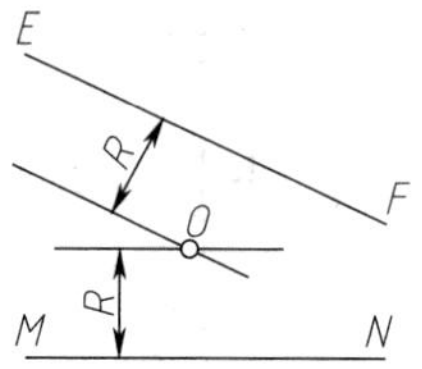 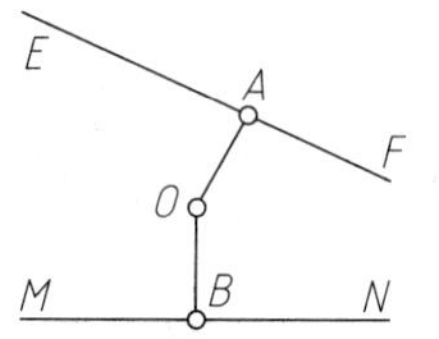 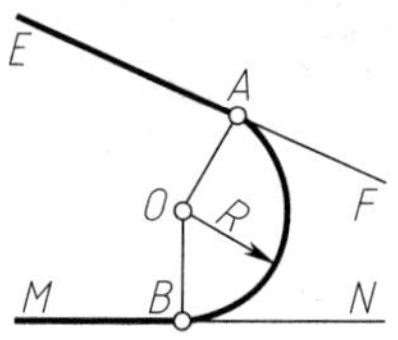			
圆弧连接已知直线且与已知圆弧内切 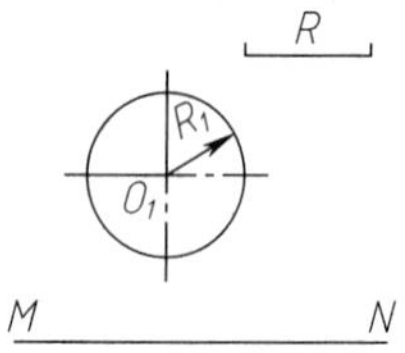 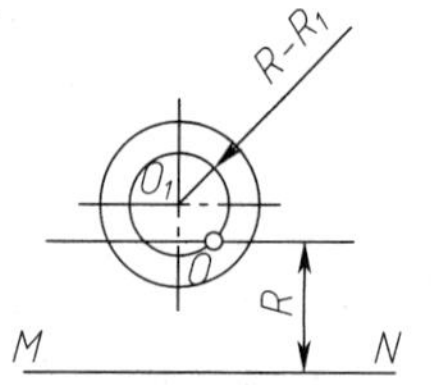 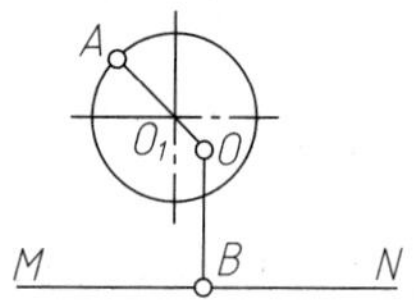 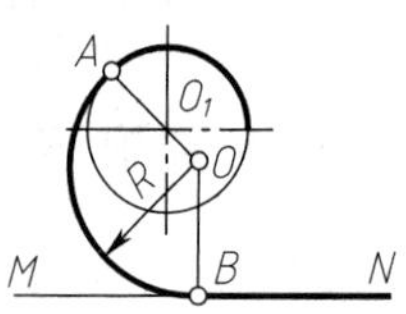			
圆弧外切连接两已知圆弧 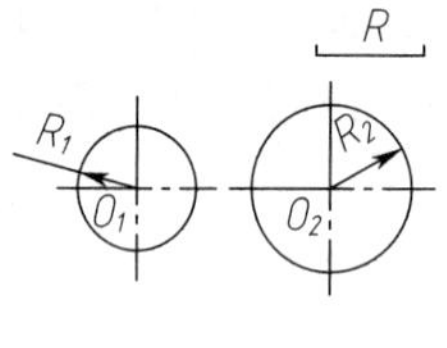 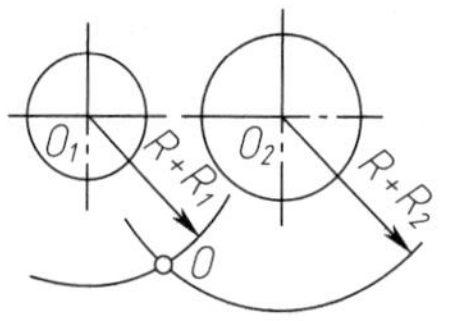 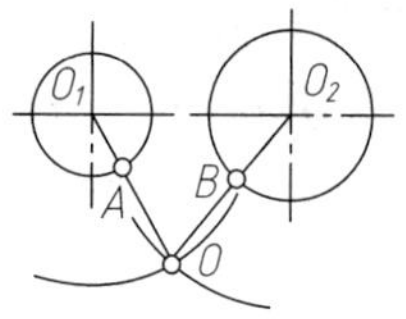 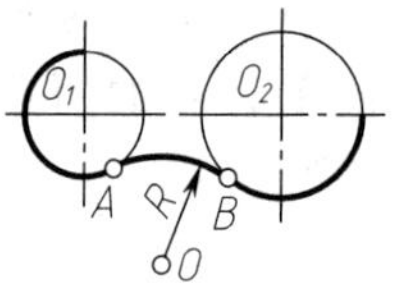			
圆弧内切连接两已知圆弧 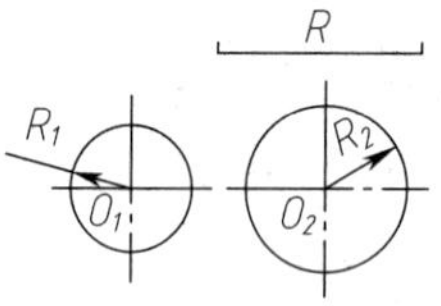 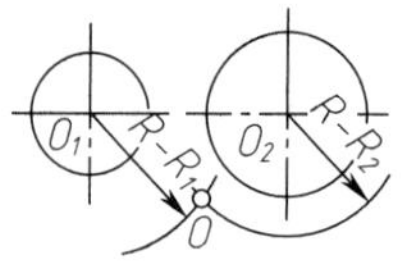 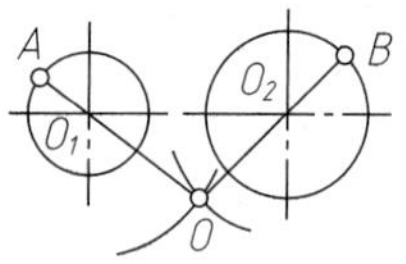 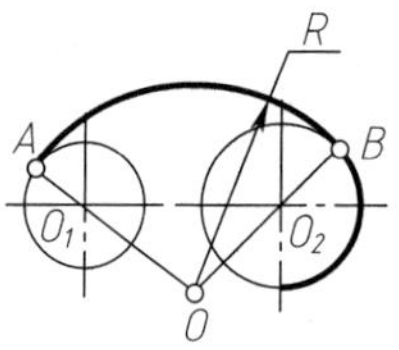			
圆弧分别内、外切连接两已知圆弧 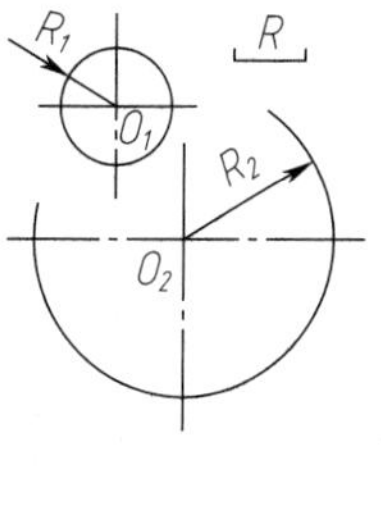 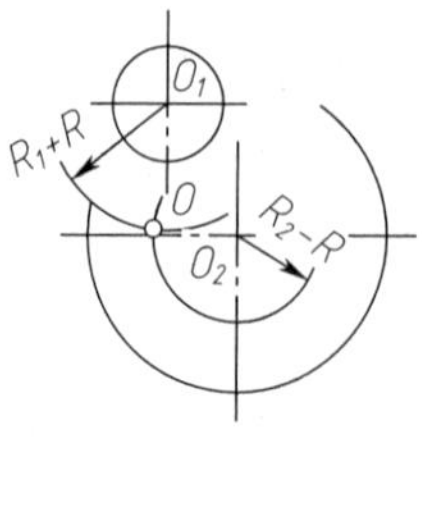 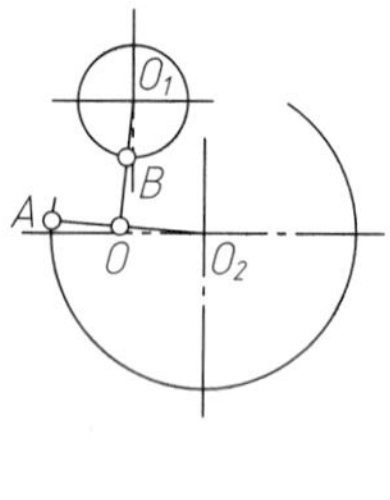 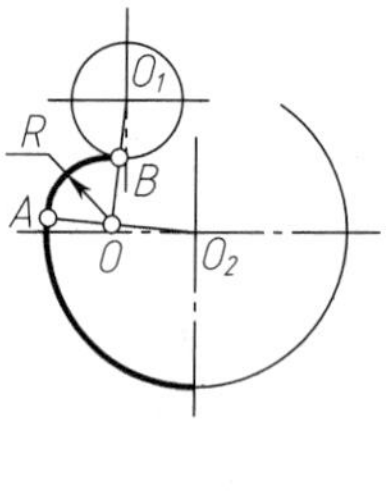			

四、椭圆画法

在非圆曲线中，椭圆的应用较为广泛。常用的椭圆画法有两种，一是同心圆法，二是四心圆法，两者均已知椭圆的长、短轴。

1. 同心圆法画椭圆

如图 1-19a 所示，以点 O 为圆心，分别以长轴 AB、短轴 CD 为直径作两个同心圆，过圆心 O 作若干条射线与两圆相交，过大圆上的交点作竖直线平行于短轴 CD，过小圆上的交点作水平线平行于长轴 AB，两线的交点即为椭圆上的点，用曲线板光滑连接这些点，即成一椭圆。

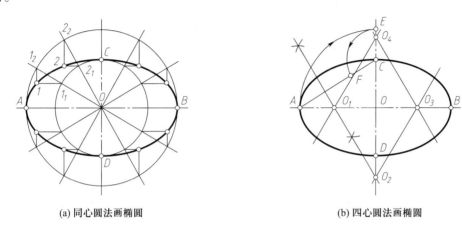

(a) 同心圆法画椭圆　　　　　　　　　　(b) 四心圆法画椭圆

图 1-19　椭圆画法

2. 四心圆法画椭圆

如图 1-19b 所示，连接长、短轴的端点 AC，在 AC 上取 $CF = OA - OC$，作 AF 的中垂线，与长、短轴分别交于点 O_1、O_2，在 OB、OC 上分别作 O_1 和 O_2 的对称点 O_3 和 O_4，作连心线 O_1O_4、O_2O_3、O_3O_4；分别以 O_1、O_3 为圆心，以 O_1A、O_3B 为半径作圆弧，再分别以 O_2、O_4 为圆心，以 O_2C、O_4D 为半径作圆弧，四段圆弧在连心线处相切，即成一近似椭圆。

§1-3　平面图形的作图方法和尺寸注法

一个平面图形通常由一个或多个封闭图形组成，而每一个封闭图形一般又由若干线段（直线、圆弧）组成。要正确绘制一个平面图形，必须首先对其尺寸和线段进行分析，从而准确确定各线段的相对位置和关系。

一、平面图形的尺寸分析

平面图形上的尺寸按其所起作用可分为定形尺寸和定位尺寸两种。标注定位尺寸必须先选择尺寸基准。

1. 尺寸基准

确定尺寸位置的几何元素称为尺寸基准。平面图形中常用对称中心线、圆或圆弧的中心线、重要的轮廓线以及图形的边线作为尺寸基准。由于平面图形是二维图形，故需要两个方向的尺寸基准，如图 1-20 所示。

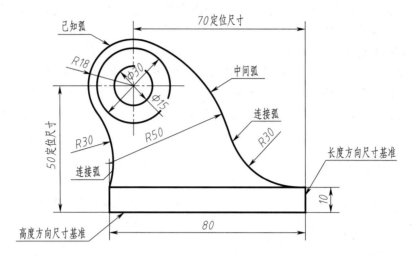

图 1-20 平面图形的尺寸分析和线段分析

2. 定形尺寸

确定平面图形形状大小的尺寸称为定形尺寸，如线段的长度、圆和圆弧的直径和半径、矩形的长和宽、角度的大小等。图 1-20 中的 80、10、$\phi15$、$\phi30$、R18、R30 和 R50 为定形尺寸。

3. 定位尺寸

确定平面图形上点、线段间相对位置的尺寸称为定位尺寸。如图 1-20 中的 70 和 50。

平面图形一般需要两个方向的定位尺寸，如图 1-20 中 $\phi15$、$\phi30$、R18 圆心的定位，需要高度方向的定位尺寸 50 和长度方向的定位尺寸 70。

注意：有时一个尺寸可以兼有定形和定位两种作用，如图 1-20 中的 80 既是矩形的长度尺寸，又是 R50 圆弧的一个定位尺寸。

二、平面图形的线段分析

平面图形中的线段，根据其生成时所具有的尺寸数量，或根据设计者所赋予的功能，通常分为已知线段、中间线段和连接线段三种。

1. 已知线段

定形和定位尺寸齐全，不依赖于其他线段便可以独立画出的圆、圆弧或线段。如图 1-20 中的 $\phi15$ 和 $\phi30$ 圆、R18 圆弧、80 和 10 的线段均为已知线段。

2. 中间线段

只有定形尺寸和一个方向定位尺寸的线段，或虽有定位尺寸但无定形尺寸，还需根据一个连接关系才能画出的线段称为中间线段，如图 1-20 中的 R50 圆弧。

3. 连接线段

只有定形尺寸没有定位尺寸，而需要依靠与之相邻的两个连接关系才能画出的线段称为连接线段，如图 1-20 中的两个 R30 圆弧。

注意：在两条已知线段之间可以有多条中间线段，但只能有一条连接线段。

三、平面图形的画图步骤

以图 1-20 为例，平面图形的画图步骤归纳如下：

（1）画基准线、定位线，如图 1-21a 所示；

（2）画已知线段，如图 1-21b 所示；

（3）画中间线段，如图 1-21c 所示；

（4）画连接线段，如图 1-21d 所示；

（5）整理全图，仔细检查无误后加深图线，标注尺寸，如图 1-20 所示。

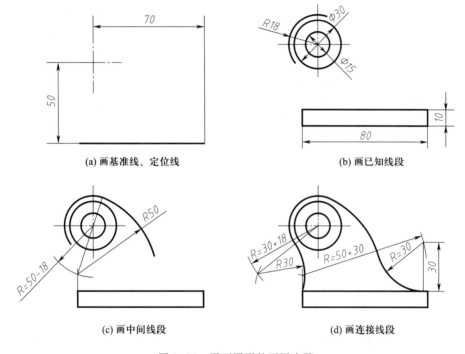

(a) 画基准线、定位线　　　　　(b) 画已知线段

(c) 画中间线段　　　　　(d) 画连接线段

图 1-21　平面图形的画图步骤

四、平面图形的尺寸注法

平面图形标注的尺寸，必须能唯一地确定图形的形状和大小。尺寸标注的基本要求是：

（1）尺寸标注完全，不遗漏，不重复；

（2）尺寸注写要符合国家标准《机械制图　尺寸注法》(GB/T 4458.4—2003)的规定；

（3）尺寸注写要清晰，便于阅读。

标注尺寸的方法和步骤如下：

（1）分析平面图形的形状和结构，确定长度方向和高度方向的尺寸基准。一般选用图形中的主要中心线和轮廓线作为基准线。

（2）分析并确定图形的线段性质，即哪些是已知线段，哪些是中间线段，哪些是连接线段。

（3）按已知线段、中间线段、连接线段的次序逐个标注尺寸，对称尺寸应对称标注。图1-22为平面图形的尺寸注法举例。

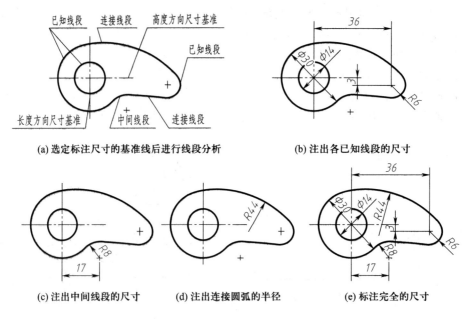

(a) 选定标注尺寸的基准线后进行线段分析　　　　(b) 注出各已知线段的尺寸

(c) 注出中间线段的尺寸　　　(d) 注出连接圆弧的半径　　　(e) 标注完全的尺寸

图1-22　平面图形的尺寸注法举例

§1-4　绘图工具及绘图技能

一、绘图工具和仪器的使用

要提高绘图的准确度和绘图效率，必须掌握正确使用各种绘图工具和仪器的方法。常用的手工绘图工具有图板、丁字尺、三角板、比例尺、圆规、分规、铅笔、直线笔、曲线板等。

1. 图板、丁字尺、三角板的用法（图1-23～图1-26）

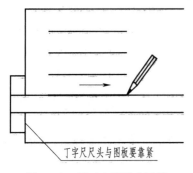

图1-23　用丁字尺画水平线

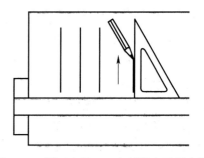

图1-24　用丁字尺、三角板配合画竖直线

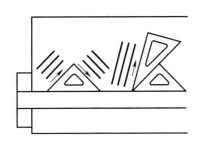

图 1-25 用丁字尺三角板配合
画 15°整倍数的斜线

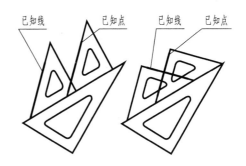

图 1-26 用两块三角板配合作已知
线的平行线或垂线

2. 分规、比例尺的用法(图 1-27、图 1-28)

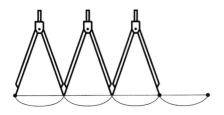

图 1-27 用分规连续截取等长线段

图 1-28 比例尺除用来直接在图上量取尺寸外,
还可用分规从比例尺上量取尺寸

3. 圆规的用法(图 1-29~图 1-31)

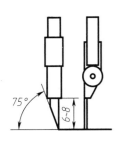

图 1-29 铅芯脚和针
脚高低的调整

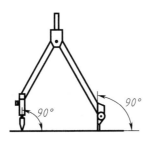

图 1-30 画圆时铅芯脚和
针脚都应垂直于纸面

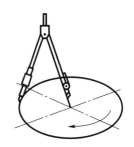

图 1-31 画圆时圆规应按
顺时针方向旋转并稍向前倾斜

4. 铅笔的削法(图 1-32)

铅笔铅芯的软硬分别用字母 B 和 H 表示。B 前数字越大铅芯越软,H 前数字越大铅芯越硬,HB 铅笔铅芯软硬适中。画图时,用 H 或 HB 铅笔画底稿、加深细实线、细虚线、细点画线及书写文字;用 B 或 2B 铅笔加深粗实线、粗虚线。画粗线条的铅笔,铅芯应削磨成楔形,其余则削磨成圆锥形。

5. 直线笔的用法(图 1-33)

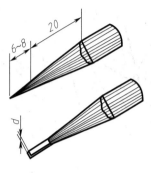

图 1-32   铅笔的削法

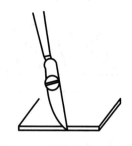

图 1-33   用直线笔画墨线图

6. 曲线板的用法及曲线的画法(图 1-34)

(a) 徒手用细线通过各点连成曲线

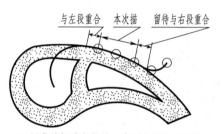

(b) 用曲线板分段描绘，在两段连接处要有
一小段重复，以保证所连曲线光滑过渡

图 1-34   曲线的画法

二、绘图技能

1. 仪器绘图

（1）准备工作　画图前应先了解所画图样的内容和要求，准备好必需的绘图工具和仪器。根据机件大小和复杂程度选定图形的比例和图纸幅面。

（2）固定图纸　将图纸固定在图板左方，左边距图板边缘为 40~60 mm。图纸下边空出的距离应能放置丁字尺，图纸水平边与丁字尺工作边平行。图纸用胶纸固定，不应使用图钉，以免损坏图板，阻碍丁字尺移动。

（3）画底稿　用细实线画出图框和标题栏外框后，用 H 或 HB 铅笔开始画底稿。按平面图形的画图步骤先画图形的基准线或定位线，再画主要轮廓线，最后画细小结构线。注意各图位置布置匀称、美观，且应留有标注尺寸的地方；底稿线要轻、细，但应清晰、准确。

（4）检查、加深并标注尺寸　底稿完成后应检查有无遗漏，并擦去多余线条。加深图线时要用力均匀、线型分明、连接光滑、图面整洁。

图线的加深应按先曲线后直线，由上到下，由左向右，所有图形同时加深的原则进行，尽量减少尺子在图样上的摩擦次数。一般先用 B 或 2B 铅笔加深粗实线圆及圆弧，再加深直线；然后用 H 或 HB 铅笔加深细点画线、细虚线、细实线等细线；最后标注尺寸和书写文字(也可在注好尺寸后再加深图线)。

（5）加深图框，完成标题栏具体内容，全面清理图面，按幅面大小裁去多余纸边，并按 A3 或 A4 图幅折叠。

2. 徒手绘草图

目测估计物体各部分尺寸比例，以徒手方式绘制出来的图样称草图。徒手绘草图迅速、简便，常用于创意设计、现场测绘及计算机绘图的草图绘制。

草图不是潦草的图，除比例不要求符合国家标准外，其余均必须遵守国家标准规定，要求做到图线清晰、粗细分明、字体工整，作图步骤基本上与仪器绘图相同。

为便于作图和控制尺寸，徒手绘草图通常在方格纸上进行，不应固定图纸，以方便随意转动和移动图纸。常用图线的画法如下：

（1）直线的画法（图1-35）　画直线时，为保证方向准确，眼睛要注意线段的终点，自左向右，自上而下画出，并且要充分利用方格线。对于 30°、45°、60° 等特殊角度斜线，可根据其近似正切值 3/5、1、5/3，作为直角三角形的斜边画出。

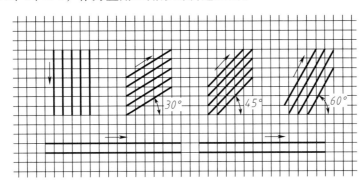

图 1-35　徒手画直线的方法

（2）圆及圆弧画法（图1-36）　画小圆时，应先在中心线上按半径截取四点，然后分四段逐步连接成圆，如图1-36a 所示。画大圆时，除中心线上四点外，可再增画两条与水平线成 45°的辅助线，再按半径取四点，分八段画出，如图1-36b 所示。圆角、圆弧连接，应尽量利用与正方形、长方形相切的特点作图，如图1-36c 所示。

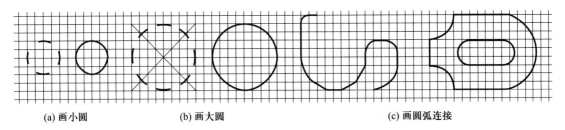

(a) 画小圆　　　　　(b) 画大圆　　　　　(c) 画圆弧连接

图 1-36　徒手画圆及圆弧的方法

第二章 点、直线与平面的投影

为了正确地绘制空间物体的投影图，必须首先掌握投影法，并研究空间几何元素的投影规律和投影特性。本章讨论点、直线和平面的投影性质和作图方法。

§2-1 投影法基本知识

一、投影法及其分类

1. 投影法的基本概念

在日常生活中人们可以看到，物体在灯光或日光的照射下，在地面或墙面上会形成影子，这就是一种投影现象。投影法就是将这一现象加以科学抽象而产生的。

如图 2-1 所示，空间有一平面 P 以及不在该平面上的点 S 和 A，过点 S 和 A 连一直线，作出 SA 并延长与平面 P 相交于点 a，则 a 即为空间点 A 在平面 P 上的投影，点 S 称为投射中心，平面 P 称为投影面，直线 SA 称为投射线。

投射线通过物体，向选定的面投射，并在该面上得到图形的方法称为投影法。

2. 投影法的分类

投影法可分为中心投影法和平行投影法两种。

（1）中心投影法　投射线汇交于投射中心的投影方法，称为中心投影法。按中心投影法作出的投影称为中心投影，如图 2-1 所示。

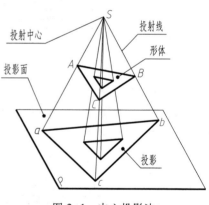

图 2-1　中心投影法

由于投射线是从投射中心 S 发出的，所得中心投影不能反映物体的真实大小。但它较符合人眼的成像原理，图面效果逼真，广泛用于绘制建筑、环境、产品等的效果图。

（2）平行投影法　若将中心投影法中的投射中心移到无穷远处，则投射线可视为相互平行，这种投影方法称为平行投影法。按平行投影法作出的投影称为平行投影，如图 2-2 所示。

根据投射线与投影面的相对位置关系，平行投影法又分为两种：

① 斜投影法：投射线与投影面倾斜。用斜投影法得到的投影称斜投影，如图 2-2a 所示。

② 正投影法：投射线与投影面垂直。用正投影法得到的投影称正投影，如图 2-2b 所示。由于正投影图的度量性好，在工程技术界得到广泛应用。

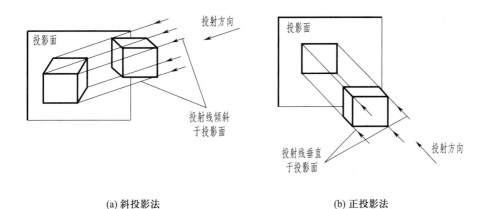

(a) 斜投影法　　　　　　　　　　　(b) 正投影法

图 2-2　平行投影法

由图 2-2 还可以看出，投影图并不是单纯的一块黑影，而是按照投影法的原理，将物体内、外表面上的一些轮廓线都表示出来的图像。

图 2-3 是用正投影法画出的物体在平面 P 上的投影。

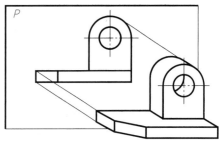

图 2-3　正投影的形成

二、正投影的基本性质

1. 实形性

当线段或平面图形平行于投影面时，其投影反映实长或实形。如图 2-4a 所示的直线 AB 和平面 P。

2. 积聚性

当直线或平面图形垂直于投影面时，则直线的投影积聚成一点，平面的投影积聚成一条直线。如图 2-4b 所示的直线 CD 和平面 Q。

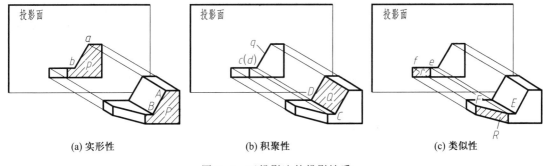

(a) 实形性　　　　　　　(b) 积聚性　　　　　　　(c) 类似性

图 2-4　正投影法的投影性质

3. 类似性

当直线或平面图形既不平行也不垂直于投影面时，直线的投影仍然是直线，平面图形的投影是原图形的类似形（表现为边数、平行关系、直曲边、凹凸关系不变）。如图 2-4c 所示的直线 EF 和平面 R。

此外，正投影还有平行性（即空间平行直线的投影仍然平行）、定比性（即空间平行线段的长度比、线段被分割为两段的长度比在投影中保持不变）、从属性（即几何元素的从属关系在投影中不会发生改变，如直线上的点的投影必在直线的投影上，在平面上的点和线的投影必在平面的投影上）。

为叙述简单，后面将"正投影"简称为"投影"。

§2-2   三投影面体系

图 2-5 所示的虽然是三个不同物体，但它们在同一投影面上的投影却是相同的。因此可知，物体的一个投影不能完整表达物体的形状，必须增加由不同投射方向在不同投影面上所得到的几个投影互相补充，才能把物体表达清楚。

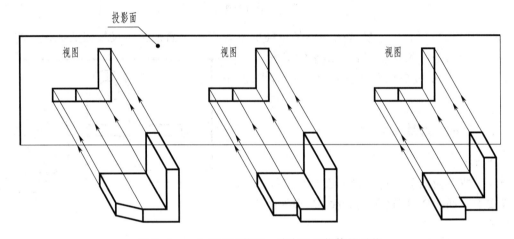

图 2-5   一个视图不能唯一确定空间物体的形状

工程上通常采用三投影面体系来表达物体的形状，即在空间建立互相垂直的三个投影面：正立投影面V、水平投影面H和侧立投影面W，如图 2-6 所示。正立投影面简称V面，水平投影面简称H面，侧立投影面简称W面。三投影面两两相交产生的交线OX、OY、OZ称为投影轴，三根投影轴交于一点O，称为投影原点。

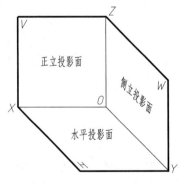

图 2-6   三投影面体系

§2-3 点 的 投 影

工程形体一般是由几何形体组合而成的，几何形体的表面又是由点、线(直线或曲线)、面(平面或曲面)等几何元素所组成。本节介绍点、直线、平面的投影及作图方法，为正确地表达形体(画图)和看图打下基础。

一、点的三面投影及投影规律

如图 2-7a 所示，四棱锥表面是由五个平面、八条直线和五个顶点构成的。如图 2-7b 所示，将四棱锥顶点 A 分别向三个投影面 H、V、W 垂直投射，得到其水平投影 a、正面投影 a'、侧面投影 a''。规定：空间点用大写字母 A、B、C……表示，水平投影相应用 a、b、c……表示，正面投影相应用 a'、b'、c'……表示，侧面投影相应用 a''、b''、c''……表示。

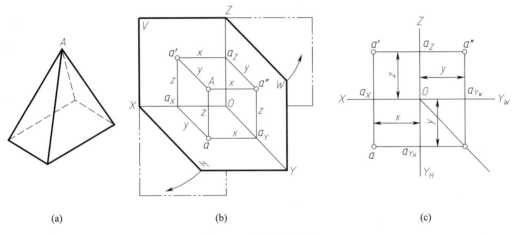

(a)   (b)   (c)

图 2-7 点的三面投影

为了将点的三面投影在同一个平面上表达出来，保持 V 面不动，将 H 面绕 OX 轴向下旋转 90°，将 W 面绕 OZ 轴向右旋转 90°，即可使三个投影面展开成为同一个平面。展开过程中，OY 轴一分为二，随 H 面旋转的称为 OY_H，随 W 面旋转的称为 OY_W。投影面体系展开，去掉投影面的边框，保留投影轴，便得到点 A 的三面投影图，如图 2-7c 所示。

由图 2-7b、c 可以得出点在三投影面体系中具有以下投影规律：

(1) 点 A 的 V、H 面投影的连线垂直于 OX 轴，即 $a'a \perp OX$(长对正)；

(2) 点 A 的 V、W 面投影的连线垂直于 OZ 轴，即 $a'a'' \perp OZ$(高平齐)；

(3) 点 A 的 H 面投影到 OX 轴的距离等于点 A 的 W 面投影到 OZ 轴的距离，即 $aa_X = a''a_Z$(宽相等)，可以用圆弧或 45°线来反映该关系。

[**例 2-1**] 如图 2-8 所示，已知点 A 的正面投影 a' 和水平投影 a，求其侧面投影 a''。

作图：

① 过原点 O 作 $\angle Y_H O Y_W$ 的 45°平分线；

② 过 a' 作垂直于 OZ 轴的直线；

③ 过 a 作平行于 OX 轴的直线与 45°平分线相交，再过交点作垂直于 OY_W 的直线与上一步所作直线相交于 a''，即为所求。

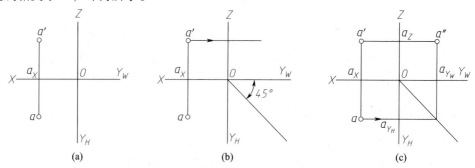

图 2-8 已知点的两投影求作第三投影

二、点的三面投影与直角坐标的关系

如果把三投影面体系当作直角坐标系，则投影面 H、V、W 相当于坐标面，投影轴 OX、OY、OZ 相当于坐标轴，投影原点 O 相当于坐标原点。这样点 A 的位置可由其三个坐标(x_A, y_A, z_A)来确定，点的三面投影与坐标之间有如下关系：

（1）空间点的任一投影均反映了该点的两个坐标值，即 $a(x_A, y_A)$、$a'(x_A, z_A)$、$a''(y_A, z_A)$，所以点的两个投影就包含了点的三个坐标，即确定了空间点的位置。

（2）空间点的每一个坐标值，反映了点到对应投影面的距离。

点 A 到 W 的距离为 $Aa'' = a'a_Z = aa_Y = a_X O = x_A$；

点 A 到 V 的距离为 $Aa' = a''a_Z = aa_X = a_Y O = y_A$；

点 A 到 H 的距离为 $Aa = a''a_Y = a'a_X = a_Z O = z_A$。

[例 2-2] 已知点 A 的坐标为(22, 8.5, 14.5)，求作其三面投影 a、a'、a''。

作图：

① 画出投影轴，自原点 O 分别在 OX、OY、OZ 轴上量取 22, 8.5, 14.5，得 a_X、a_{Y_H}、a_{Y_W}、a_Z，如图 2-9a 所示；

② 过 a_X、a_{Y_H}、a_{Y_W}、a_Z 四点分别作 OX、OY_H、OY_W、OZ 轴的垂线，它们两两相交，得交点 a、a'、a''，即为所求点 A 的三面投影，如图 2-9b 所示。

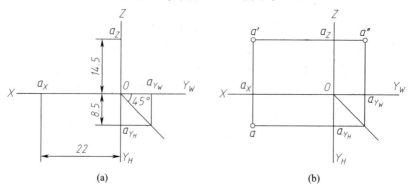

图 2-9 已知点的坐标求作其三面投影

三、两点的相对位置及重影点

1. 两点的相对位置

两点的相对位置是指两点在空间的上下、左右、前后的位置关系。在投影图中，是以它们的坐标差来确定的，如图 2-10b 所示。

图 2-10a 所示的空间两点 A、B，根据两点的 x 坐标大小可判别两点的左右位置关系，从正面投影和水平投影中可以看出，点 A 在点 B 的左方；根据两点的 y 坐标大小可判别两点的前后位置关系，从水平投影和侧面投影中可以看出，点 A 在点 B 的后方；根据两点的 z 坐标大小可判别两点的上下位置关系，从正面投影和侧面投影中可以看出，点 A 在点 B 的下方。

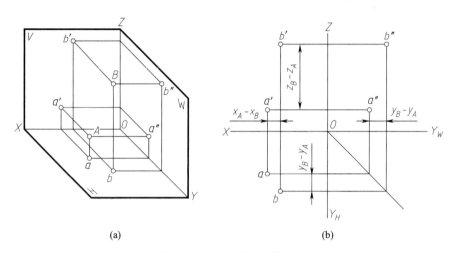

(a)   (b)

图 2-10　两点的相对位置

2. 重影点

如果空间两点有两个坐标对应相等，一个坐标不相等，则两点在一个投影面上的投影就重合为一点，则称此两点为对该投影面的重影点。如图 2-11 所示，点 B 在点 A 的正前方（$x_A = x_B$，$z_A = z_B$，$y_B > y_A$），则两点在 V 面的投影 a'、b' 重合为一点，两点 A、B 称为对 V 面的重影点。

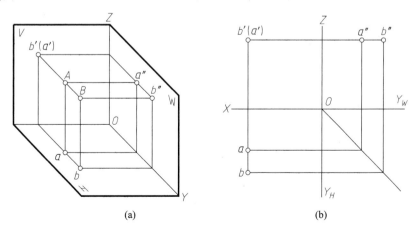

(a)   (b)

图 2-11　重影点

对重影点要判别可见性，方法是比较两点不相同的那个坐标，其中坐标大的可见。

例如，两点 A、B 的 x 坐标和 z 坐标相同，y 坐标不等，因 $y_B > y_A$，因此对 V 面 B 可见，A 不可见。标注时，将不可见点的投影加括号，如以上两点的 V 面投影写成 $b'(a')$。

§2-4   直线的投影

直线的投影一般仍是直线。由于两点即确定一条直线，因此只要作出直线上两点的三面投影，连接两点的同面投影(同一投影面上的投影)，即可得到直线的投影。

一、各种位置直线的投影特性

按照直线与三投影面的相对位置，可以将直线分为三种：

投影面平行线——平行于一个投影面，倾斜于另外两个投影面的直线；

投影面垂直线——垂直于一个投影面，平行于另外两个投影面的直线；

一般位置直线——与三投影面都倾斜的直线。

投影面平行线和投影面垂直线又称为特殊位置直线。

直线相对于 H、V、W 面的倾角分别用 α、β、γ 表示。

1. 投影面平行线

投影面平行线可分为三种：

(1) 只平行于 V 面的直线称为正平线；

(2) 只平行于 H 面的直线称为水平线；

(3) 只平行于 W 面的直线称为侧平线。

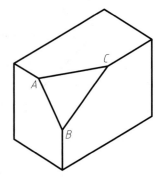

图 2-12   投影面平行线

在图 2-12 中，直线 AC 是水平线、BC 是正平线、AB 是侧平线。现以正平线 BC 为例(图 2-13)，讨论投影面平行线的投影特性：

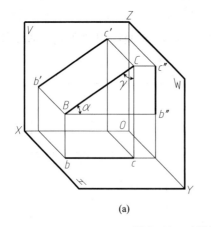

(a)

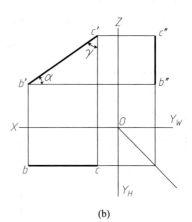

(b)

图 2-13   正平线的投影特性

(1) 正平线 BC 的正面投影反映线段实长，即 $b'c' = BC$；

(2) 正平线 BC 的水平投影 $bc /\!/ OX$ 轴，侧面投影 $b''c'' /\!/ OZ$ 轴；

（3）正平线 *BC* 的正面投影 *b'c'* 与 *OX* 轴的夹角反映直线对 *H* 面的倾角，*b'c'* 与 *OZ* 轴的夹角反映直线对 *W* 面的倾角。

各投影面平行线的投影特性见表 2-1。

表 2-1 投影面平行线的投影特性

名称	水 平 线	正 平 线	侧 平 线
立 体 图			
投 影 图			
投 影 特 性	（1） *a'c' // OX* 轴，*a"c" // OY_W* 轴； （2） *ac = AC*； （3） *ac* 与 *OX* 轴和 *OY_H* 轴的夹角分别反映 *AC* 对 *V* 面和 *W* 面的倾角	（1） *bc // OX* 轴，*b"c" // OZ* 轴； （2） *b'c' = BC*； （3） *b'c'* 与 *OX* 轴和 *OZ* 轴的夹角分别反映 *BC* 对 *H* 面和 *W* 面的倾角	（1） *a'b' // OZ* 轴，*ab // OY_H* 轴； （2） *a"b" = AB*； （3） *a"b"* 与 *OZ* 轴和 *OY_W* 轴的夹角分别反映 *BC* 对 *V* 面和 *H* 面的倾角

2. 投影面垂直线

投影面垂直线同样可以分为三种：

（1）垂直于 *V* 面的直线称为正垂线；

（2）垂直于 *H* 面的直线称为铅垂线；

（3）垂直于 *W* 面的直线称为侧垂线。

在图 2-14 中，直线 *AB* 是铅垂线、*CD* 是正垂线、*BC* 是侧垂线。现以铅垂线 *AB* 为例（图 2-15），讨论投影面垂直线的投影特性：

（1）铅垂线 *AB* 的水平投影积聚为一点；

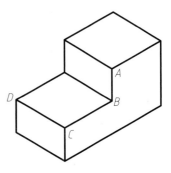

图 2-14 投影面垂直线

（2）铅垂线 AB 平行于 V、W 面，在 V、W 面的投影反映线段实长，即 $a'b'=AB$，$a''b''=AB$；

（3）铅垂线 AB 的正面投影 $a'b'$ 垂直于 OX 轴，侧面投影 $a''b''$ 垂直于 OY_W 轴。

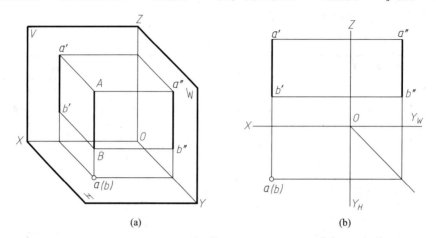

| (a) | (b) |

图 2-15　铅垂线的投影特性

各投影面垂直线的投影特性见表 2-2。

表 2-2　投影面垂直线的投影特性

名称	铅 垂 线	正 垂 线	侧 垂 线
立体图			
投影图			
投影特性	（1）$a'b' \perp OX$ 轴，$a''b'' \perp OY_W$ 轴； （2）ab 积聚为一点； （3）$a'b'=a''b''=AB$	（1）$cd \perp OX$ 轴，$c''d'' \perp OZ$ 轴； （2）$c'd'$ 积聚为一点； （3）$cd=c''d''=CD$	（1）$c'b' \perp OZ$ 轴，$cb \perp OY_H$ 轴； （2）$c''b''$ 积聚为一点； （3）$cb=c'b'=CB$

3. 一般位置直线

倾斜于三个投影面的直线为一般位置直线，如图 2-16 所示。

一般位置直线的投影特性如下：

（1）直线的三面投影都倾斜于投影轴，它们与投影轴的夹角均不反映直线对投影面的倾角；

（2）线段的投影长度均比实长短。

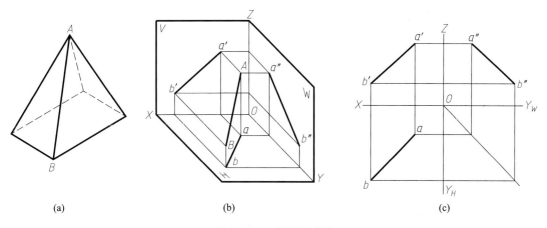

图 2-16　一般位置直线

特殊位置直线的投影能直接反映线段的实长及其对投影面的倾角，而一般位置直线的投影则无此特性。下面介绍一种求一般位置线段的实长和倾角的方法——直角三角形法。

如图 2-17a 所示，一般位置直线 AB 和其水平投影 ab 构成一垂直于 H 面的平面 $ABba$，过点 B 作 $BK /\!/ ba$，与 Aa 交于点 K，则 AKB 构成一直角三角形。该直角三角形中，一直角边 $BK = ab$，另一直角边 $AK = Aa - Bb$（即两端点 A、B 的 z 坐标差），斜边为线段 AB 的实长，$\angle ABK$ 即为 AB 对 H 面的倾角 α。只要作出这个直角三角形，就能确定 AB 的实长和倾角 α。作图过程如图 2-17b 所示：

（1）以 ab 为一直角边，过 a 作 ab 的垂线；

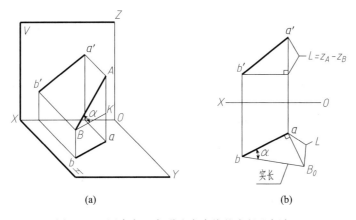

图 2-17　用直角三角形法求直线的实长和倾角 α

（2）取 $aB_0 = z_A - z_B$；

（3）连接 bB_0，则 bB_0 即为 AB 的实长，$\angle abB_0$ 即为 AB 对 H 面的倾角 α。

同理，如图 2-18 所示，以 $a'b'$ 为一直角边，以 AB 两端点的 y 坐标差为另一直角边，即可求得直线 AB 的实长及其对 V 面的倾角 β。

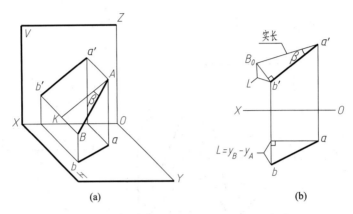

（a）   （b）

图 2-18 用直角三角形法求线段的实长和倾角 β

由此可以归纳出用直角三角形法求一般位置线段实长与倾角的方法：以线段在某一投影面上的投影为一直角边，两端点相对于该投影面的坐标差为另一直角边，构成的直角三角形的斜边即为线段的实长，斜边与投影边的夹角即为该一般位置线段对该投影面的倾角。

直角三角形法涉及四个几何量：线段的实长、投影长度、直线两端点的坐标差以及线段对投影面的倾角。这四个几何量的配组关系为

（1）线段的实长、水平投影长度、两端点的 z 坐标差、倾角 α。

（2）线段的实长、正面投影长度、两端点的 y 坐标差、倾角 β。

（3）线段的实长、侧面投影长度、两端点的 x 坐标差、倾角 γ。

根据直角三角形的性质，只要已知其中任意两个几何量，即可求得其余的几何量。

[**例 2-3**] 如图 2-19a 所示，已知线段 AB 的长度为 25 mm，点 B 在点 A 的上方，补全 AB 的正面投影。

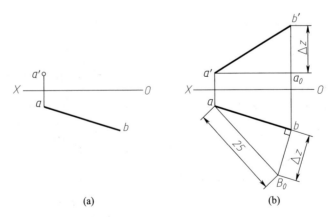

（a）   （b）

图 2-19 直角三角形法应用（一）

作图： 如图 2-19b 所示。

① 过 b 作直线 $\perp ab$；

② 以 a 为圆心、25 mm 为半径画圆弧，交垂线于 B_0，bB_0 即为 AB 两点的 z 坐标差Δz；

③ 过 b 作 OX 轴的垂线，过 a' 作 OX 轴的平行线，两线交于 a_0；

④ 从 a_0 向上量取 $a_0b' = bB_0$ 得 b'，连接 $a'b'$ 即为所求。

［例 2-4] 如图 2-20a 所示，已知线段 AB 的长度为 30 mm，点 B 在点 A 之前，且在点 A 的右方 20 mm，AB 对 V 面的倾角 $\beta = 30°$，完成 AB 的两面投影。

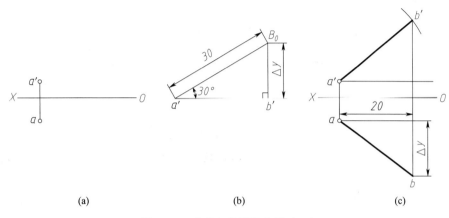

(a)   (b)   (c)

图 2-20　直角三角形法应用（二）

作图：

① 如图 2-20b 所示，以 AB 实长 30 mm 及 $\beta = 30°$ 作直角三角形，其中 $a'b'$ 为线段正面投影长度，$b'B_0$ 为 A、B 两点的 y 坐标差Δy；

② 如图 2-20c 所示，以 a' 为圆心、$a'b'$ 长为半径画圆弧，与 $a'a$ 向右偏移 20 mm 的平行线交于 b'，连接 $a'b'$ 即为 AB 的正面投影；

③ 过 a 作 OX 轴的平行线，与过 b' 所作 OX 轴的垂线相交，从交点向下量取Δy 得 b，连接 ab 即为 AB 的水平投影。

二、点、直线的相对位置

1. 点与直线的相对位置

点与直线的相对位置有两种情况：点在直线上或点不在直线上。

如图 2-21 所示，直线 AB 上的点 K 有如下投影特性：

（1）点的投影在直线的同面投影上。点 K 的投影 k、k'、k'' 分别在直线 AB 的投影 ab、$a'b'$、$a''b''$ 上。

（2）点分线段长度之比等于点的投影分线段同面投影长度之比，即有 $AK:KB = ak:kb = a'k':k'b' = a''k'':k''b''$。

［例 2-5] 在图 2-22a 中，判断点 M 和点 N 是否在直线 AB 上，点 K 是否在直线 CD 上。

分析：

（1）判断点是否在一般位置直线上，只需判断两个投影是否满足从属性即可。由于 m' 和

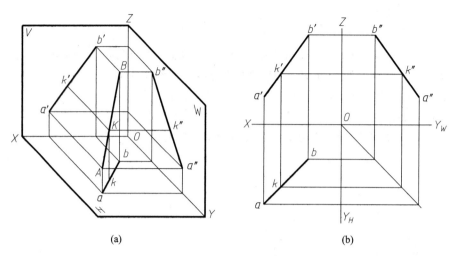

(a)   (b)

图 2-21   直线上点的投影

n' 在 $a'b'$ 上，m 在 ab 上，而 n 不在 ab 上，故点 M 在直线 AB 上，而点 N 不在直线 AB 上。

（2）根据直线 CD 的两面投影可知 CD 是侧平线，侧平线上的点不能通过 V 面和 H 面投影来直接判断。下面介绍两种判断方法。

方法一：若点 K 在直线 CD 上，则 K 的侧面投影必在 CD 的侧面投影上。如图 2-22b 所示，作出 $c''d''$ 和 k''，由于 k'' 不在 $c''d''$ 上，可判断点 K 不在 CD 上。

方法二：若点 K 在直线 CD 上，则必符合 $c'k':k'd'=ck:kd$ 的定比关系。如图 2-22c 所示，过 c 作任意辅助线，在辅助线上量取 $ck_1=c'k'$，$k_1d_1=k'd'$，连接 dd_1，并由 k 作 $kk_0 /\!/ dd_1$。因为 k_1、k_0 不是同一点，所以可判断出点 K 不在直线 CD 上。

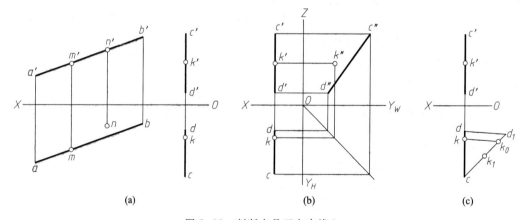

(a)   (b)   (c)

图 2-22   判断点是否在直线上

2. 直线与直线的相对位置及其投影特性

空间两直线的相对位置有三种情况：平行、相交、交叉（异面）。

如图 2-23 所示形体上 AB 和 BC 为相交直线，AB 和 CD 为平行直线，AB 和 EF 为交叉直线。

（1）平行两直线   平行两直线的投影特性如图 2-24 所示：

① 平行直线的同面投影都相互平行（平行性），即 $a'b' /\!/ c'd'$、$ab /\!/ cd$、$a''b'' /\!/ c''d''$。

② 两线段同面投影的长度比等于两线段实际长度之比（定比性），即 $a'b' : c'd' = ab : cd = a''b'' : c''d'' = AB : CD$。

若两条直线的三组同面投影相互平行，则空间两直线必定相互平行。对于两条一般位置直线，只要其任意两组同面投影平行，则可断定这两条直线在空间相互平行。

（2）相交两直线 若空间两直线相交，则它们的同面投影必相交，且同面投影的交点是两直线交点的投影。如图 2-25 所示，直线 AB、CD 相交于点 K（两直线的共有点），其投影 ab 与 cd、$a'b'$ 与 $c'd'$ 分别相交于 k、k'，且 k、k' 符合点的投影规律。

（3）交叉两直线（既不平行又不相交，亦称为异面直线） 交叉两直线的投影既不符合两平行直线的投影特性，也不符合两相交直线的投影特性。

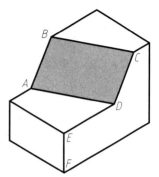

图 2-23 直线间相对位置关系

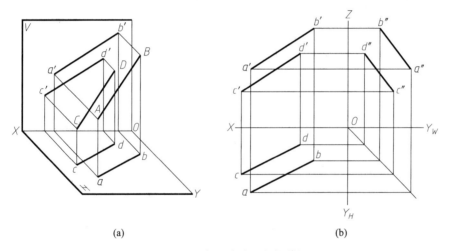

(a)　　　　　　　　　　　(b)

图 2-24 平行两直线的投影特性

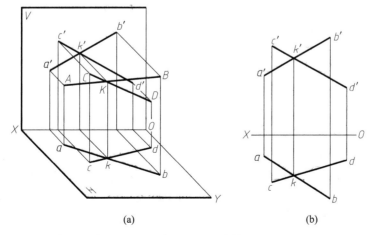

(a)　　　　　　　　　　　(b)

图 2-25 相交两直线的投影特性

如图 2-26 所示，空间两直线 AB 与 CD 交叉。交叉两直线可能有一组或两组同面投影平行，但两直线的其余同面投影必定不平行；也可能三个投影面的同面投影都相交，但"交点"不符合点的投影规律。交叉两直线同面投影的交点实际上是一对重影点的投影。在图 2-27 中，H 面投影的交点是直线 AB 上的点 II 与直线 CD 上的点 I 对 H 面的重影。从正面投影可知，点 I 高于点 II，故点 I 可见，点 II 不可见。同理，V 面投影的交点是直线 CD 上点 III 与直线 AB 上的点 IV 对 V 面的重影。从 H 面投影可知，点 IV 在点 III 的前方，故点 IV 可见，点 III 不可见。

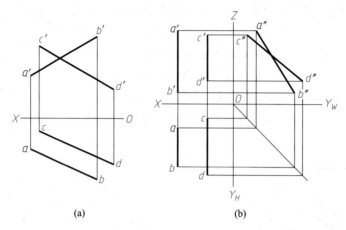

(a)   (b)

图 2-26   交叉两直线(一)

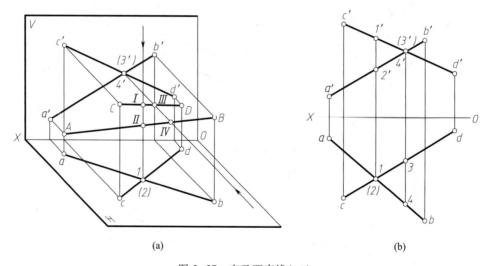

(a)   (b)

图 2-27   交叉两直线(二)

3. 一边平行于投影面的直角的投影

垂直两直线的投影一般不垂直。当垂直两直线都平行于某投影面时，则它们在该投影面上的投影必定垂直。当垂直两直线中有一条直线平行于某投影面时，则两直线在该投影面上的投影也垂直(图 2-28)，这种投影特性称为直角投影定理。反之，若两直线的某投影相互垂直，且其中一条直线平行于该投影面，则两直线在空间必定相互垂直。

如图 2-28 所示，AB 与 BC 垂直相交，AB // H 面，则 ab ⊥ bc (证明过程从略)。

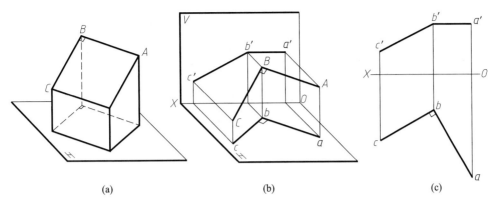

(a)　　　　　(b)　　　　　(c)

图 2-28　一边平行于投影面的直角投影

[**例 2-6**]　求两交叉直线 *AB*、*CD* 之间的距离（图 2-29）。

分析：两直线之间的距离即为两直线公垂线的实长。因为直线 *AB* 是铅垂线，与铅垂线相垂直的直线必定平行于水平投影面，因此公垂线 *EF* 平行于 *H* 面。因为 *EF* ⊥ *CD*，且 *EF*∥*H* 面，则 *ef* ⊥ *cd*，如图 2-29c 所示。

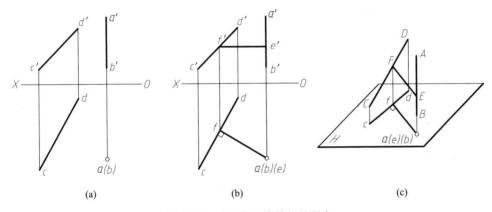

(a)　　　　　(b)　　　　　(c)

图 2-29　求两交叉直线间的距离

作图：

① 由直线 *AB* 的 *H* 面投影 *a(b)* 向 *cd* 作垂线交于 *f*，并求出 *f*′。

② 过 *f*′作 *f*′*e*′∥*OX* 轴，交 *a*′*b*′于 *e*′，*e*′*f*′和 *ef* 即为公垂线 *EF* 的两投影。

③ 水平线 *EF* 的 *H* 面投影 *ef* 长度即为两直线之间的距离。

§2-5　平面的投影

一、平面的表示法

平面可由下列几何元素确定：不在同一条直线上的三点，直线及直线外一点，两相交直线，两平行直线，任意的平面图形。

图 2-30 是用前述各几何元素所表示的平面的投影图。

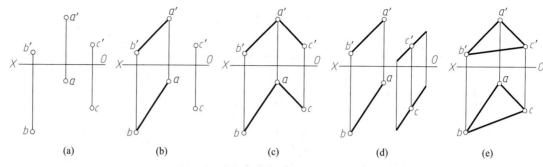

|(a)|(b)|(c)|(d)|(e)|

图 2-30 平面的表示方法

二、各种位置平面的投影特性

平面对投影面的相对位置有三种：

投影面垂直面——垂直于一个投影面，与另外两个投影面倾斜的平面；

投影面平行面——平行于一个投影面，垂直于另外两个投影面的平面；

一般位置平面——与三个投影面都倾斜的平面。

投影面垂直面和投影面平行面又称为特殊位置平面。

平面相对于 H、V、W 面的倾角分别用 α、β、γ 表示。

1. 投影面垂直面

投影面垂直面可分为三种：

（1）只垂直于 V 面的平面称为正垂面；

（2）只垂直于 H 面的平面称为铅垂面；

（3）只垂直于 W 面的平面称为侧垂面。

图 2-31 中形体上的 A、B、C 三个平面均为投影面垂直面，其中 A 面为铅垂面，B 面为正垂面，C 面为侧垂面。

图 2-32 中有铅垂面 Q。由于平面 Q 垂直于 H 面，倾斜于 V、W 面，因此其水平投影积聚成一条直线，水平投影 q 与 OX 轴和 OY_H 轴的夹角分别是平面对 V、W 面的倾角；正面投影与侧面投影都是平面 Q 的类似形。

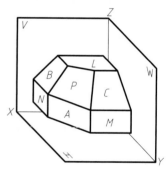

图 2-31 不同位置的平面

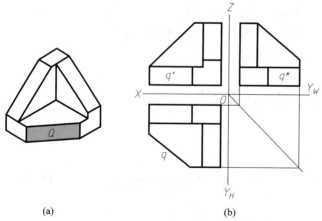

(a)   (b)

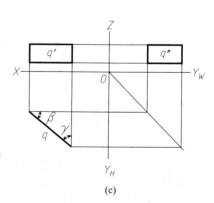

(c)

图 2-32 铅垂面的投影特性

各投影面垂直面的投影特性见表 2-3。

表 2-3 投影面垂直面的投影特性

名称	铅 垂 面	正 垂 面	侧 垂 面
立体图	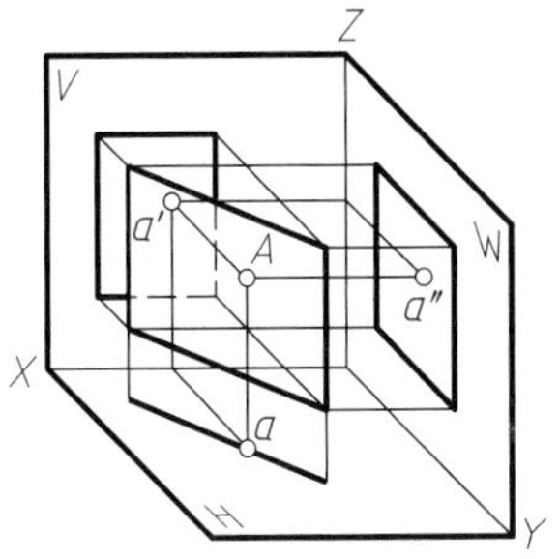	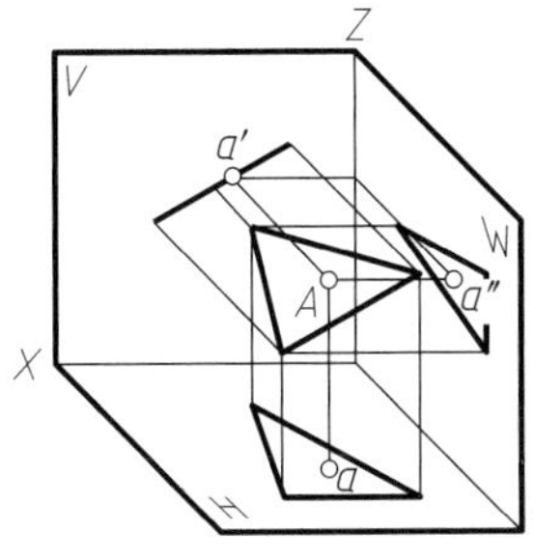	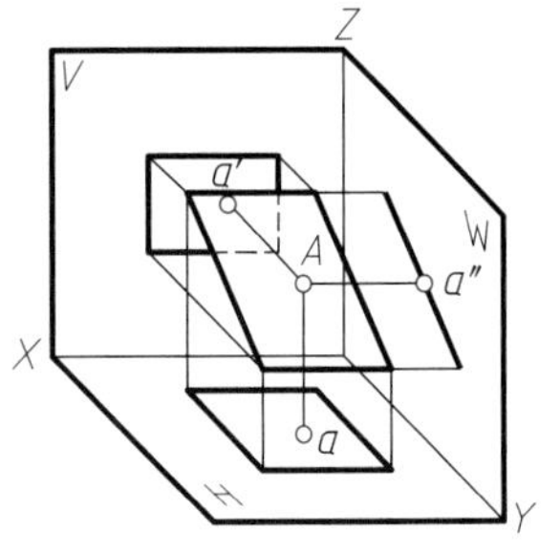
投影图	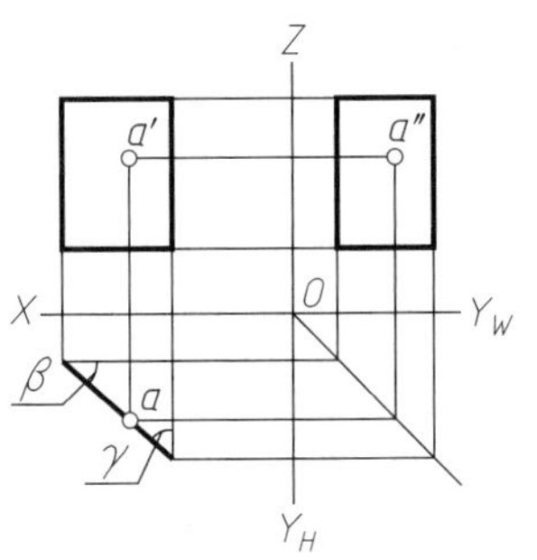	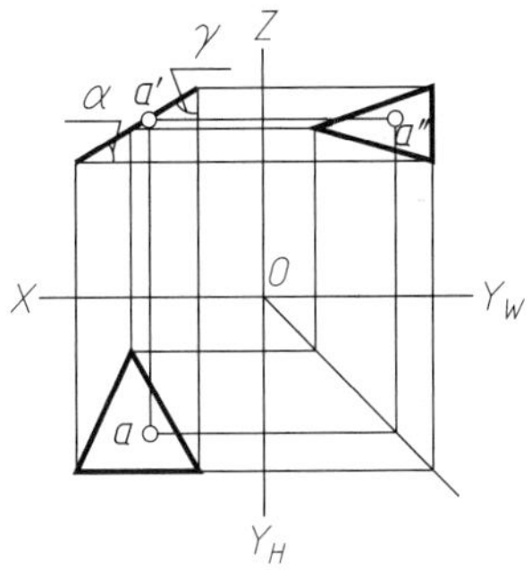	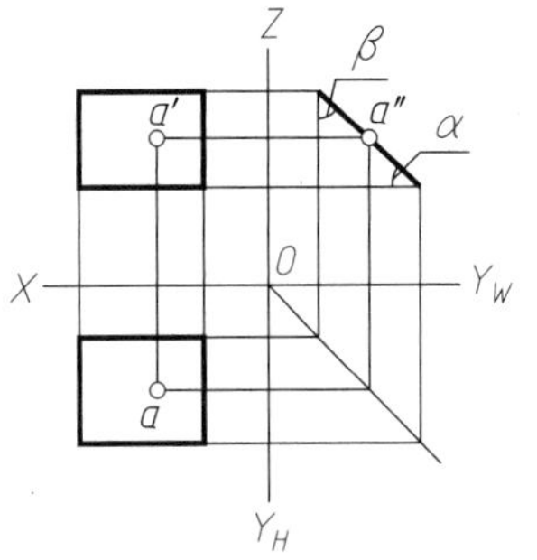
投影特性	（1）水平投影积聚为倾斜于 OX、OY_H 轴的直线； （2）正面投影和侧面投影是平面的类似形； （3）水平投影与 OX 轴和 OY_H 轴的夹角分别反映平面对 V 面和 W 面的倾角	（1）正面投影积聚为倾斜于 OX、OZ 轴的直线； （2）水平投影和侧面投影是平面的类似形； （3）正面投影与 OX 轴和 OZ 轴的夹角分别反映平面对 H 面和 W 面的倾角	（1）侧面投影积聚为倾斜于 OZ、OY_W 轴的直线； （2）水平投影和正面投影是平面的类似形； （3）侧面投影与 OZ 轴和 OY_W 轴的夹角分别反映平面对 V 面和 H 面的倾角

2. 投影面平行面

投影面平行面又可分为三种：

（1）平行于 V 面的平面称为正平面；

（2）平行于 H 面的平面称为水平面；

（3）平行于 W 面的平面称为侧平面。

图 2-31 中形体上的 L、M、N 三个平面均为投影面平行面，其中 L 面为水平面，M 面为正平面，N 面为侧平面。

图 2-33 中有正平面 P。P 平行于 V 面，垂直于 H 面和 W 面，因此其正面投影反映实形，水平投影和侧面投影积聚成直线，且水平投影平行于 OX 轴，侧面投影平行于 OZ 轴。

各投影面平行面的投影特性见表 2-4。

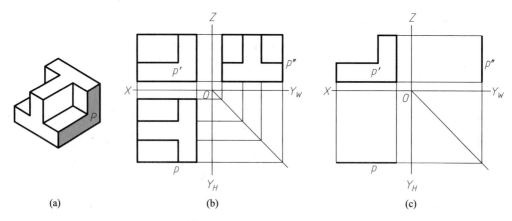

图 2-33 正平面的投影特性

表 2-4 投影面平行面的投影特性

名称	正 平 面	水 平 面	侧 平 面
立体图			
投影图			
投影特性	（1）水平投影积聚为直线，且平行于 *OX* 轴； （2）侧面投影积聚为直线，且平行于 *OZ* 轴； （3）正面投影反映平面实形	（1）正面投影积聚为直线，且平行于 *OX* 轴； （2）侧面投影积聚为直线，且平行于 *OY_W* 轴； （3）水平投影反映平面实形	（1）正面投影积聚为直线，且平行于 *OZ* 轴； （2）水平投影积聚为直线，且平行于 *OY_H* 轴； （3）侧面投影反映平面实形

图 2-34a 为一平面立体的立体图，图 2-34b 是它的三面投影图。立体上的平面 *P* 是一侧垂面，其三面投影如图 2-34c 所示；平面 *Q* 是一铅垂面，图 2-34d 示出了它的三面投影；平面 *R* 是一水平面，其三面投影如图 2-34e 所示。

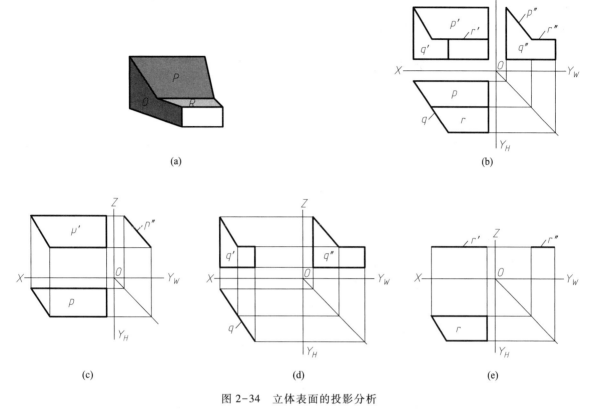

图 2-34 立体表面的投影分析

3. 一般位置平面

图 2-31 所示形体中平面 P 为一般位置平面。

如图 2-35a 为三棱锥的立体图，棱面 P 与任一投影面既不平行也不垂直，是一般位置平面，故三个投影面上的投影均是 P 的类似形，如图 2-35b、c 所示。

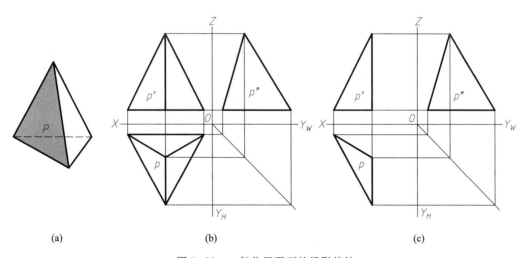

图 2-35 一般位置平面的投影特性

需要强调的是，一般位置平面的各个投影均无实形性和积聚性，而仅有类似性。因此平面体上的一般位置表面，其各投影均为类似形。后面在根据投影图来分析形体表面形状时，可利用这一特性正确地找出投影图上线框（多边形）的对应关系。

§2-6 点、直线、平面的相对位置

一、平面上的点和直线

直线在平面上的几何条件是：在平面上的直线必定通过平面上的两个已知点或通过平面上的一个已知点且平行于这个平面上的一条已知直线，如图 2-36 所示。

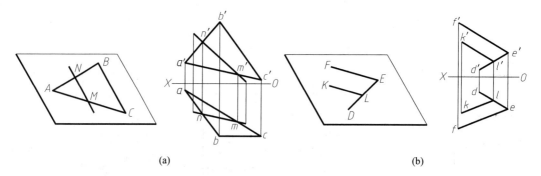

(a)   (b)

图 2-36 平面上的点和直线

点在平面上的几何条件是：在平面上的点必在属于这个平面的一条直线上。

[**例 2-7**] 如图 2-37a 所示，已知直线 DE 在 $\triangle ABC$ 平面内，求作其水平投影 de。

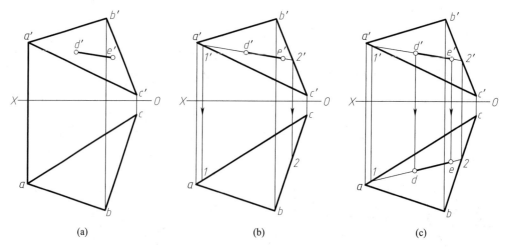

(a)   (b)   (c)

图 2-37 在平面内取直线的作图方法

分析：若直线 DE 在 $\triangle ABC$ 平面内，则其一定与 $\triangle ABC$ 平面内的其他直线平行或相交。

作图：

① 延长 $d'e'$，与 $a'c'$ 和 $b'c'$ 分别相交于 $1'$ 和 $2'$；应用直线上点的投影规律，求得两点 I、II 的水平投影 1 和 2，如图 2-37b 所示。

② 连接 *1*、*2*，再应用直线上点的投影规律，由*d'e'*求得 *de*，如图 2-37c 所示。

[**例 2-8**] 如图 2-38a 所示，判断点 *M* 是否在 *ABCD* 平面内。

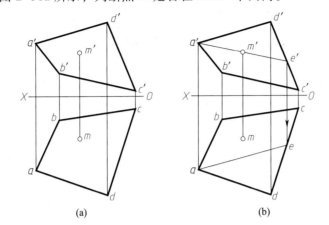

(a)　　　　　　　　(b)

图 2-38　判断点 *M* 是否在平面上

分析：若点 *M* 在平面内，则一定在 *ABCD* 平面的一条直线上，否则就不在 *ABCD* 平面内。

作图：

① 连*a'm'*，并延长与*c'd'*相交于 *e'*；

② 由*e'*作出 *e*，连 *ae*，显然 *m* 不在 *ae* 上，所以 *M* 不在 *AE* 上，因此可判断点 *M* 不在 *ABCD* 平面内，如图 2-38b 所示。

[**例 2-9**] 如图 2-39a 所示，已知平面四边形*ABCD* 的正面投影 *a'b'c'd'* 和 *AD*、*BC* 两条边的水平投影 *ad*、*bc*，试作出该平面四边形的水平投影 *abcd*。

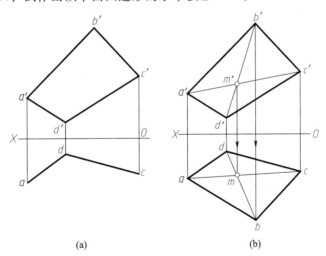

(a)　　　　　　　　(b)

图 2-39　作平面四边形 *ABCD* 的水平投影

分析：由于三个点可以确定平面，三点 *A*、*D*、*C* 的两投影为已知，故点 *B* 应在 *ADC* 所确定的平面上。*ABCD* 为平面四边形，则它的对角线必相交。

作图：

① 在正面投影上连接对角线*a'c'*和*b'd'*，得交点 *m'*，连 *ac*，并求出在 *ac* 上的水平投影 *m*；

② 连 dm，并在其延长线上求出 b，连接 ab 和 bc，即得 $ABCD$ 的水平投影。

二、直线与平面、平面与平面平行

直线与平面平行的几何条件是：直线平行于平面内的任一直线。如图 2-40 所示，直线 AB 平行于平面 P 中的直线 CD，则 $AB/\!/P$。

平面与平面平行的几何条件是：一平面内的两相交直线平行于另一平面内的两相交直线。如图 2-41 所示，平面 P 内两相交直线 AB、BC 平行于平面 Q 内两相交线 DE、EF，则 $P/\!/Q$。

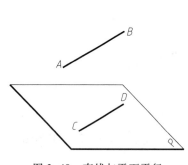

图 2-40 直线与平面平行

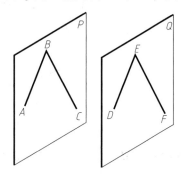

图 2-41 平面与平面平行

[**例 2-10**] 如图 2-42a 所示，过已知点 K 作一水平线 KM 与已知 $\triangle ABC$ 平行。

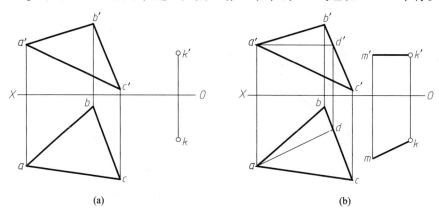

(a) (b)

图 2-42 过点 K 作水平线平行 $\triangle ABC$

分析：作属于 $\triangle ABC$ 上的水平线为参照线，过点 K 作平行于参照线的直线，即为所求。

作图：

① 在 $\triangle ABC$ 上作一条水平线 AD。可先过 a' 作 $a'd'/\!/OX$ 轴，再利用直线在平面上的投影特性作出其水平投影 ad，如图 2-42b 所示。

② 过点 K 作 $KM/\!/AD$，即 $km/\!/ad$，$k'm'/\!/a'd'$，则 KM 为一水平线且平行于 $\triangle ABC$，如图 2-42b 所示。

[**例 2-11**] 如图 2-43a 所示，已知平面 $\square ABCD$ 和 $\triangle EFG$，试判别该两平面是否平行。

分析：可在任一平面内作两相交直线，如在另一平面内能找到与它平行的两相交直线，则该两平面互相平行。

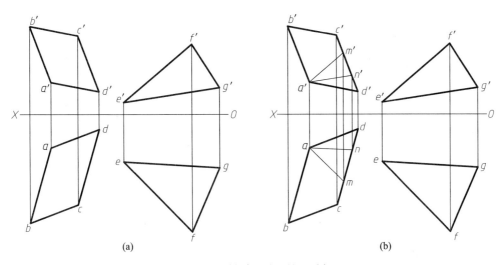

图 2-43 判别两平面是否平行

作图:

① 在 □ABCD 内过点 A 作两相交直线 AM 和 AN,使 a'm' // e'f',a'n' // e'g',如图 2-43b 所示。

② 再分别作出 am 和 an,由于 am // ef,an // eg,即 AM // EF,AN // EG,所以平面 □ABCD // △EFG,如图 2-43b 所示。

特殊情况下,当平面为投影面垂直面时,只要直线的投影与平面具有积聚性的投影平行,或直线也为该投影面的垂线,则直线与平面必定平行,如图 2-44 所示。

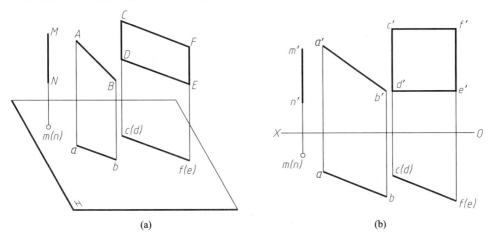

图 2-44 直线与投影面垂直面相平行

如图 2-45 所示,当两平面同为某一投影面的垂直面,只要它们的积聚性投影平行,则两平面必定平行。

三、直线与平面、平面与平面相交

直线与平面、平面与平面的相对位置凡不符合平行几何条件的,则必然相交。在工程制图中求形体表面的截交线、相贯线,经常要求解线与面的交点、面与面的交线等问题。

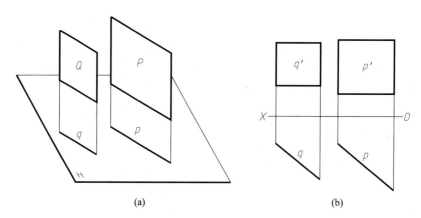

(a)	(b)

图 2-45 两投影面垂直面相平行

1. 直线与平面相交

如图 2-46 所示，直线 AB 与平面 P 相交，其交点 K 是直线 AB 与平面 P 的共有点，它既属于直线 AB 又属于平面 P。这是求直线与平面交点的基本依据。

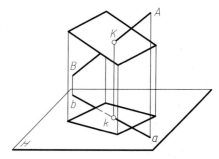

图 2-46 直线与平面相交

直线与平面相交，当投影不积聚时，就有可见与不可见的问题。为了进一步弄清楚直线与平面相交时的空间位置关系，除求出交点外，还必须对直线各段的可见性进行判别。注意，交点是直线可见段与不可见段的分界点。

如图 2-47 所示，一般位置直线 AB 与铅垂面 P 相交，交点 K 的水平投影 k 在 P 的水平投影 p 上，又必在直线 AB 的水平投影 ab 上，因此 p 与 ab 的交点 k 就是交点 K 的水平投影。再根据点 K 在 AB 上，由 k 求作 a'b' 上的投影 k'，如图 2-47b 所示。交点 K 也是直线 AB 在 P 范围内可见与不可见的分界点，如图 2-47c 所示，平面 P 的 V 面投影无积聚性，直线 AB 的交点右上方一段 AK 位于平面 P 之前，因此 AK 对于 V 面可见，KB 被平面 P 遮住的一段为不可见，将不可见段的投影画成细虚线。平面 P 的 H 投影积聚为直线，就不存在判别可见性的问题了。

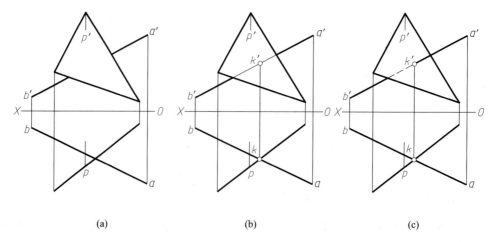

(a)	(b)	(c)

图 2-47 一般位置直线与投影面垂直面相交

当相交的直线与平面都不垂直于投影面时，则不能利用投影的积聚性作图，此时可利用辅助平面法求交点。

如图 2-48 所示，直线 EF 与 $\triangle ABC$ 相交，交点为 K，过点 K 可在 $\triangle ABC$ 上作无数直线，而这些直线都可与直线 EF 构成平面，这类平面称为辅助平面。辅助平面与已知 $\triangle ABC$ 的交线为过点 K 在 $\triangle ABC$ 上的直线，该直线与 MN 的交点即为点 K。

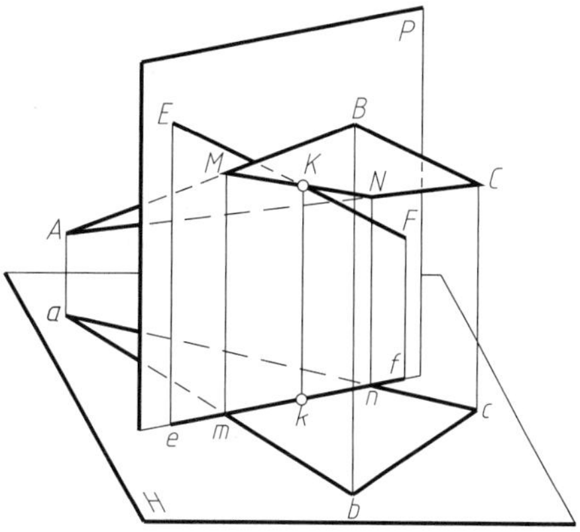

根据以上分析，可归纳出用辅助平面法求一般位置直线与一般位置平面交点的步骤：

（1）过已知直线作一辅助平面。为了作图方便，一般所作辅助平面应垂直于某一投影面。

（2）作出该辅助平面与已知平面的交线。

（3）求出该交线与已知直线的交点，即为已知直线与已知平面的交点。

（4）完成直线的投影，并注意判别可见性。

[例 2-12] 求直线 EF 与 $\triangle ABC$ 的交点，并判别直线的可见性（图 2-49a）。

图 2-48 用辅助平面法求交点

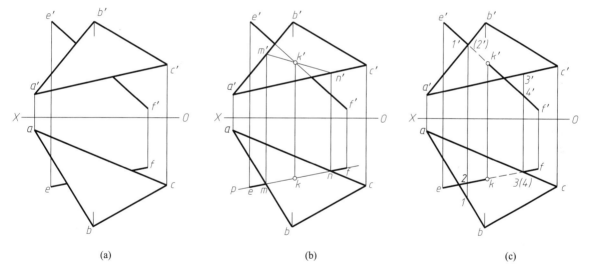

| (a) | (b) | (c) |

图 2-49 一般位置直线与一般位置平面相交

作图：

① 过 EF 作一铅垂面 P 作为辅助平面，如图 2-49b 所示。

② 作出平面 P 与 $\triangle ABC$ 的交线 MN。

③ 求出 MN 与 EF 的交点 K。$m'n'$ 与 $e'f'$ 的交点为所求交点 K 的正面投影 k'，由 k' 可求出水平投影 k。

④ 判别可见性。如图 2-49c 所示，以重影点的可见性为依据判别直线的可见性。

2. 平面与平面相交

如图 2-50 所示，平面 P 与平面 Q 相交，其交线 MN 为两平面的共有线。因此，只要求出相交两平面的两个共有点，即可确定两平面的交线。交线又是平面各部分可见与不可见的分界线。

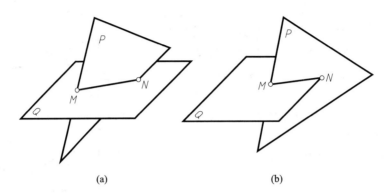

图 2-50 平面与平面相交

如图 2-51 所示，平面 P 是铅垂面，△ABC 是一般位置平面，求它们的交线。

首先利用求投影面垂直面与一般位置直线的交点的方法，分别求出 △ABC 的两条边与平面 P 的两个交点 M、N，连线就是所求交线。再判别可见性，如图 2-51b 所示，由于平面 P 的水平投影有积聚性，故对 H 面不需判别可见性；对 V 面的可见性可以从水平投影直接判断：利用交线是可见与不可见分界线的性质可以推断，MN 以右部分，△ABC 在平面 P 之前，因此 △ABC 的 MNCB 部分可见；MN 以左部分，△ABC 在平面 P 之后，其与 P 重叠的部分不可见。在两平面重影区域内，可见轮廓画粗实线，不可见轮廓画细虚线，如图 2-51c 所示。

如图 2-52 所示，当两铅垂面 P 和 Q 相交时，交线 MN 是铅垂线。平面 P 和 Q 的水平投影积聚为直线 p 和 q，两直线 p 和 q 的交点就是交线 MN 的水平投影。由此可求出交线 MN 的正面投影，并由水平投影可直接判断出两平面 P 和 Q 对 V 面的可见性。

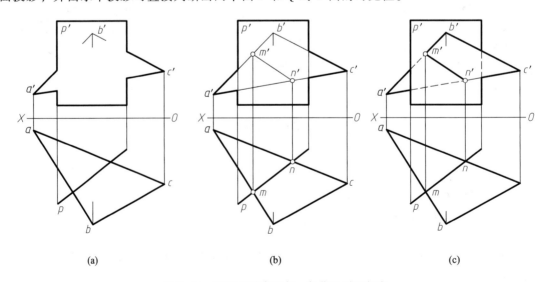

图 2-51 投影面垂直面与一般位置平面相交

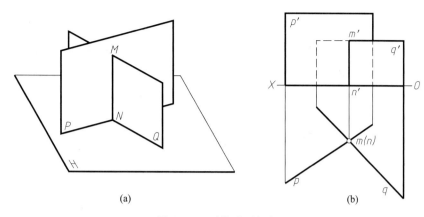

(a)　　　　　　　　　(b)

图 2-52　两铅垂面相交

两个一般位置平面相交时，可以在两平面内任取不平行于另一平面的两条直线，用辅助平面法分别求出它们与另一平面的交点，连接两交点即得两平面的交线（图 2-53）。

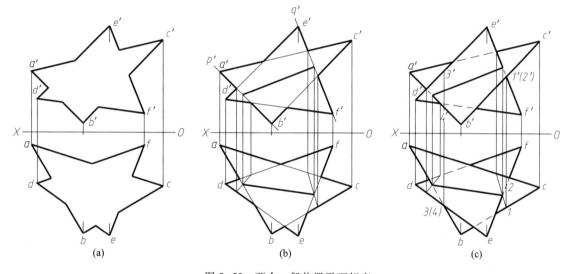

(a)　　　　　　　　(b)　　　　　　　　(c)

图 2-53　两个一般位置平面相交

四、直线与平面、平面与平面垂直

1. 直线与平面垂直

直线若垂直于平面上任意两相交直线，则直线垂直于该平面，且直线垂直于该平面上的所有直线。在此只讨论平面为投影面垂直面的特殊情况。

从图 2-54 可以看出：当直线垂直于投影面垂直面时，该直线必平行于该平面所垂直的投影面。图中直线 AB 垂直于铅垂面 $CDEF$，则 AB 必定是水平线，且 $ab \perp cd$ (e) (f)。

同理，与正垂面垂直的直线是正平线，它们的正面投影相互垂直；与侧垂面垂直的直线是侧平线，且它们的侧面投影相互垂直。

2. 平面与平面垂直

两平面相互垂直的几何条件是：若一直线垂直于平面，则包含这条直线所作的任何平面均与该平面垂直。如图 2-55a 所示，直线 $AB \perp$ 平面 P，则包含 AB 所作的平面 Q、R 均与平面 P 垂直。

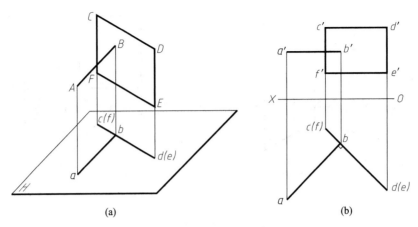

图 2-54　直线与铅垂面垂直

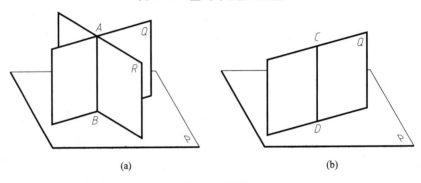

图 2-55　两平面互相垂直的几何条件

　　反之，若两平面垂直，则过其中一个平面内任一点作另一平面的垂线，该垂线必然属于点所在的平面。如图 2-55b 所示，若平面 $Q \perp$ 平面 P，则可在平面 Q 上过点 C 作平面 P 的垂线 CD，则 CD 必在平面 Q 上。

　　特殊情况下，当两个互相垂直的平面垂直于同一投影面时，则两平面的交线必定垂直于两平面所垂直的投影面，两平面在所垂直投影面上的积聚性投影必定垂直。如图 2-56 所示，两铅垂面 $ABCD$、$CDFE$ 互相垂直，它们在 H 面上的积聚性投影互相垂直。

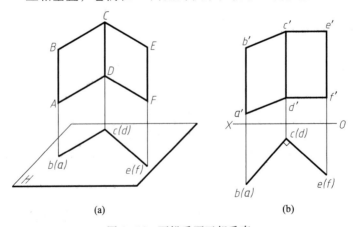

图 2-56　两铅垂面互相垂直

§2-7 投影变换

一、投影变换的基本概念

由对直线和平面的投影分析可知，当直线和平面相对于投影面处于特殊位置（平行或垂直）时，其投影具有实形（长）性或积聚性，有利于解决定位问题或度量问题。图 2-57a 中，△$a'b'c'$反映△ABC 的实形；图 2-57b 中，mn 反映点 M 到平面 $ABCD$ 的距离；图 2-57c 中，ef 反映交叉两直线 AB、CD 的距离；图 2-57d 中，θ 反映两平面△ABC 与矩形 $BCDE$ 的夹角。因此，为了便于解题，可以将空间几何元素由一般位置变换成特殊位置。投影变换就是研究如何改变空间几何元素与投影面的相对位置，常用的方法有换面法和旋转法。本书仅介绍换面法。

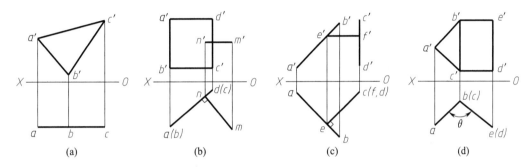

| (a) | (b) | (c) | (d) |

图 2-57 几何元素处于有利于解题的位置

换面法：空间几何元素的位置保持不动，用新的投影面代替旧的投影面，使空间几何元素与新投影面的相对位置变成有利于解题的位置，然后找出其在新投影面上的投影。

新投影面的选择应遵循以下两条原则：

（1）新投影面必须垂直于一个原有的投影面，以构成新的相互垂直的投影面体系。

（2）新投影面必须平行或垂直于空间几何元素，使其处于有利于解题的位置。

点是最基本的几何元素，因此首先研究点的投影变换规律。

二、点的投影变换

1. 点的一次变换

如图 2-58a 所示，点 A 在 V/H 投影面体系中的投影是 a'、a，现保持 H 面不变，用一个与 H 面垂直的新投影面 V_1 代替 V 面，建立新的 V_1/H 投影面体系。V_1 与 H 的交线为新投影轴 O_1X_1，点 A 的水平投影 a 不变，a_1'是点 A 在 V_1 面上的新投影（一次变换后的投影用相应符号加下标 1 表示）。由图可以看出点 A 的旧投影 a'、不变投影 a'、新投影 a_1'之间有如下关系：

（1）由于新、旧两个投影面体系具有公共的水平投影面 H，因此点 A 到 H 面的距离（即点 A 的 z 坐标）在两投影面体系中是相同的，即 $a_1'a_{X_1} = a'a_X$。

（2）当 V_1 面绕 O_1X_1 轴旋转重合到 H 面时，根据点的投影规律可知 aa_1'必定垂直于 O_1X_1 轴。

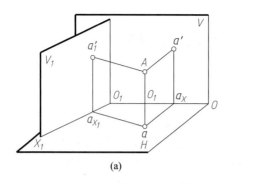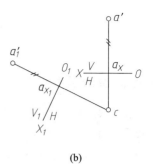

图 2-58 点的一次变换（变换 V 面）

根据以上分析，可以得到点的投影变换规律：

（1）点的新投影和不变投影的连线垂直于新投影轴。

（2）点的新投影到新投影轴的距离等于被代替的旧投影到旧投影轴的距离。

根据上述规律，点的一次变换（变换 V 面）的作图步骤如下（图 2-58b）：

（1）按实际需要确定新投影轴 O_1X_1。

（2）过不变投影 a 作新投影轴 O_1X_1 的垂线与新投影轴交于 a_{X_1}。

（3）在垂线 aa_{X_1} 的延长线上取 $a'_1a_{X_1}=a'a_X$，即得到点在新投影面 V_1 上的新投影 a'_1。

同理，变换 H 面如图 2-59 所示。

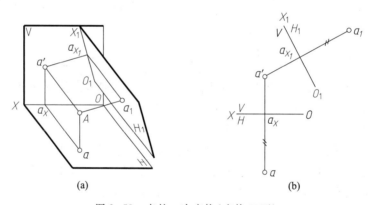

图 2-59 点的一次变换（变换 H 面）

2. 点的二次变换

由于新投影面必须垂直于原有投影面体系中的一个投影面，有时一次变换后不能达到有利于解题的位置，需要作二次或多次投影变换。二次变换即在一次变换后的新投影面体系中进行变换，应当变换在一次变换中未变的投影面。

二次变换的作图方法与一次变换的完全相同，只是将作图过程重复一次而已，如图 2-60所示，步骤如下：

（1）先作一次变换，用 V_1 代替 V，组成新的投影面体系 V_1/H，作出新投影 a'_1。

（2）在 V_1/H 体系基础上，再进行第二次变换，用 H_2 面代替 H 面，以 V_1/H_2 构成新的投影面体系，O_2X_2 为新投影轴，在投影图中作 $a'_1a_2 \perp O_2X_2$ 轴，$a_2a_{X_2}=aa_{X_1}$（二次变换的投影用相应符号加下标 2 表示）。

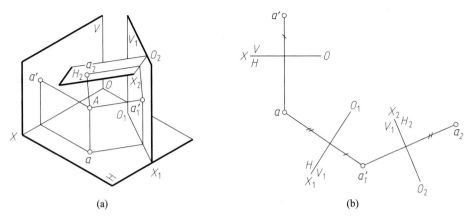

图 2-60 点的二次变换

当然，二次变换也可先变换 H 面再变换 V 面，即先由 V/H 变换成 V/H_1，再变换成 V_2/H_1，变换的方法相同。

三、直线的投影变换

1. 一般位置直线变换成投影面平行线

如图 2-61a 所示，AB 是一般位置直线，取 V_1 面代替 V 面，使 V_1 垂直于 H 面并平行于直线 AB，则 AB 在新投影面体系 V_1/H 中就成了正平线。其作图步骤如图 2-61b 所示：

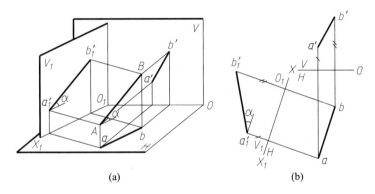

图 2-61 一般位置直线变换成投影面平行线（求倾角 α）

（1）作新投影轴 $O_1X_1/\!/ab$。

（2）分别作点 A、B 在 V_1 面上的新投影 a_1'、b_1'。

（3）连接 a_1' 和 b_1'，得到直线 AB 的新投影 $a_1'b_1'$，$a_1'b_1'$ 反映了 AB 的实长，它与 O_1X_1 轴的夹角即为 AB 对 H 面的倾角 α。

如果要求直线对 V 面的倾角 β，则要取新投影面 H_1 平行于 AB，作图时新投影轴 $O_1X_1/\!/a'b'$，如图 2-62 所示。

2. 投影面平行线变换成投影面垂直线

如图 2-63 所示，直线 AB 为一正平线，要将它变换成投影面垂直线。根据投影面垂直线的投影特性，将反映实长的 V 面

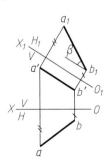

图 2-62 一般位置直线变换成
投影面平行线（求倾角 β）

投影 $a'b'$ 作为不变投影,取新投影面 H_1 垂直于 AB,此时新投影轴 $O_1X_1 \perp a'b'$,AB 在 H_1 面上的投影积聚为一点 $a_1(b_1)$。

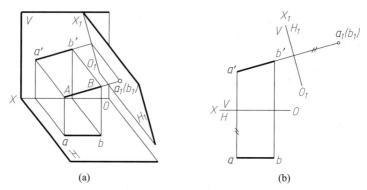

(a)　　　　　　　　　　(b)

图 2-63　投影面平行线变换成投影面垂直线

3. 一般位置直线变换成投影面垂直线

如图 2-64a 所示,要将一般位置直线变换成投影面垂直线,需要进行两次变换,先将一般位置直线变换成投影面平行线,再将投影面平行线变换成投影面垂直线,作图步骤如图 2-64b 所示:

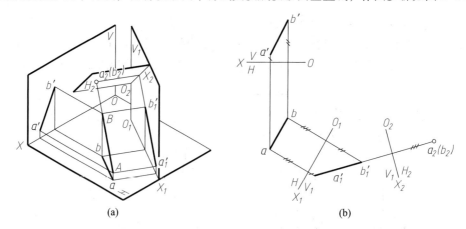

(a)　　　　　　　　　　(b)

图 2-64　一般位置直线变换成投影面垂直线

(1)先作新投影轴 $O_1X_1 // ab$,求得 AB 在 V_1 面的新投影 $a_1'b_1'$。

(2)再作新投影轴 $O_2X_2 \perp a_1'b_1'$,则 AB 在 H_2 面上的投影积聚为一点 $a_2(b_2)$。AB 变为投影面 H_2 的垂直线。

四、平面的投影变换

1. 一般位置平面变换成投影面垂直面

要将一般位置平面变换成投影面垂直面,新投影面既要垂直于该平面,又要垂直于相应基本投影面。如图 2-65a 所示,新投影面要同时垂直于 $\triangle ABC$ 和 H 面,只需要在 $\triangle ABC$ 内取一条水平线,使新投影面 V_1 垂直于它即可。作图步骤如图 2-65b 所示:

(1)在 $\triangle ABC$ 内作一水平线 AD,其在 V/H 体系的投影为 $a'd'$ 和 ad。

(2)作新投影轴 $O_1X_1 \perp ad$。

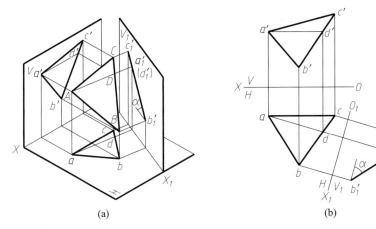

图 2-65 一般位置平面变换成投影面垂直面(求倾角 α)

（3）作 $\triangle ABC$ 在新投影面 V_1 上的投影 $a_1'b_1'c_1'$，该投影积聚成一条直线，该直线与 O_1X_1 轴的夹角即反映 $\triangle ABC$ 对 H 面的倾角 α。

如果要求一般位置平面对的 V 面的倾角 β，则需在该平面内取一条正平线，使新投影面 H_1 垂直于它，此时新投影轴 O_1X_1 垂直于该正平线的正面投影，平面在 H_1 面上的投影积聚成一直线，该直线与 O_1X_1 轴的夹角即反映平面对 V 面的倾角 β，如图 2-66 所示。

2. 投影面垂直面变换成投影面平行面

如图 2-67 所示，$\triangle ABC$ 是铅垂面，在 H 面上的投影积聚为一条直线 abc。要将 $\triangle ABC$ 变换成投影面平行面，应使新投影面 V_1 平行于 $\triangle ABC$，则新投影轴 $O_1X_1 // abc$，$\triangle ABC$ 在 V_1 面上的投影 $\triangle a_1'b_1'c_1'$ 反映实形。

同理，如果要求正垂面的实形，应使新投影面 H_1 与之平行，则新投影轴 O_1X_1 平行于其具有积聚性的 V 面投影。

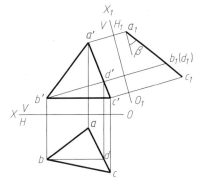

图 2-66 一般位置平面变换成
投影面垂直面(求倾角 β)

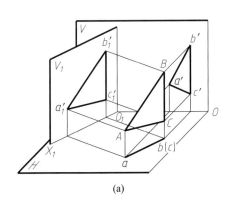

(a)

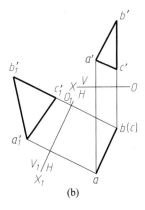

(b)

图 2-67 投影面垂直面变换成投影面平行面

3. 一般位置平面变换成投影面平行面

要将一般位置平面变换成投影面平行面，一次变换无法使新投影面既平行于该平面又垂直于一个原有的投影面，因此需经过两次变换。先将一般位置平面变换成投影面垂直面，再将投影面垂直面变换成投影面平行面。如图 2-68 所示，先将 $\triangle ABC$ 变换成垂直于 V_1 面，然后再变换成平行于 H_2 面，具体作图步骤如下：

（1）在 $\triangle ABC$ 内作水平线 AD，取新投影面 V_1 垂直于 AD，即作新轴 $O_1X_1 \perp ad$，然后作出 $\triangle ABC$ 在 V_1 面上的新投影 $a_1'b_1'c_1'$，它积聚成一条直线。

（2）取新投影面 H_2 平行于 $\triangle ABC$，即作新轴 O_2X_2 平行于 $\triangle ABC$ 的积聚性投影 $a_1'b_1'c_1'$，然后作出 $\triangle ABC$ 在 H_2 面上的新投影 $\triangle a_2 b_2 c_2$，$\triangle a_2 b_2 c_2$ 即反映 $\triangle ABC$ 的实形。

当然，要求 $\triangle ABC$ 的实形也可先将 $\triangle ABC$ 变换成垂直于 H_1 面，然后再变换成平行于 V_2 面。

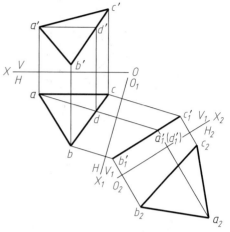

图 2-68　一般位置平面变换
成投影面平行面

五、换面法应用举例

采用换面法解题时应根据题目分析是直线还是平面的换面问题，需要一次换面还是两次换面。

[例 2-13]　如图 2-69a 所示，已知等边 $\triangle ABC$ 为正垂面，点 C 在 AB 的前方，完成 $\triangle ABC$ 的两面投影。

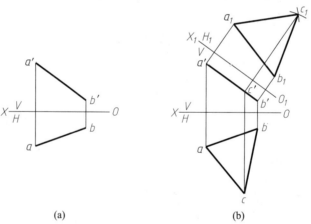

(a)　　　　　　　　(b)

图 2-69　完成等边 $\triangle ABC$ 的两面投影

分析：由题设和所求可知，需求出 $\triangle ABC$ 的实形，是平面换面问题，由于 $\triangle ABC$ 是正垂面，故需一次换面。新建 H_1 面与正垂面 $\triangle ABC$ 平行，则 $\triangle ABC$ 在新投影面体系 V/H_1 中就成了投影面平行面，其在 H_1 面上的投影反映实形。

作图：

① 如图 2-69b 所示，作 O_1X_1 轴 $//a'b'$，求出 a_1、b_1。

② 分别以 a_1、b_1 为圆心，$a_1 b_1$ 长为半径画圆弧，在 $a_1 b_1$ 前方（即远离 $O_1 X_1$ 轴的方向）相交得 c_1，连接 $a_1 c_1$、$b_1 c_1$。

③ 根据投影变换规律，由 c_1 返回求得 c'，进而求得 c，连接 ac、bc，即得到 $\triangle ABC$ 的 H 面投影。

[**例 2-14**]　如图 2-70a 所示，求点 C 到直线 AB 的距离。

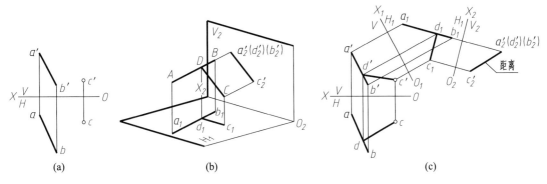

图 2-70　求点到直线的距离

分析：点到直线的距离就是点到直线的垂线段的实长。如图 2-70b 所示，可以先将直线 AB 变换成投影面平行线，然后利用直角投影定理求得垂足 D；再通过二次变换将直线 AB 变换成投影面垂直线，则点 C 到直线 AB 的垂线段 CD 为投影面平行线，在相应投影面上反映实长。

作图：

① 如图 2-70c 所示，一次变换先将直线 AB 将变换成 H_1 面的平行线，并求出 c_1。

② 二次变换将 AB 变换成 V_2 面的垂直线，AB 在 V_2 面上的投影重合为一点，点 C 在 V_2 面上投影为 c_2'。

③ 过 c_1 作 $c_1 d_1 \perp a_1 b_1 (c_1 d_1 // O_2 X_2$ 轴）得 d_1，d_2' 与 $a_2' b_2'$ 重合，连接 c_2'、d_2'，$c_2' d_2'$ 即反映点 C 到直线 AB 的距离。

④ 如有需要还可由 $c_1 d_1$、$c_2' d_2'$ 返回求得公垂线在 V/H 体系中的投影 $c'd'$、cd。

[**例 2-15**]　如图 2-71a 所示，求两交叉直线 AB、CD 的公垂线。

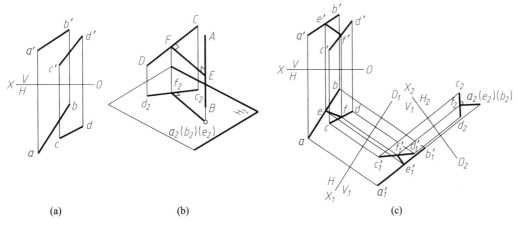

图 2-71　求两交叉直线的公垂线

分析：如图 2-71b 所示，如果将交叉直线中的一般位置直线 AB 经两次变换转换成新投影面 H_2 的垂直线，则公垂线 $EF//H_2$，EF 在 H_2 面上的投影 e_2f_2 反映其实长，且 $e_2f_2 \perp c_2d_2$。

作图：

① 如图 2-71c 所示，一次变换先将 AB 将变换成投影面平行线。

② 二次变换将 AB 变换成投影面垂直线，公垂线在 AB 上的点为 E，e_2、a_2、b_2 在 H_2 面上积聚为一点。

③ 过 e_2 作 $e_2f_2 \perp c_2d_2$，f_2 在 c_2d_2 上。

④ 根据投影变换原理，由 e_2f_2 返回求得 $e_1'f_1'$，进而求得公垂线在 V/H 体系中的投影 ef 和 $e'f'$。

[例 2-16] 如图 2-72a 所示，已知点 E 在 $\triangle ABC$ 内，且与 A、B 的距离均为 10 mm，求点 E 的两面投影。

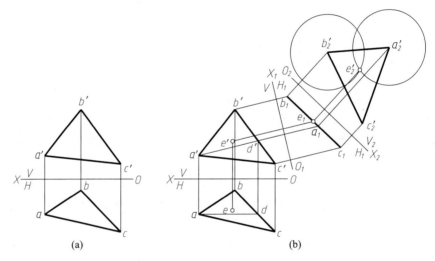

图 2-72 求 $\triangle ABC$ 内的点 E

分析：$\triangle ABC$ 是一般位置平面，需经两次换面，求得 $\triangle ABC$ 的实形，在该平面内以分别 A、B 两点为圆心作半径为 10 mm 的圆，两圆的交点就是所求的点 E。

作图：

① 如图 2-72b 所示，一次变换将 $\triangle ABC$ 变换成投影面垂直面，求出 $a_1b_1c_1$。

② 二次变换将 $\triangle ABC$ 变换成投影面平行面，求出 $a_2'b_2'c_2'$。

③ 分别以 a_2'、b_2' 为圆心，10 mm 为半径画圆，求得两圆的交点(有两解，取其一 e_2')。

④ 根据投影变换原理，由 e_2' 返回求得 e_1、进而求得 e'、e。

[例 2-17] 如图 2-73a 所示，求 $\triangle ABC$ 和 $\triangle ABD$ 两平面的夹角。

分析：AB 是 $\triangle ABC$ 和 $\triangle ABD$ 的交线，若将 AB 转换成投影面垂直线，则 $\triangle ABC$ 和 $\triangle ABD$ 就是该投影面的垂直面，两平面在该投影面的积聚性投影的夹角即为两平面的夹角。因交线 AB 是一般位置直线，故需两次换面。

作图：

① 如图 2-73b 所示，一次变换将 AB 变换成投影面平行线，求得 $\triangle a_1'b_1'c_1'$ 和 $\triangle a_1'b_1'd_1'$。

② 二次变换将 AB 变换成投影面垂直线，求得两三角形的积聚性投影 $a_2b_2c_2$ 与 $a_2b_2d_2$，两积聚性投影的夹角 θ 即为两平面的夹角。

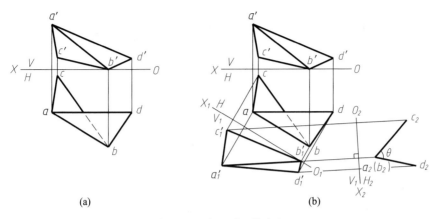

(a)   (b)

图 2-73　求两平面的夹角

第三章 基本立体及其表面交线

任何工程形体都是由一些基本立体通过叠加、切割而构成的。掌握基本几何体及其表面交线的投影特性和作图方法，对今后绘制和识读工程图都是十分重要的。

基本立体可分为两类：平面立体和曲面立体。

平面立体是表面为若干个平面的几何体，如棱柱、棱锥等。

曲面立体是表面为曲面或曲面与平面的几何体，最常见的是回转体，如圆柱、圆锥、球、圆环等。

用投影图表示基本立体，就是把立体的表面(平面和曲面)表达出来，并根据可见性判别，将其投影分别用粗实线和细虚线表示。

§3-1 三视图的形成及投影规律

一、三视图的形成

工程图样中，物体的多面正投影图也称为视图。如图 3-1 所示，将物体放在三投影面体系中，分别向三个投影面进行正投射，就可得到物体的三视图。三视图是《技术制图》国家标准规定的六基本视图中的三个，分别是：

（1）主视图——由前向后投射，在正立投影面上所得的视图；

（2）俯视图——由上向下投射，在水平投影面上所得的视图；

（3）左视图——由左向右投射，在侧立投影面上所得的视图。

为了便于画图和表达，必须使处于空间位置的三视图在同一个平面上表示出来。如图 3-1b 所示，规定 V 面固定不动，将 H 绕 OX 轴向下旋转 90°，将 W 面绕 OZ 轴向后旋转 90°，使它们与 V 面处于同一平面上。工程上用来表达物体的三视图一般省略投影轴和投影面线框，各个视图之间只需保持一定间隔即可，如图 3-1d 所示。

二、三视图的投影规律

1. 三视图的位置关系

如图 3-1c、d 所示，三视图的位置关系为：主视图在上，俯视图在主视图的正下方，左视图在主视图的正右方。

2. 投影对应关系及其投影规律

由图 3-1c、d 可以看出，每个视图只能反映物体长、宽、高中两个方向的尺寸大小：

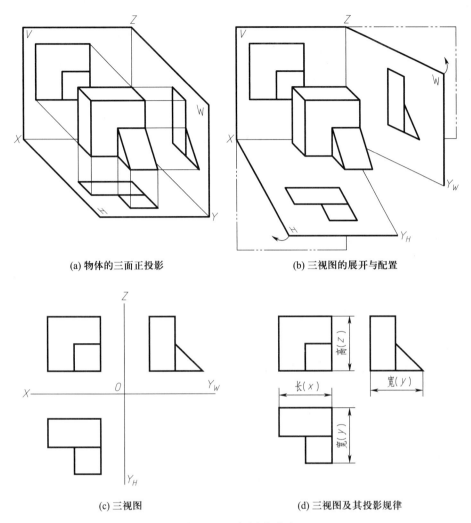

(a) 物体的三面正投影   (b) 三视图的展开与配置

(c) 三视图   (d) 三视图及其投影规律

图 3-1 三视图的形成

主视图反映物体的长(x)和高(z)；

俯视图反映物体的长(x)和宽(y)；

左视图反映物体的宽(y)和高(z)。

从物体的投影和投影面的展开过程中还可得到：

（1）主、左视图反映了物体上、下方向的高度尺寸（等高）；物体上各点、线、面在主、左视图上的投影应在高度方向上保持平齐，简称"高平齐"；

（2）主、俯视图反映了物体左、右方向的长度尺寸（等长）；物体上各点、线、面在主、俯视图上的投影应在长度方向上保持对正，简称"长对正"；

（3）俯、左视图反映了物体前、后方向的宽度尺寸（等宽）；物体上各点、线、面在俯、左视图上的投影应在宽度方向上保持相等，简称"宽相等"。

上述三条投影规律，尤其是最后一条，必须在初步理解的基础上，经过画图和看图的反复实践，逐步达到熟练和融会贯通的程度。

3. 物体的方位关系

从图 3-1c 还可以看出，主视图反映了物体上下、左右的方位关系，俯视图反映了物体左右、前后的方位关系，左视图反映了物体上下、前后的方位关系。

初学者应特别注意对照直观图和平面图，熟悉展开和还原过程，以便在平面图上准确判断物体不同的方位关系，尤其是前后的方位关系。

§3-2   平面立体的投影

表面为平面多边形的立体，称为平面立体。最基本的平面立体有棱柱、棱锥、棱台等。

一、棱柱

棱柱的棱线互相平行，顶面、底面是多边形。常见的棱柱有三棱柱、四棱柱、五棱柱、六棱柱等。现以图 3-2 所示的正六棱柱为例，分析棱柱的投影特征和作图方法。

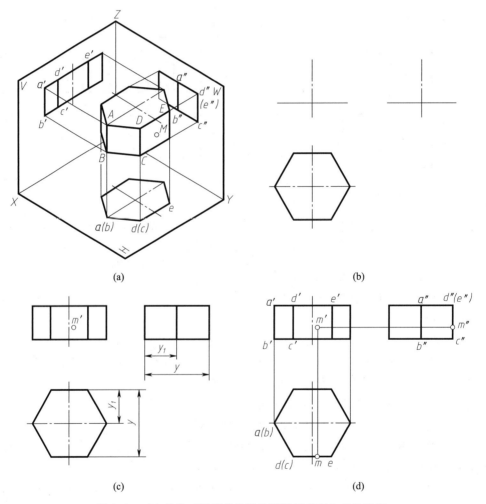

(a)   (b)

(c)   (d)

图 3-2   正六棱柱三视图的作图步骤及其表面上点的投影

1. 投影分析

正六棱柱的顶面、底面均为水平面，它们的水平投影反映正六边形的实形，正面及侧面投影积聚为直线。棱柱有六个侧棱面，前、后棱面为正平面，它们的正面投影反映实形，水平投影及侧面投影积聚为直线。棱柱的其他四个侧棱面均为铅垂面，水平投影积聚为直线，正面投影和侧面投影为类似形。六个棱面的水平投影积聚为正六边形的六条边。

2. 作图步骤

（1）首先画出反映正六棱柱主要形状特征的投影，即正六边形的水平投影，再画出正面、侧面投影中的底面基线和对称中心线，如图 3-2b 所示。

（2）按"长对正"的投影关系及高度画出正六棱柱的主视图，按"高平齐、宽相等"的投影关系画出左视图，如图 3-2c、d 所示。

棱线 AB 为铅垂线，水平投影积聚为一点 $a(b)$，正面投影和侧面投影均反映实长，即 $a'b' = a''b'' = AB$；顶面的边 DE 为侧垂线，侧面投影积聚为一点 $d''(e'')$，水平投影和正面投影均反映实长，即 $de = d'e' = DE$；底面的边 BC 为水平线，水平投影反映实长，即 $bc = BC$，正面投影 $b'c'$ 和侧面投影 $b''c''$ 均小于实长。其余棱线可进行类似分析。

作棱柱三视图时，一般先画出反映棱柱底面实形的投影，即多边形，再根据投影规律作出其余两个投影。各投影间应严格遵守"长对正、高平齐、宽相等"的投影规律。

3. 棱柱表面上点的投影

如图 3-2d 所示，已知六棱柱棱面上点 M 的正面投影 m'，求作另外两个投影 m、m''。由于点 M 所在的棱面是正平面，其水平投影积聚成直线，因此点 M 的水平投影必在该直线上，即可由 m' 直接作出 m。棱面的侧面投影同样积聚为直线，同样可由 m' 直接作出 m''。

二、棱锥

棱锥的棱线交于锥顶。常见的棱锥有三棱锥、四棱锥、五棱锥等。现以图 3-3 所示的正三棱锥为例，分析棱锥的投影特征及作图方法。

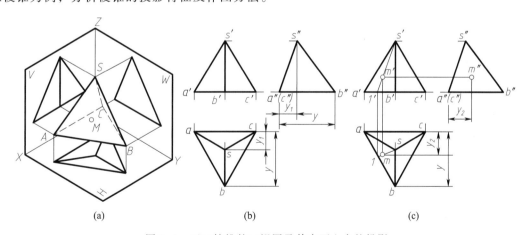

(a)　　　　　　　(b)　　　　　　　(c)

图 3-3　正三棱锥的三视图及其表面上点的投影

1. 投影分析

正三棱锥的底面 △ABC 为水平面，AB、BC 为水平线，AC 为侧垂线，其水平投影 △abc 反映实形。后棱面 △SAC 为侧垂面，其侧面投影积聚为直线 s"a"(c")。左、右两棱面 △SAB、△SBC 为一般位置平面，它们的三面投影均为类似形。棱线 SB 为侧平线，SA、SC 为一般位置直线。

2. 作图步骤

（1）画出反映底面 △ABC 实形的水平投影和有积聚性的正面、侧面投影。

（2）作锥顶 S 的各面投影，然后连接锥顶 S 与底面各顶点的同面投影，得到三条棱线的投影，从而得到正三棱锥的三视图，如图 3-3b 所示。

3. 棱锥表面上点的投影

如图 3-3c 所示，已知正三棱锥棱面 △SAB 上点 M 的正面投影 m'，求作另外两面投影 m、m"。由于点 M 所在的棱面 △SAB 是一般位置平面，其投影没有积聚性，所以必须借助在该面上作辅助线的方法来求解。过点 m' 作辅助线 SI 的正面投影 s'1'，并作出 SI 的水平投影 s1，在 s1 上定出 m(m 也可利用平行于该面上底面边线的辅助线作出，读者可自行分析作图)。然后由 m'、m 作出 m"。因为棱面 △SAB 对 H、W 面均可见，所以 m、m" 不加括号。

图 3-4 列举的是在工程上常见的几种平面立体的三视图。

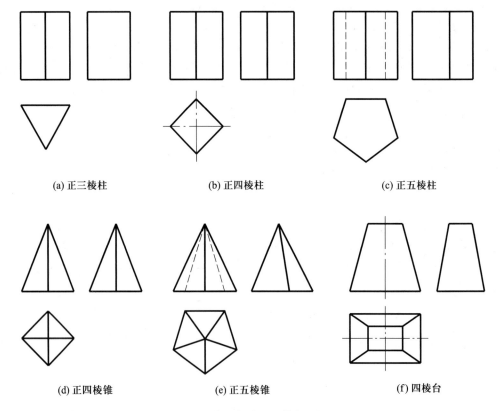

(a) 正三棱柱　　　　　　　(b) 正四棱柱　　　　　　　(c) 正五棱柱

(d) 正四棱锥　　　　　　　(e) 正五棱锥　　　　　　　(f) 四棱台

图 3-4　常见的平面立体的三视图

§3-3　平面与平面立体相交

一、截交线

立体被平面切割（截切）所形成的形体称为截切体。切割立体的平面称为截平面，截平面与立体表面的交线称为截交线，截交线所围成的截面图形称为截断面或断面，如图 3-5a 所示。截平面可能不止一个，多个截平面切割立体时截平面之间可能有交线，也可能形成切口或挖切出槽口、空洞。图 3-5 所示为一些由切割形成的平面体。

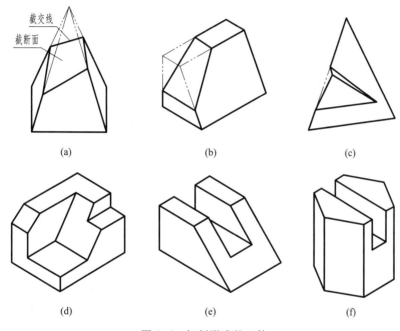

截交线
截断面

(a)　　　　　　　　(b)　　　　　　　　(c)

(d)　　　　　　　　(e)　　　　　　　　(f)

图 3-5　切割形成的立体

从图 3-5a 所示可以得出：截交线既在截平面上，又在形体表面上。截交线一般具有如下性质：

（1）截交线上的每一点既是截平面上的点又是形体表面上的点，是截平面与立体表面共有点的集合；

（2）截交线是截平面上的线，截交线是封闭的平面图形。

平面立体的表面都是平面，截平面与它们的交线都是直线，所以整个立体被切割所得到的截交线是封闭的平面多边形。多边形的各边是截平面与被截表面（棱面、底面）的交线，多边形的各顶点是截平面与被截棱线或底边的交点。因此，求作截平面与平面立体的截交线问题可归结为线面交点问题或面面交线问题。作图时也可以两种方法并用。

二、截切立体三视图的绘制方法

（1）几何抽象　想象切割前的原始形体，画出其完整投影；

（2）分析截交线的形状 分析有多少表面或棱线、底边参与相交，判别截交线围成多边形的形状；

（3）分析截交线的投影特性 根据截平面的空间状态，分析截交线的投影特性，如实形性、积聚性、类似性等；

（4）求截交线的投影 分别求出截平面与各参与相交的表面的交线，或求出截平面与各参与相交的棱线，底边的交点，并连成多边形；

（5）对图形进行修饰 去掉被截掉的棱线，补全原图中未定的图线，并分辨可见性，用规定线型完成作图。

[**例 3-1**] 求正垂面与六棱柱的截交线，并画出六棱柱切割后的三视图，如图 3-6a、b 所示。

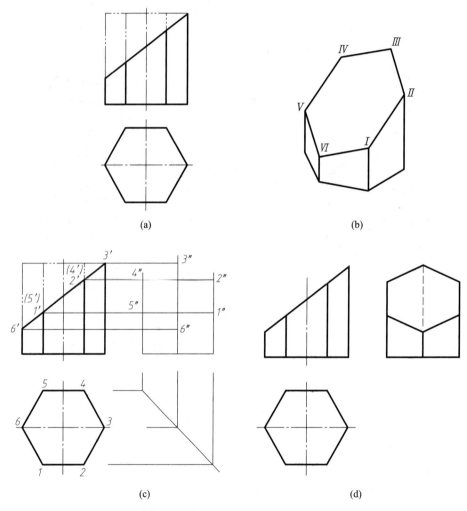

图 3-6 求正六棱柱截切后的三视图

分析：由图 3-6b 可知，截平面与正六棱柱的截交线为六边形。六边形的顶点为六棱柱的六条棱线与截平面的交点。由于截平面是正垂面，故截交线的正面投影积聚为一直线。截交线的各边都在各棱面上，所以其水平投影与各棱面的水平投影重合，为正六边形。在侧面投影中，只需找出截交线所围六边形各个顶点的侧面投影，然后顺序连接各顶点即可得到截交线的侧面投影。由于截交线各边对 W 面均可见，故截交线的侧面投影用粗实线画出。

作图（图 3-6c、d）：

① 画出完整六棱柱的侧面投影图；

② 因截平面为正垂面，六棱柱的六条棱线与截平面的交点的正面投影可直接求出；

③ 六棱柱的水平投影有积聚性，各棱线与截平面的交点的水平投影也可直接求出；

④ 根据直线上点的投影特性，在六棱柱的侧面投影上求出相应交点的侧面投影；

⑤ 将各交点的侧面投影依次连接起来，即得到截交线的侧面投影；

⑥ 去掉被截平面切去的顶面及各条棱线的相应投影，被截断面遮挡的右侧棱线的投影画成细虚线。

［例 3-2］　试求正垂面与四棱锥的截交线，并完成其被切割后的三视图，如图 3-7a 所示。

分析：由图 3-7c 可知，截平面与四棱锥的截交线为四边形，四边形的四个顶点为四棱锥的四条棱线与截平面的交点。由于截平面是正垂面，故截交线的正面投影积聚为一直线，而水平投影和侧面投影则为四边形（类似形）。

作图（图 3-7b）：

① 画出完整四棱锥的侧面投影；

② 因截平面为正垂面，可直接求出四棱锥的四条棱线与截平面的交点的正面投影 a'、b'、c'、d'；

③ 根据点在直线上的投影特性，求出相应交点的水平投影 a、b、c、d 和侧面投影 a''、b''、c''、d''；

④ 将各交点的同面投影依次连接起来，即得到截交线的投影；

⑤ 去掉被截平面切去的各条棱线的相应部分，剩余部分按可见性补齐，描深。

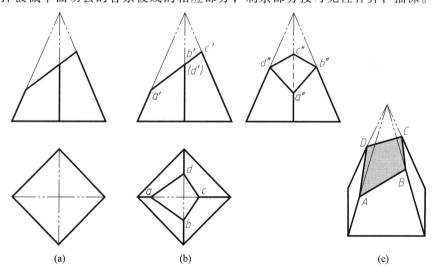

(a)　　　　　　(b)　　　　　　(c)

图 3-7　求四棱锥截切后的三视图

[**例 3-3**]   完成缺口三棱锥的俯视图及左视图，如图 3-8a、b 所示。

分析：三棱锥的缺口是由一个水平面和一个正垂面切割而成的，截交线围成△DEF 和 △GEF，其公共边 EF 是两个截断面的交线。由于水平面和正垂面的正面投影有积聚性，故截交线的正面投影已知。因为水平面平行于底面，所以它与前棱面的交线 DE 必平行于底边 AB，与后棱面的交线 DF 必平行于底边 AC。正垂面分别与前、后棱面相交于直线 GE、GF。由于两个截平面都垂直于正立投影面，所以其交线 EF 一定是正垂线。画出这些截交线的投影，也就画出了这个缺口的投影。

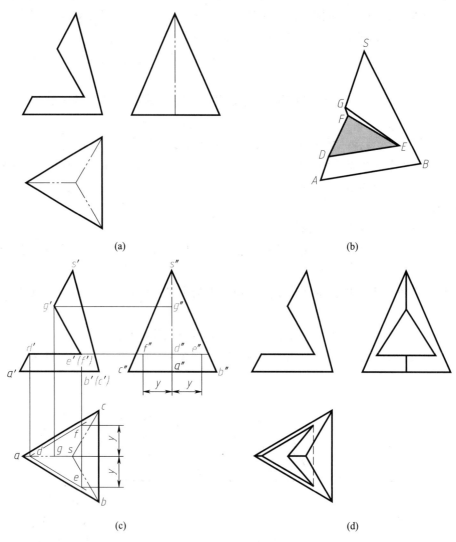

图 3-8   求切口三棱锥的三视图

作图（图 3-8c、d）：

① 因为两截平面都垂直于正立投影面，所以 d'e'、d'f' 和 g'e'、g'f' 分别重合于它们有积聚性的正面投影上，e'(f') 是两截平面的交线 EF 的正面投影。

② 根据点在直线上的投影特性，由 d' 在 sa 上作出 d。由 d 作 de // ab、df // ac，再分别由

e'、f'在 de、df 上作出 e、f。由 $d'e'$、de 和 $d'f'$、df 作出 $d''e''$、$d''f''$（重合在积聚成直线的侧面投影上）。

③ 由 g' 分别在 sa、$s''a''$ 上作出 g、g''，并分别与 e、f 和 e''、f'' 连成 ge、gf 和 $g''e''$、$g''f''$。

④ 连接 e、f，由于 EF 被三个棱面 SAB、SBC、SCA 所遮挡对 H 面不可见，因此 ef 画成细虚线；$e''f''$ 则重合在水平面积聚成直线的侧面投影上。

⑤ 加粗左棱线的 SG、DA 段的水平和侧面投影。

§3-4 曲面立体的投影

曲面立体的表面是曲面或曲面与平面。常用的曲面立体有圆柱、圆锥、球、圆环等。

曲面可分为规则曲面和不规则曲面两种。本书只讨论规则曲面。

规则曲面可看做是由一条线按一定的规律运动所形成的轨迹，这条线称为母线，而母线在曲面上的任一位置称为素线，如图 3-9 所示。

母线绕同一平面内的轴线旋转生成的曲面，称为回转面。回转面的形状取决于母线的形状及母线与轴线的相对位置。母线上任一点绕轴线回转一周所形成的轨迹称为纬圆。纬圆的半径是该点到轴线的距离，纬圆所在的平面垂直于轴线，圆心在轴线上。比相邻两侧纬圆都大的纬圆称为赤道圆，比相邻两侧都小的纬圆称为喉圆，如图 3-9 所示。

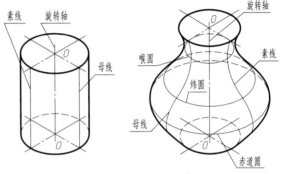

图 3-9 回转面的形成

圆柱、圆锥、球、圆环等的表面都是由回转面或回转面与平面组成，都属于回转体。作回转体的投影主要是画出回转面转向轮廓线的投影。转向轮廓线是曲面的最大外围轮廓线，也是曲面的可见与不可见的分界线。需注意，回转面在正面投影、水平投影、侧面投影中的转向轮廓线，是曲面上不同位置的曲线或直线的投影。

下面分别介绍几种常见回转体的形成、投影特点和在它们表面上取点的方法。

一、圆柱

圆柱的表面是圆柱面和顶面、底面。

圆柱面是由一条直母线绕与它平行的轴线旋转而形成的，如图 3-9a 所示。圆柱面上的素线都是平行于轴线的直线。

图 3-10 表示一直立圆柱的立体图和它的三视图。圆柱的顶面、底面是水平面，所以水平投影反映圆的实形。其正面投影和侧面投影积聚为线段，线段的长度就等于圆的直径。由于圆柱的轴线垂直于水平投影面，圆柱面的所有素线都垂直于水平投影面，故其水平投影积聚为圆，与顶面、底面圆的投影重合。因此，该圆柱的俯视图为圆。

在圆柱的主视图中，前、后两半圆柱面的投影重合为一矩形，矩形的两条竖边分别是圆柱最左、最右素线的投影，也就是圆柱前后分界的转向轮廓线的投影。在圆柱的左视图中，左、

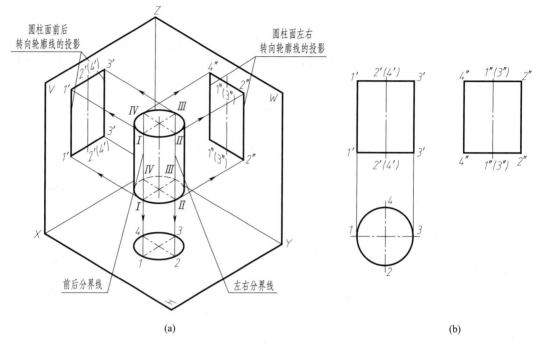

图 3-10 圆柱的投影

右两半圆柱面重合为一矩形，矩形的两条竖边分别是最前、最后素线的投影，也就是圆柱左、右分界的转向轮廓线的投影。

需要注意，在画圆柱及其他回转体的投影时一定要用细点画线画出轴线的投影，在反映圆形的投影上还需用细点画线画出圆的中心线。

图 3-11 所示为圆筒的三视图。圆筒可以看成是圆柱上开了一个同轴圆孔形成的，圆孔即圆筒的内表面，也是一个圆柱面，它的表示方法与圆筒外表面相同，因是内表面，轮廓线不可见，故其投影画成细虚线。

在图 3-12 中，圆柱面上有两点 M 和 N，已知其正面投影 m' 和 n'，M、N 对 V 面可见，求

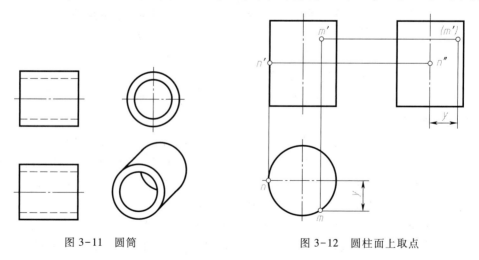

图 3-11 圆筒   图 3-12 圆柱面上取点

M、N 的另外两投影。由于点 N 在圆柱的转向轮廓线上,其另两投影可直接根据线上取点的方式求出。而点 M 可利用圆柱面有积聚性的投影,先求出点 M 的水平投影 m,再由 m 和 m' 求出 m''。点 M 在圆柱面的右半部分,其对 W 面不可见,因此侧面投影 m'' 加括号。

二、圆锥

圆锥的表面是圆锥面和底面。

圆锥面是由一条直母线,绕与它相交的轴线旋转而形成。圆锥面上任意位置的素线均交于锥顶。圆锥面上的纬圆从锥顶到底面直径越来越大,底边是圆锥面上直径最大的纬圆。

图 3-13 表示一直立圆锥,它的主、左视图为同样大小的等腰三角形。主视图等腰三角形的两腰是圆锥面前后转向轮廓线的投影,亦即圆锥面上最左和最右素线的投影,其侧面投影与轴线重合,它们将圆锥面分为前、后两半,水平投影与圆的水平中心线重合;左视图等腰三角形的两腰是圆锥面左右转向轮廓线的投影,亦即圆锥面上最前和最后素线的投影,其正面投影与轴线重合,它们将圆锥面分为左、右两半,水平投影与圆的竖直中心线重合。

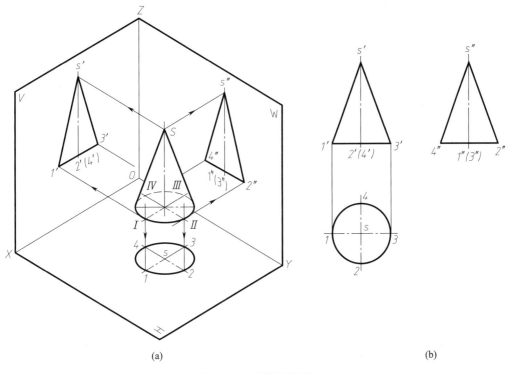

(a)　　　　　　　　　　(b)

图 3-13　圆锥的投影

圆锥面和底面的水平投影均为圆,故圆锥的俯视图为圆。图 3-14 所示为圆台的投影图。

圆锥表面取点,首先是转向线上的点,由于位置特殊,它的作图较为简便。如图 3-15 所示,在最右的转向线上有一点 K,只要已知其一个投影(如已知 k'),另两个投影(k、k'')即可直接作图求出。

对于圆锥面上的一般位置点,要作其投影可使用作辅助线的方法,在圆锥表面一般采用素线法和纬圆法。

在图 3-15 中已知点 A 的正面投影,求点 A 的其他两个投影。若采用素线法,则过点 A 和 S 作锥面上的素线 SB,即先过 a′作 s′b′,由 b′求出 b、b″,连接 sb 和 s″b″,它们是辅助线 SB 的水平投影及侧面投影。而点 A 的水平投影必在 SB 的水平投影上,从而求出 a,再由 a′和 a 求得 a″。

若采用纬圆法,则过点 A 在锥面上作一水平辅助纬圆,纬圆与圆锥的轴线垂直。该纬圆在正面及侧面投影中积聚为线段,线段长度即为纬圆直径,水平投影反映纬圆的实形。点 A 的投影必在纬圆的同面投影上。先过 a′作垂直于轴线的直线,得到纬圆的直径;画出纬圆的水平投影,由 a′作出 a,注意点 A 对 V 面可见,因此其正面投影用粗实线,所以其应在圆锥的前半部分,即 a 为过 a′作竖直线与纬圆水平投影两交点中前面的一个;再由 a′、a 求出 a″,因点 A 在圆锥面的左半部,所以对 W 面可见 a″不加括号。

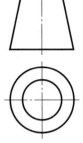

图 3-14 圆台的投影

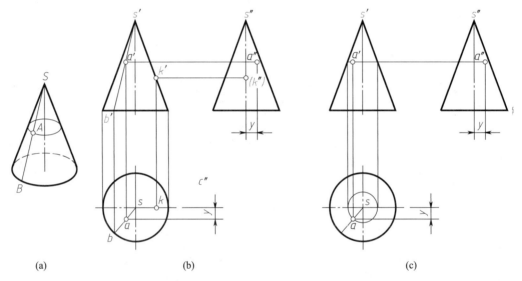

| (a) | (b) | (c) |

图 3-15 圆锥面上取点

三、球

球的表面是球面。

球面是一圆母线绕其直径旋转形成的。如图 3-16a 所示,球的三面投影是球面上平行相应投影面的三个不同位置的转向轮廓圆的投影。正面投影的圆是前、后两半球面的可见与不可见的分界圆的投影,如图 3-16b 中的 A。水平投影的圆是上、下两半球面的可见与不可见的分界圆的投影,如图 3-16b 中的 B。侧面投影的圆是左、右两半球面的可见与不可见的分界圆的投影,如图 3-16b 中的 C。这三个分界圆的其余两个投影都与中心线重合。

如图 3-17 所示,已知球面上的点 A、B、C 的正面投影 a′、b′、c′,求各点的其余投影。A、B 两点均为处于转向轮廓线上的特殊位置点,可直接作出其另外两投影。点 A 对 V 面可见,且 a 在前后转向轮廓投影圆上,故其水平投影 a 在水平投影圆的水平中心线上,侧面投影 a″

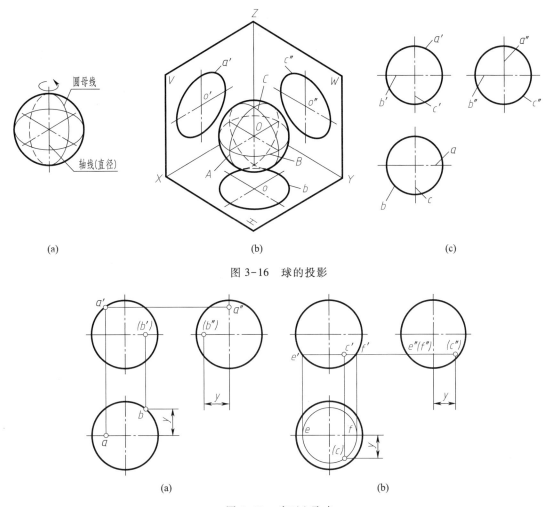

图 3-16　球的投影

图 3-17　球面上取点

在侧面投影圆的竖直中心线上；点 B 对 V 面不可见，且 b' 在投影圆的水平中心线上，故点 B 在上下转向轮廓圆的后半部，可由 b' 先求出 b，最后求出 b''；由于点 B 在左右转向轮廓圆的右半部，对 W 面不可见故 b'' 加括号。而点 C 在球面上一般位置，故需作辅助线。在球面上作辅助线，只能采用作平行于投影面的纬圆的方法。可过 c' 作垂直于球面竖直轴线的直线（其实质是过点 C 的水平纬圆的正面投影），与球的正面投影圆相交于 e'、f'，以 $e'f'$ 为直径在水平投影面上作圆，则点 C 的水平投影 c 必在此纬圆上，由 c、c' 可求出 c''；因为点 C 在球的右下方，故其对 H、W 面均不可见，因此 c、c'' 均加括号。也可过点 C 作平行于 V 面或 W 面的纬圆来找点 C 的投影，读者可自行尝试。

四、圆环

圆环的表面是圆环面。

圆环面是由一圆母线，绕与它共面，但不过圆心的轴线旋转形成的。

图 3-18 所示为一个轴线垂直于水平投影面的圆环及其两视图。外半圆形成外环面，内半

圆形成内环面。主视图中外环面的转向轮廓线投影半圆用粗实线,内环面的转向轮廓线投影半圆用细虚线,上、下两条水平线是内、外环面分界圆的投影,也是圆母线上最高点和最低点的纬线的投影;图中的细点画线表示轴线。俯视图中最大实线圆为圆母线最外点的纬线的投影,最小实线圆为圆母线最内点的纬线的投影,细点画线圆表示圆母线圆心轨迹的投影。

在圆环面上求点使用纬圆法,图 3-18b 所示为根据环面上点 K 的正面投影 k' 求水平投影 k 的作图方法。

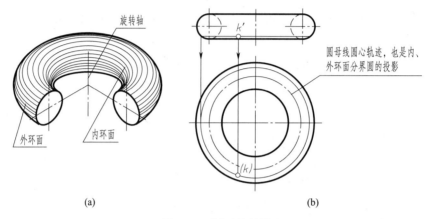

(a)   (b)

图 3-18   圆环的投影

§3-5   曲面立体表面的交线

在工程机件中,被平面截切的曲面立体、彼此相交的曲面立体是比较多见的,如图3-19所示。为了表达清楚机件的形状,图样上必须画出机件表面的交线,本节将介绍这些交线的性质和作图方法。

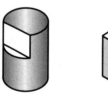

图 3-19   形体表面的交线

一、平面与回转体相交

当平面与回转体相交时,所得的截交线是闭合的平面图形,截交线的形状取决于回转面的形状和截平面与回转面轴线的相对位置,一般为平面曲线,如曲线与直线围成的平面图形、椭圆、三角形、矩形等;但当截平面与回转面的轴线垂直时,回转面上的截交线都是圆。

求回转体截交线投影的一般步骤是:

(1)分析截平面与回转体的相对位置,了解截交线的形状。

(2)分析截平面与投影面的相对位置,以便充分利用投影特性,如积聚性、实形性。当截平面为特殊位置平面时，截交线与截平面有积聚性的投影重合，可用在曲面立体表面上取点和线的方法作截交线。

（3）当截交线的形状为非圆曲线时，应求出一系列共有点的投影。先求出特殊点(特殊点是一些能确定截交线形状和范围的点,包括极限位置点、截交线在对称轴上的顶点、转向轮廓线上的点等)的投影，再求一般点（回转体表面上的一般点可采用辅助线的方法求得）的投影，判别可见性后连接共有点的投影，即求得截交线投影。

1. 平面与圆柱的截交线

当平面与圆柱的轴线平行、垂直、倾斜时，所产生的截交线分别是矩形、圆、椭圆，如表 3-1 所示。

表 3-1　平面与圆柱的三种截交线

截平面的位置	平行于轴线	垂直于轴线	倾斜于轴线
截交线的形状	矩　　形	圆	椭　　圆
立体图	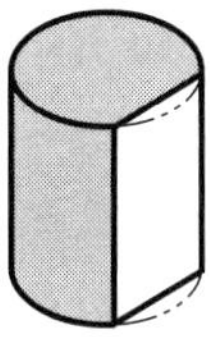	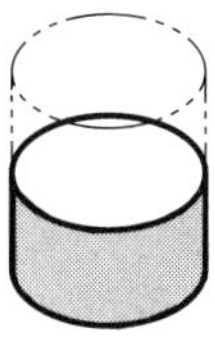	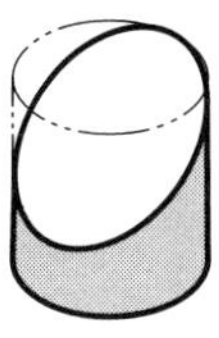
投影图	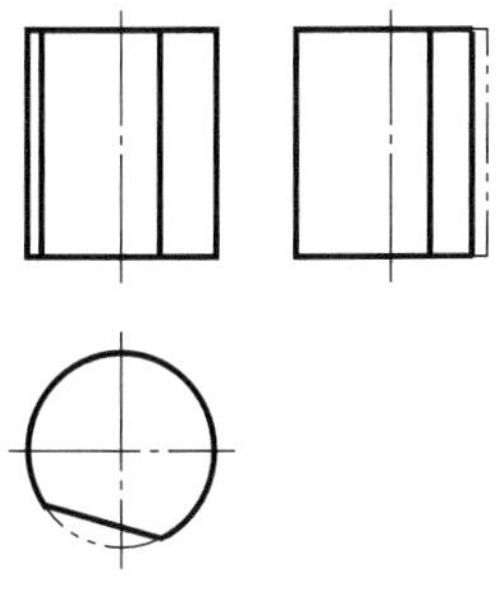	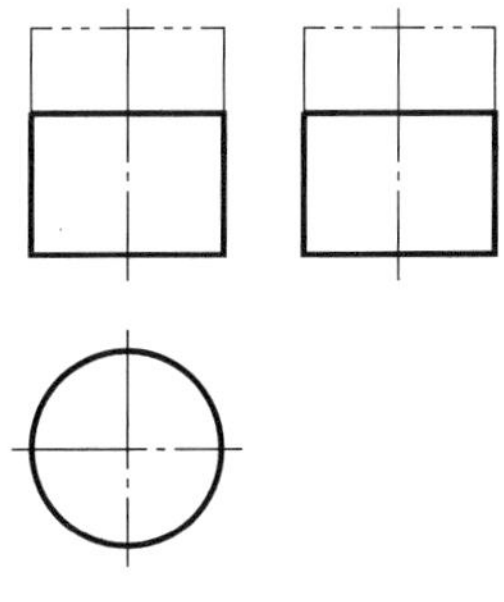	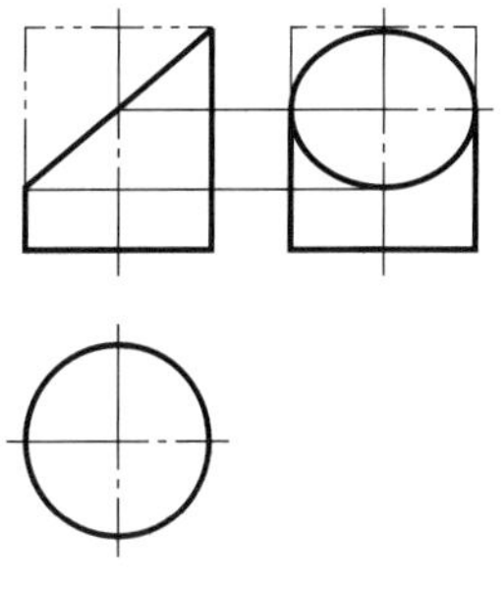

下面举例说明求平面与圆柱截交线投影的作图方法与步骤。

[例 3-4]　求作圆柱与正垂面 P 的截交线，如图 3-20a 所示。

分析：由图 3-20a 可知，该立体可以看成用正垂面 P 从圆柱上部切去一块后形成的，截平面 P 倾斜于轴线，截交线是椭圆。由于截平面 P 垂直于 V 面，所以截交线的正面投影重合在平面 P 的正面投影上，是直线。因为圆柱面的水平投影积聚为圆，则截交线的水平投影一定重合在该圆周上。截交线的侧面投影是椭圆，需求出特殊点和一系列的共有点，连线作出。

作图(图 3-20b)：

① 作特殊点。AB、CD 分别为椭圆的长、短轴，A、B、C、D 是转向轮廓线上的点，其中 A 是最高点，B 是最低点，C 是最右点，D 是最左点。这四点的水平投影可在圆柱面积聚投影圆上标出，正面投影可由正垂面 P 的积聚性投影与转向轮廓线及轴线的投影作出。由正面投影和水平投影可作出侧面投影 a''、b''、c''、d''。长、短轴的侧面投影 $a''b''$、$c''d''$仍互相垂直。

② 作一般点。在正面投影上取点 $f'(e')$、$h'(g')$，其水平投影 f、e、h、g 在圆柱面的积聚投影圆周上，由正面投影和水平投影可求出侧面投影 f''、e''、h''、g''。取点的多少可根据作图准确程度的要求而定。

③ 依次光滑连接 a''、e''、d''、g''、b''、h''、c''、f''、a'' 即得截交线的侧面投影椭圆。

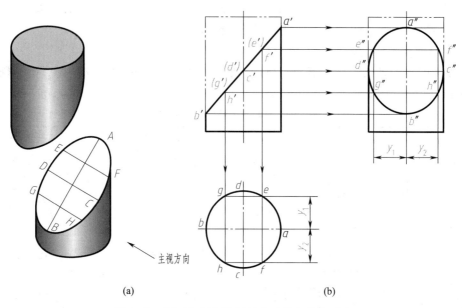

(a)　　　　　　　　　　(b)

图 3-20　平面与圆柱轴线斜交时截交线的画法

[例 3-5]　画出图 3-21a 所示实心圆柱开槽的三视图。

分析：由图可知，该立体是在圆柱左端切割了上下对称的方槽。构成方槽的平面为垂直于轴线的侧平面 P 和两个平行于轴线的水平面 Q。侧平面 P 形成鼓形截交线，水平面 Q 形成两个矩形截交线。鼓形截交线的侧面投影反映实形，正面投影、水平投影积聚为直线。矩形截交线的水平投影反映实形，正面投影、侧面投影积聚为直线。

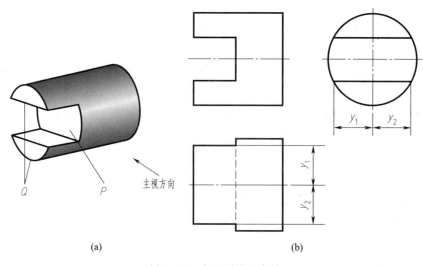

(a)　　　　　　　　　　(b)

图 3-21　实心圆柱开方槽

作图(图 3-21b)：根据分析，在画出完整圆柱的三视图后，先画反映方槽形状特征的正面投影，再作方槽的侧面投影，然后由正面投影和侧面投影作出水平投影。这里要注意的是，圆柱面对水平投影面的转向轮廓线在方槽范围的一段已被切去。

[**例 3-6**] 画出图 3-22a 所示穿孔圆柱开槽的三视图。

分析：该立体是带有同心孔的穿孔圆柱开方槽后形成的，平面 P、Q 除了与外圆柱面产生截交线外，还与内圆柱面产生截交线，平面 P 生成了两个环带形截交线，平面 Q 生成了 4 个矩形截交线。

作图(图 3-22b)：用与上一题同样的方法求平面 P、Q 与内圆柱面交线的三面投影。与上一题仔细对比，分析实心圆柱和穿孔圆柱上方槽投影的异同，要特别注意轮廓线的投影，由于外圆柱和内圆柱的水平轮廓线有一段被切掉了，所以在俯视图上就产生内、外两个缺口。

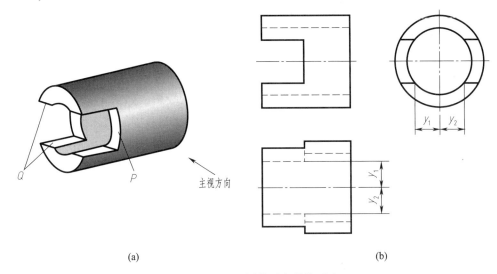

(a)　　　　　　　　　　　　　　　　(b)

图 3-22　空心圆柱开方槽的画法

2. 平面与圆锥的截交线

由于截平面与圆锥轴线相对位置的不同，平面截切圆锥所形成的截交线有五种情况，如表 3-2 所示。

表 3-2　平面与圆锥的截交线

截平面的位置	过 锥 顶	不 过 锥 顶			
		$\theta = 90°$	$\theta > \alpha$	$\theta = \alpha$	$\theta < \alpha$
截交线的形状	等腰三角形	圆	椭 圆	抛物线加直线	双曲线加直线
立体图					

续表

截平面的位置	过 锥 顶	不 过 锥 顶			
		$\theta = 90°$	$\theta > \alpha$	$\theta = \alpha$	$\theta < \alpha$
截交线的形状	等腰三角形	圆	椭 圆	抛物线加直线	双曲线加直线
投影图					

在这五种情况中，除截交线为圆或三角形时其投影可直接求得外，其余三种截交线则要分别求出特殊点和一般点的投影，再连接各点投影得到截交线的投影。

[**例 3-7**]　求作平行于圆锥轴线的平面与圆锥截交线的投影，如图 3-23a 所示。

分析：从图中可知，截平面 P 是平行于轴线的侧平面，它与圆锥面的交线为双曲线，与圆锥底面的交线为直线。由于截平面的正面投影和水平投影有积聚性，故截交线的正面投影和水平投影都重合在截平面 P 的同面投影上，而侧面投影反映截交线的实形。

作图（图 3-23b）：

① 作特殊点 I、II、III。点 I 是双曲线的顶（最高）点，在圆锥面对正立投影面的转向轮廓线上，用线上取点的方法由 1' 可以直接求得 1、1″；点 II、III 为双曲线的端点，在圆锥底面圆上，

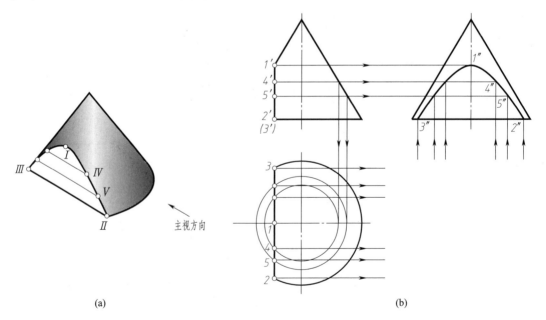

(a)　　　　　　　　　　　　　　(b)

图 3-23　平面与圆锥交线的画法

$2''$、$3''$可直接由 2、3 及圆锥底面积聚投影求得，这两点也是截交线的最低点。

② 作一般点。从双曲线的正面投影入手，利用圆锥面上取点的方法作图。图中示出了一般点 IV、V 的作图过程，利用辅助纬圆求得 IV、V 的水平投影 4、5，再作出 IV、V 的侧面投影 $4''$、$5''$。由于双曲线是对称的，可用以上方法作出 IV、V 对称点的投影。

③ 依次连接各点的侧面投影，完成截交线的投影。

3．平面与球的截交线

平面与球的截交线均为圆，如图 3-24b 所示。当截平面平行于投影面时，截交线在该投影面上的投影反映真实大小的圆，而另外两投影则积聚成直线，如图 3-24a 所示。

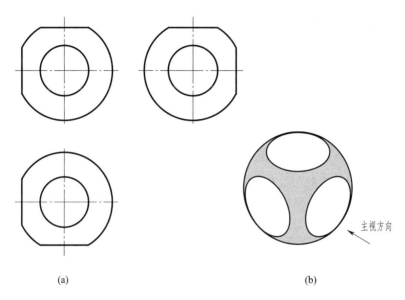

(a)   (b)

图 3-24　平面与球面的截交线

当截平面垂直于投影面时，截交线的投影为线段，且长度等于截交线圆的直径。当截平面倾斜于投影面时，截交线的投影为椭圆，如图 3-25 所示。

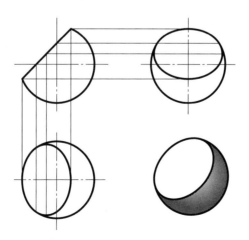

图 3-25　垂直于一投影面且与另两投影面倾斜的截平面与球面的截交线

[**例 3-8**] 画出图 3-26a 所示立体的三视图。

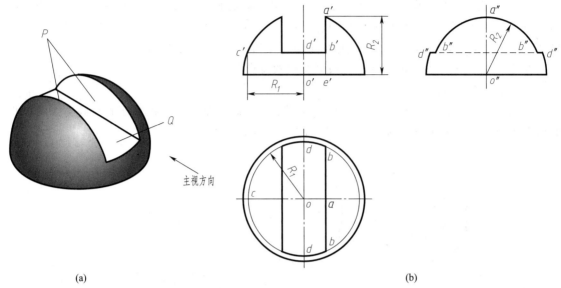

(a)   (b)

图 3-26 圆头螺钉头部开槽的画法

分析：两侧面 P 与球面的交线均为圆弧段，其侧面投影反映实形，水平面 Q 与球面的交线为前、后两水平圆弧段，水平投影反映圆弧段的实形。

作图（图 3-26b）：

① 作两侧平面 P 与半球的截交线。其水平投影和正面投影积聚为直线，其侧面投影反映截交线的实形，圆弧半径为 R_2。

② 作水平面 Q 与半球的截交线。其正面投影和侧面投影积聚为直线，其水平投影反映两段圆弧的实形，半径为 R_1。Q 面以上的转向轮廓线被切掉，此段轮廓的侧面投影应擦除。

4. 组合回转体表面的截交线

为了正确地画出组合回转体表面的截交线，首先要进行形体分析，弄清是由哪些基本主体组成，平面截切了哪些立体，是如何截切的。然后逐个作出每个立体上所产生的截交线。

[**例 3-9**] 完成图 3-27a 所示组合回转体的三视图。

分析：该立体由同轴的圆锥、大圆柱、小圆柱组成，被平行于轴线的平面 P 和倾斜平面 Q 所截切。平面 P 与圆锥面的交线为双曲线，与圆柱面的交线为两条直线；平面 Q 与圆柱面的交线为椭圆弧段。

作图（图 3-27b）：

① 求作平面 P 产生的截交线。由于其正面投影和侧面投影有积聚性，故只需求出水平投影。首先找出圆锥与圆柱的分界线，从立体图可知，分界点的正面投影为 $1'$、$2'$，侧面投影为 $1''$、$2''$，从而得出 1、2。分界点左侧为双曲线，特殊点为 Ⅰ、Ⅱ、Ⅲ，其作法不再介绍；一般点为 Ⅳ、Ⅴ，可由辅助圆法求出 $4''$、$5''$，再由正面投影、侧面投影求出 4、5。分界点右侧为直线 Ⅰ Ⅵ、Ⅱ Ⅶ，可由 $1'6'$、$2'7'$ 和 $1''6''$、$2''7''$ 求出 16、27。

② 平面 Q 与圆柱面截交线的正面投影为直线，侧面投影为圆弧段，水平投影为椭圆曲线，可根据面上取点的方法求出。

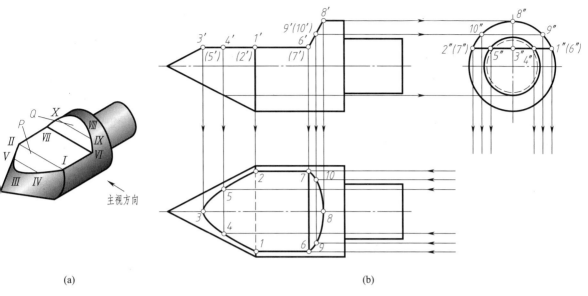

(a)
(b)

图 3-27　组合回转体截交线的画法

③ 求出平面 P 和平面 Q 的交线 Ⅵ Ⅶ 。

二、两回转体表面相交

两回转体相交，表面产生的交线称为相贯线，如图 3-28 所示。当两回转体相交时，相贯线的形状取决于回转体的形状、大小以及轴线的相对位置。相贯线的性质如下：

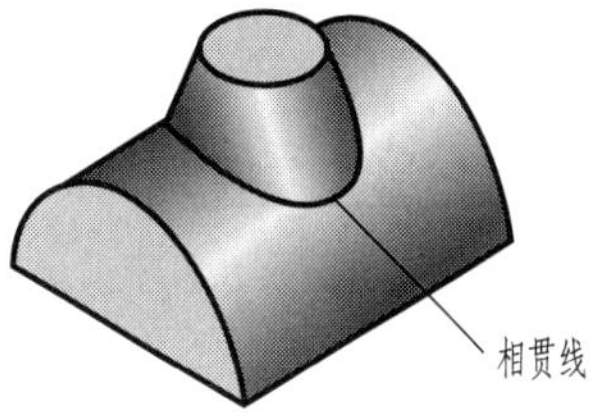

（1）相贯线是两立体表面的共有线，是两立体表面共有点的集合。

（2）相贯线是两相交立体表面的分界线。

（3）一般情况下相贯线是封闭的空间曲线，特殊情况下可能不封闭或是平面曲线、直线。

图 3-28　相贯线的概念

根据上述性质可知，求相贯线就是求两回转体表面共有点的投影，投影中应表明这些共有点的可见性，再将这些投影光滑地连接起来即得相贯线。求相贯线的常用方法有：

（1）利用面上取点的方法求相贯线。

（2）用辅助平面法求相贯线，它是利用三面共点原理求出共有点。

下面介绍利用面上取点的方法求相贯线。

1. 两圆柱相贯

在相交的两回转体中，只要有一个是圆柱且其轴线垂直于某投影面时，圆柱面在这个投影面上的投影具有积聚性，因此相贯线在这个投影面上的投影就是已知的。此时，根据相贯线共有线的性质，利用面上取点的方法按以下作图步骤可求得相贯线的其余投影。

（1）分析圆柱面的轴线与投影面的垂直情况，找出圆柱面的积聚性投影。

（2）作特殊点。特殊点是一些能确定相贯线形状和范围的点，如转向轮廓线上的点，对称相贯线在对称面上的点，极限位置点。

（3）作一般点。为准确作图，需要在特殊点之间插入若干一般点。

（4）光滑连接。只有相邻两素线上的点才能相连，连接要光滑，注意轮廓线要到位。

（5）判别可见性。只有相贯线位于相对投影面两回转体的可见表面上时，其投影才是可见的。

[例3-10] 求作轴线垂直相交两圆柱相贯线的投影，如图3-29a所示。

分析：两圆柱的轴线在同一平面内，且垂直相交，相贯线为一空间曲线。因水平圆柱面垂直于侧立投影面，相贯线的侧面投影积聚为一段圆弧，重合在水平圆柱的侧面投影上；竖直圆柱面的水平投影有积聚性，则相贯线的水平投影重合在竖直圆柱的水平投影圆上；因此，只需求其正面投影。

作图（图3-29b）：

① 求特殊点。点 I 、II 为最左、最右点，也是最高点，是对正立投影面的可见、不可见的分界点。点III、IV 为最低点，也是最前、最后点，又是对侧立投影的可见、不可见的分界点。利用线上取点的方法，由已知投影 1、2、3、4 和 1″、2″、3″、4″求出 1′、2′、3′、4′。

② 求一般点。由相贯线的水平投影直接取一般位置点的水平投影 5、6、7、8，再求出侧面投影 5″、(7″)、6″、(8″)，然后由水平投影、侧面投影求出正面投影 5′、(6′)、7′、(8′)。

③ 光滑连接各点，判别可见性。相贯线前后对称，后半部与前半部重合，依次光滑连接 1′、5′、3′、7′、2′各点，即为所求。

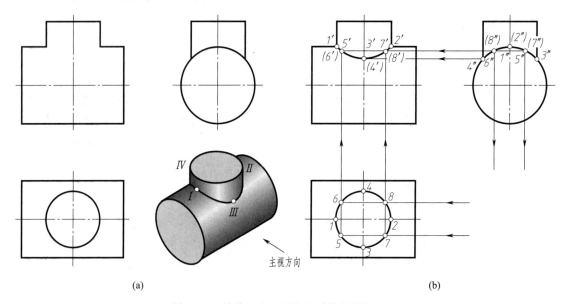

(a)　　　　　　　　　　　　　　　(b)

图 3-29 轴线正交两圆柱相贯线投影的画法

2. 两圆柱相贯的基本形式

（1）两外圆柱面相交，外圆柱面与内圆柱面相交，两内圆柱面相交，如图 3-30 所示。

（2）相交两圆柱面的直径大小和相对位置的变化对相贯线的影响。

当轴线垂直相交两圆柱相贯时，两圆柱直径的相对大小对相贯线及其投影形状的影响如表 3-3 所示。这里要特别指出的是，当轴线相交的两圆柱面公切于一个球面时（两圆柱面直径相等），相贯线是平面曲线——椭圆，且椭圆所在的平面垂直于两条轴线所决定的平面。

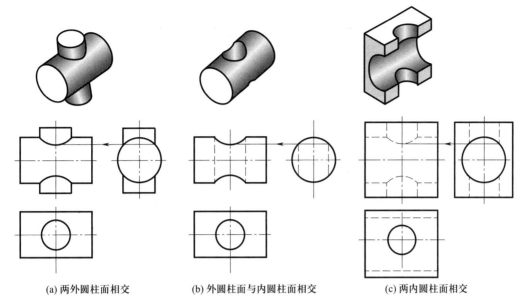

(a) 两外圆柱面相交   (b) 外圆柱面与内圆柱面相交   (c) 两内圆柱面相交

图 3-30　两圆柱面相交的三种基本形式

表 3-3　轴线垂直相交两圆柱直径相对大小对相贯线形状的影响

两圆柱直径的关系	水平圆柱较大	两圆柱直径相等	水平圆柱较小
相贯线的特点	上、下两条封闭空间曲线	两个互相垂直的椭圆	左、右两条空间曲线
投影图			
立体图			

（3）相贯两圆柱轴线相对位置变化对相贯线形状的影响如表 3-4 所示。

3. 圆锥与圆柱相贯

当圆锥与圆柱相贯时，若圆柱的轴线垂直于投影面，则圆柱在该投影面上的投影具有积聚性，因此相贯线的这个投影是已知的，这时可以把相贯线看成一圆锥面上的曲线，可利用面上取点法作出相贯线的其余投影。

[**例 3-11**]　求图 3-31a 所示圆柱与圆锥相贯线的投影。

表 3-4 相贯两圆柱轴线相对位置变化对相贯线形状的影响

轴线垂直相交	轴线垂直交叉		轴线平行
	全 贯	互 贯	

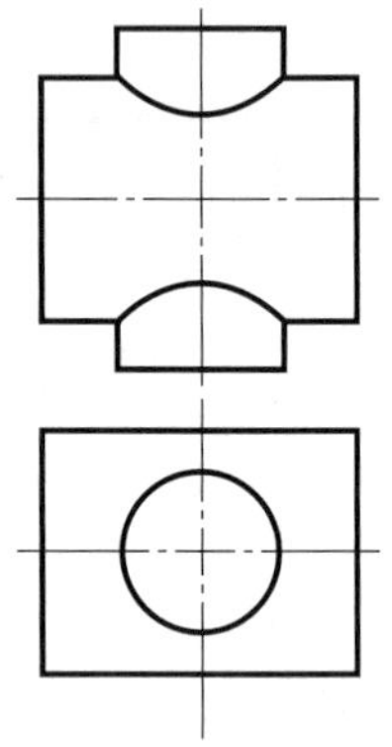

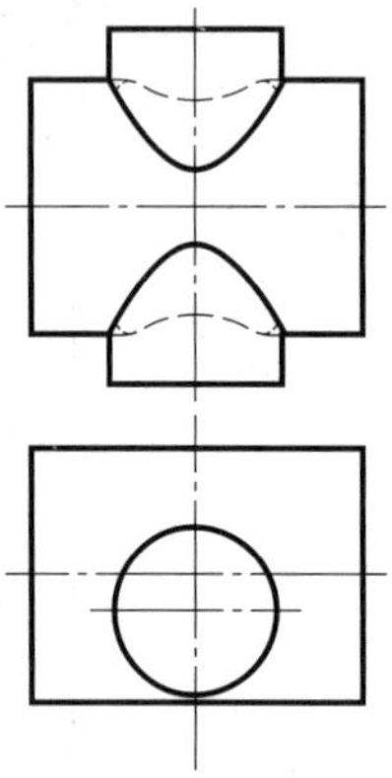

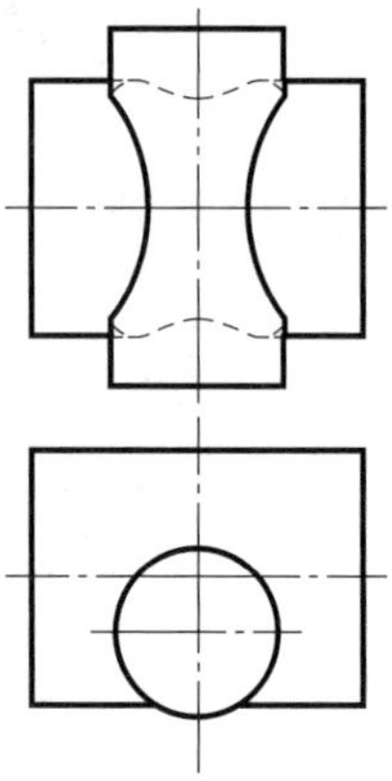

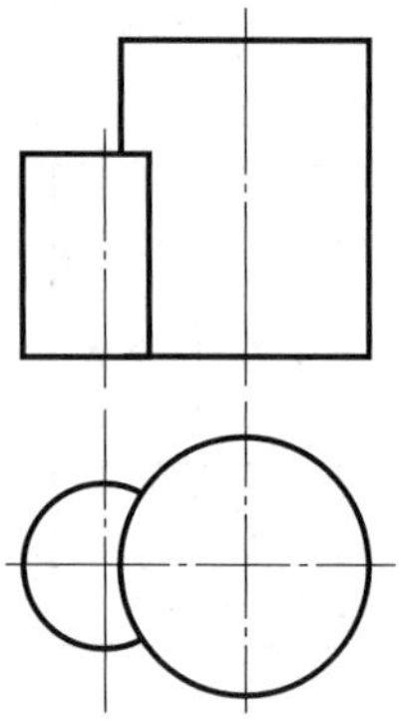

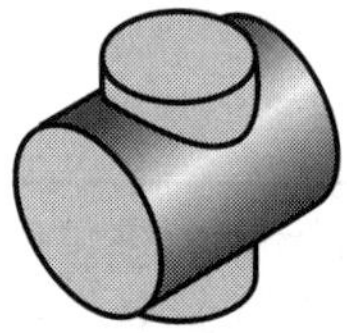

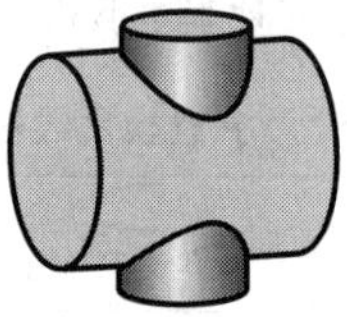

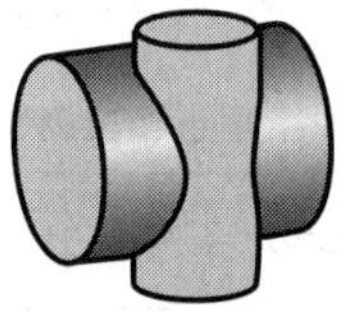

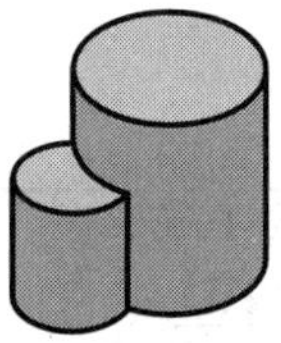

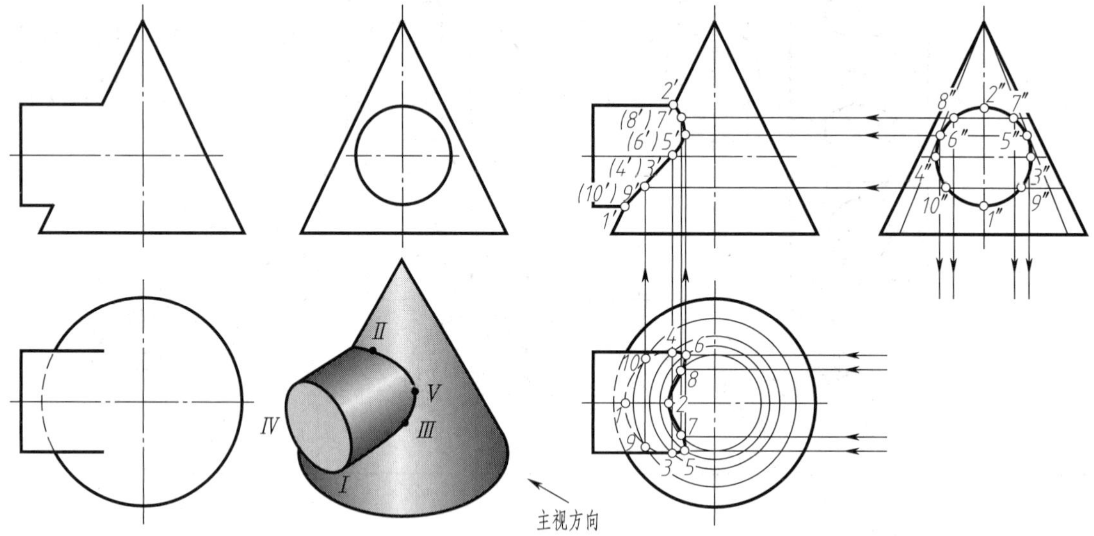

图 3-31 圆柱面与圆锥面相贯线的画法

分析：圆柱与圆锥轴线正交，其相贯线为封闭的空间曲线，前后对称，已知圆柱的轴线垂直于侧面，因此相贯线的侧面投影与圆柱面的侧面投影重合为一个圆，相贯线的侧面投影是已知的，只需求出相贯线的正面投影和水平投影。

作图(图3-31b)：

① 求特殊点。四点 I、II、III、IV 是圆柱四条转向线与圆锥面的交点，I、II 为最低、最高点，用面上取点的方法由 1″、2″ 直接求得 1′、2′ 和 1、2。点 III、IV 为最前点与最后点，作辅助纬圆，由侧面投影 3″、4″ 求出它们的水平投影 3、4 和正面投影 3′、4′。

② 作一般点。在侧面投影中，过锥顶作圆柱投影圆的切线，分别得切点 5″、6″，用纬圆法可求出其正面投影、水平投影。从侧面投影入手，通过辅助纬圆作出两点 VII、VIII 的正面投影和水平投影。

③ 光滑连接各点，判别可见性。相贯线前后对称，后半部分与前半部分重合，正面投影只画出前半部相贯线的投影。对于水平投影面，点 III、V、VII、II、VIII、VI、IV 为可见，投影用粗实线光滑连接；点 IX、I、X 不可见，投影用细虚线光滑连接起来。

4. 辅助平面法求相贯线

相贯线是两回转面上共有的点。因此，作两回转体的相贯线时，可以用与两回转体都相交的辅助平面切割这两个立体，则两组截交线的交点是辅助平面和两回转体表面的三面共点，也是相贯线上的点。这种求相贯线的方法称为辅助平面法。图3-32所示为圆柱与圆台相贯，作一水平辅助平面，与圆台表面相交的截交线为圆，与圆柱表面相交的截交线为两直线。三条截交线的交点为 I、II、III、IV，是辅助平面和两回转体表面的三面共点，也是相贯线上的点。

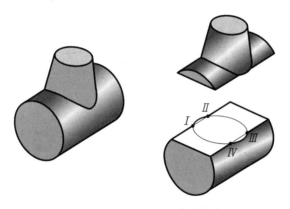

图 3−32 辅助平面法求共有点

具体作图步骤如下：

（1）作一辅助平面，使其与两已知回转体相交。

（2）分别作出辅助平面与两已知回转体的截交线。

（3）两截交线的交点即为两回转体的共有点，也就是所求两回转体相贯线上的点。

为使作图简化，选择辅助平面的原则是，最好选用特殊位置平面作为辅助平面，并使辅助平面与两回转体表面截交线的投影最简单，如直线或平行于投影面的圆。

［例3-12］ 求图3-33d所示圆台和球的相贯线的投影。

分析：该相贯体是球与圆台相贯，圆台的轴线不过球心，但球与圆台有公共的前后对称面，圆台从球的左上方贯入，因此相贯线是一条前后对称闭合的空间曲线。因相贯线前后对称，所以前半相贯线与后半相贯线的正面投影相互重合。由于两回转体表面的投影均无积聚性，因而只能用辅助平面法求解。为了使辅助平面与两回转体相交于直线或平行于投影面的圆，辅助平面应选择过圆台轴线的正平面和侧平面，以及过两回转体相交部分的水平面。

作图：

① 作特殊点。过圆台和球的公共对称面作辅助平面S，辅助平面S与圆台的截交线为圆台对正立投影面的转向轮廓线，与球相交的截交线为球对正立投影面的转向轮廓线。两截交线的交点是最左侧的点I和最右侧的点II，如图3-33a所示；过圆台轴线作侧平面P，辅助平面P与圆台的截交线是圆台对侧立投影面的转向轮廓线，与球的截交线为圆，两截交线的交点为相贯线上的最前点III和最后点IV，如图3-33b所示。

② 作一般点。在球与圆台相交处作水平辅助平面Q，与球相交的截交线为圆，与圆台相交的截交线也为圆，两圆的交点V、VI是相贯线上的一般点，如图3-33c所示。同理，可作出相贯线上VII、VIII两一般点的投影。

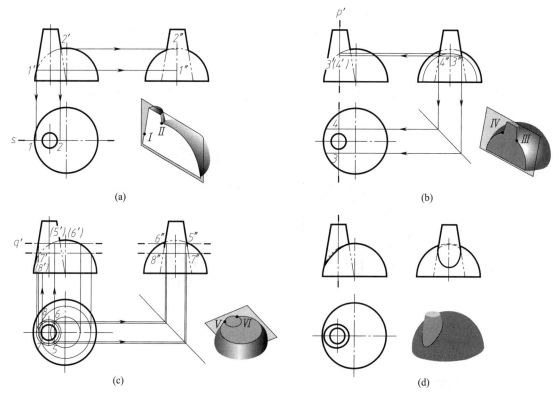

图3-33 圆锥台与球相贯线的画法

③ 判别可见性，连接相贯线。相贯线对于水平投影面可见，用粗实线光滑连接各投影；相贯线的对于正立投影面前半部分可见，后半部分与之重合，用粗实线光滑连接各投影；相贯线对于侧立投影面在III、IV的左侧可见，用粗实线光滑连接，在III、IV右侧不可见，用细虚线连接。

5. 相贯线的特殊情况

（1）当相交两回转体具有公共轴线时，如图3-34a~c所示，相贯线为圆，在与轴线平行的投影面上相贯线的投影为一直线，在与轴线垂直的投影面上相贯线的投影为相贯线圆的实形。

（2）当圆柱与圆柱相交时，若两圆柱轴线平行，则两圆柱面的相贯线为直线，如图 3-34d 所示。

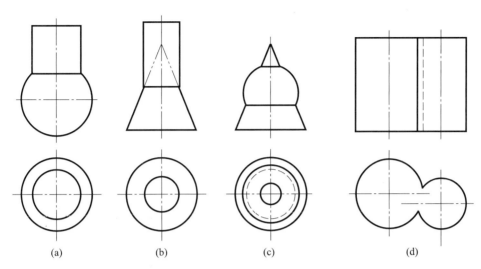

图 3-34 相贯线的特殊情况

6. 截交、相贯综合举例

有些形体的表面交线比较复杂，有时既有相贯线又有截交线。画这种形体的视图时，必须注意形体分析，找出存在相交关系的表面，应用前面有关截交线和相贯线的作图知识，逐一作出各条交线的投影。

[**例 3-13**] 完成图 3-35 所示立体的三视图。

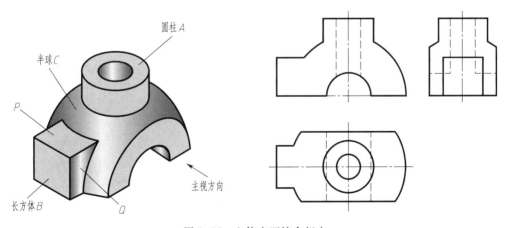

图 3-35 立体表面综合相交

分析：

（1）形体分析 该立体前后对称，由带孔的圆柱 A 和长方体 B 以及前后被正平面截切、底面挖去半圆柱的半球 C 组成，圆柱 A 和半球 C 同轴线。

（2）交线分析 长方体顶面 P 与两侧面 Q 均和球面相交，交线为圆弧；球面被前、后两平面截切，在球面上产生的交线为圆弧；带孔圆柱 A 其外表面与球面相贯，其相贯线是圆，

圆柱 A 的内孔表面与半球的内圆柱面相贯，其相贯线是空间曲线。

作图：

① 作出长方体顶面和侧面与球面的交线以及半球被前后两正平面截切的交线，如图3-36a所示。

② 作出圆柱外表面与球面的相贯线，以及圆柱内表面与半球的内圆柱面相贯线，如图3-36b所示。

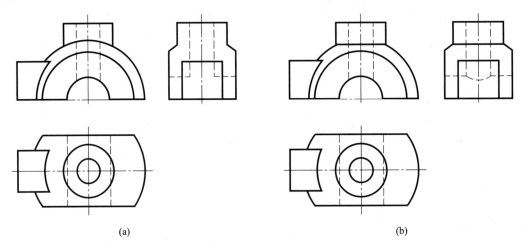

(a)   (b)

图 3-36 立体表面综合相交作图举例

第四章 组 合 体

任何复杂的机器零件，从形体角度来看，都是由棱柱、棱锥、圆锥、球、圆环等一些基本几何体组合而成的，在本课程中，把由基本几何体按一定形式组合起来的形体统称组合体。本章讨论组合体视图的画法、尺寸标注及读图。

§4-1 组合体的构形及分析方法

一、组合体的构形

通常组合体的构形有叠加和挖切两种方式，叠加如同积木的堆积，挖切包括切割和穿孔。当同时含叠加和挖切两种方法时称综合式，所以组合体按构形方式可分为叠加式、挖切式和综合式三种类型，如图 4-1 所示。

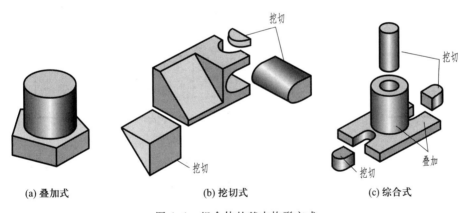

(a) 叠加式　　　　　　　(b) 挖切式　　　　　　　(c) 综合式

图 4-1　组合体的基本构形方式

二、组合体中相邻形体表面的连接关系

如图 4-2 所示，组合体中相邻表面的连接关系可分为三种：平齐，相切，相交。

在对组合体进行表达时，必须注意其组合形式和各组成部分表面间的连接关系，在绘图时才能做到不多线和不漏线。相应的，在读图时也必须注意这些关系，才能清楚组合体的整体结构形状。

（1）当两个形体的表面共面平齐时，两形体的投影间应该没有分界线，如图 4-3a 所示。图4-3b中有多线错误。

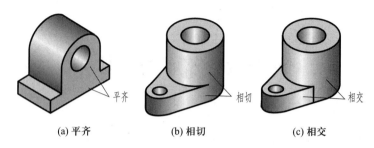

(a) 平齐   (b) 相切   (c) 相交

图 4-2 组合体中表面连接关系

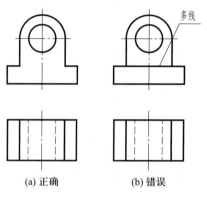

(a) 正确   (b) 错误

图 4-3 两形体表面平齐

（2）两形体的表面相切时，在相切处应该不画切线的投影，如图 4-4 所示的平面与曲面相切。

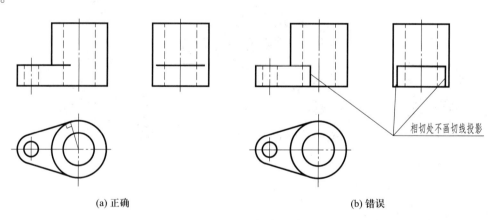

(a) 正确   (b) 错误

图 4-4 两形体表面相切

（3）当两形体的表面相交时，在相交处应该画出交线的投影，如图 4-5 所示。

三、组合体的形体分析法

通常，一个组合体上同时存在几种组合形式，在分析组合体时常常采用形体分析法。所谓形体分析法，就是把形状比较复杂的组合体分解成若干简单几何体的方法。在画图和看图时，应用形体分析法能化繁为简、化难为易，从而提高画图速度，保证绘图的质量。

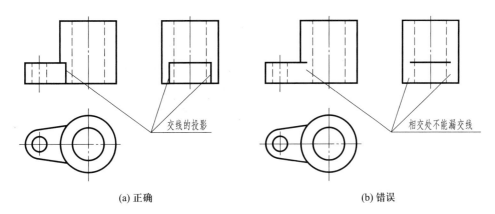

(a) 正确　　　　　　　　　　　(b) 错误

图 4-5　两形体表面相交

如图 4-6a 所示的支架，用形体分析法可将其分解成图 4-6b 所示的五个简单形体。支架的中间为一直立穿孔圆柱，其外圆柱面与其他四个形体相交。肋的底面和底板的顶面贴合，肋的左侧斜面与直立穿孔圆柱相交产生的交线是曲线（椭圆的一小部分）。前方的水平穿孔圆柱与直立穿孔圆柱垂直相交，其上两孔贯通，圆柱外表面和内表面都产生交线。右上方的搭子顶面与直立穿孔圆柱的顶面平齐，表面无交线；底板前、后侧面与直立穿孔圆柱相切，相切处无交线。

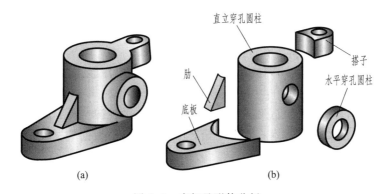

(a)　　　　　　　　　　　(b)

图 4-6　支架及形体分析

§4-2　组合体视图的画法

一、画组合体视图的方法和步骤

下面以图 4-7 所示的轴承座为例，说明绘制组合体三视图的方法和步骤。

1. 形体分析

分析轴承座是由哪些简单形体组成的以及各简单形体之间的相对位置如何。从图 4-7 可以看出，轴承座由轴套、支承板、肋板以及底板组成。宽度方向，各形体的对称面重合。长度方向，底面和支承板的右侧面平齐，轴套右端面凸出；肋板和支承板以平面贴合叠加。高度方向，底面顶面与支承板、肋板以平面贴合叠加；肋板与支承板与轴套外圆柱面相交。支承板的倾斜侧面与轴套的外圆柱面相切，其他相邻表面均相交。

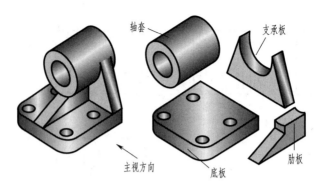

图 4-7   组合体轴承座的形体分析

2. 选择主视图

主视图是最主要的视图, 一般选取组合体自然稳定安放的位置, 表现形状结构特征最明显的方向作为主视图的投射方向。因此, 轴承座主视图的投射方向如图 4-7 箭头所示。

3. 布置视图

布置视图就是确定各视图的具体位置, 画出各视图的对称中心线、主要轮廓线或主要轴线和中心线, 并且作为下一步画底稿时的作图基线, 如图 4-8a 所示。为了使图面布置合理, 首先应选择合适的图幅和比例, 再考虑各视图的大小, 在两视图之间及视图与图框之间留出适当的距离, 以标注尺寸、表面结构、几何公差等内容。

4. 画底稿

画底稿的一般方法和顺序如下:

（1）按形体分析, 先画主要形体, 后画次要形体; 先画各形体的基本轮廓, 最后完成细节。画轴承座视图底稿的顺序如图 4-8b~e 所示。

（2）画各简单形体时, 一般是先画出反映该形体实形的视图, 再画其余视图。

（3）表面交线一般要在各形体的大小及相对位置确定后, 根据其投影关系作出。

5. 检查并清理底稿后加深

全图底稿完成后, 再按原画图顺序仔细检查, 改正错误, 补充遗漏, 然后按标准线型加深各线条。完成后的轴承座三视图如图 4-8f 所示。

二、绘制组合体的草图

为了快速而准确地完成图形的绘制, 往往在用计算机绘图之前先绘制草图。

绘制组合体草图就是用简单的绘图工具, 目测组合体的大小和形状, 以较快的速度, 徒手画出组合体的图形并标注尺寸。画草图时应尽可能做到图形匀称, 比例恰当, 线型分明, 标注尺寸无误, 字体工整。

（1）绘制草图以采用方格纸为宜。图纸不固定, 可按画线方便而随意变动位置, 注意保持图形各部分的比例关系及投影关系。

（2）最好按组合体的实际大小画图。

（3）徒手画草图的步骤和用仪器画图的步骤一致: 先在选定的幅面上用 H 铅笔画出视图的底稿, 底稿应分清线型要求, 然后用 HB 铅笔加粗加深。

徒手绘制轴承座的草图（未注尺寸）, 如图 4-9 所示。

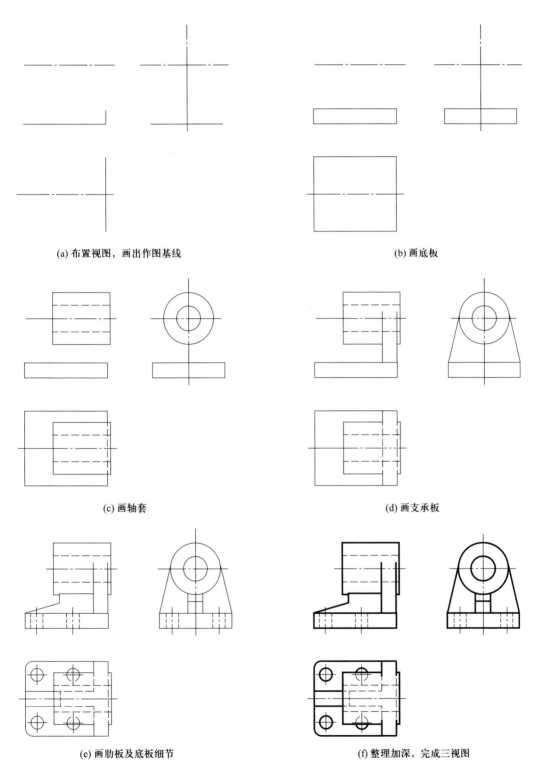

(a) 布置视图，画出作图基线

(b) 画底板

(c) 画轴套

(d) 画支承板

(e) 画肋板及底板细节

(f) 整理加深，完成三视图

图 4-8　轴承座的作图步骤

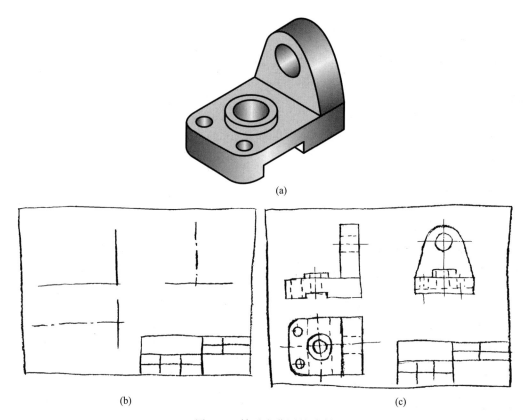

(a)

(b)   (c)

图 4-9   轴承座草图的绘制

§4-3   组合体的构形设计

组合体的构形设计是指根据已知条件，以基本几何体为基础，利用创造性思维构形设计组合体的形状、大小，并表达成图样的过程。在组合体的构形设计时，要把空间想象、联想、类比、构思形体和形体表达有机地结合起来，这样既能发展空间想象能力、开拓思维，又能提高画图、读图能力，培养和开发创新意识和创造能力。同时，组合体的构形设计又是后续课程，如零件或装配体等构形设计的基础，它在平面图形的构形设计和零件、装配体等的构形设计之间起着承上启下的作用。

一、组合体构形设计的基本原则

组合体的构形设计应重点围绕提高空间想象能力，培养创造性思维能力、形体构造能力，训练二维和三维图形的绘图和阅读技能来进行，主要应遵循以下基本原则。

1. 构形应以基本几何体为主

组合体是工业产品或工程形体的模型化，应利用现有的知识和技能使构形设计的组合体体现工业产品或工程形体的结构形状和功能，但不必强调完全工程化。如图 4-10 所示的组合体，它的外形很像一部小轿车，但都是由基本几何体通过一定的组合方式形成的。

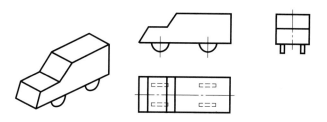

图 4-10 构形应以基本几何体为主

2. 构形应多样化并具有创新性

在给定的条件下，尽量使构形的组合体变化、多样、求新、求异，所使用的基本几何体的种类、组合方式、相对位置、表面连接关系尽可能多样、变化，要积极思考、大胆创新，敢于突破常规。如要按图 4-11a 所示的主视图设计组合体：所给视图有四个线框，表示从前向后看到四个表面，它们可以是平面（正平面或倾斜平面），也可以是曲面及切平面，其位置可前可后，通过联想可以构造出多种满足条件的组合体。图4-11b~d 所示方案各线框由平面体构成，图 4-11e、f 所示方案由柱面与切平面构成。

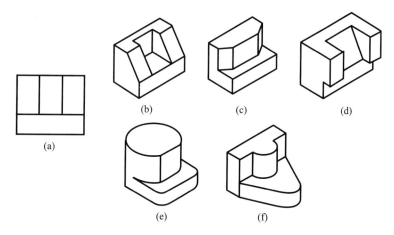

图 4-11 构形设计应多样化

3. 构形应体现平、稳、动、静等造型艺术规则

构形设计时，对称的结构能使形体具有平衡、稳定的效果，如图 4-12a 所示。而对于非对称的组合体，采用适当的形体分布可以获得力学与视觉上的平衡感与稳定性，如图 4-12b 所示。图 4-12c 所示的火箭构形，线条流畅且富有美感，静中有动，有一触即发的感觉。

4. 方便绘图、易于表达的原则

组合体构形设计时，若没有特别要求，应尽量采用平面或回转面，一般不用自由曲面，以便于画图和标注尺寸。

二、构形设计应注意的问题

（1）两个形体组合时，不能出现线接触和单面连接，如图 4-13 所示。
（2）不要出现封闭内腔的造型，如图 4-14 所示。

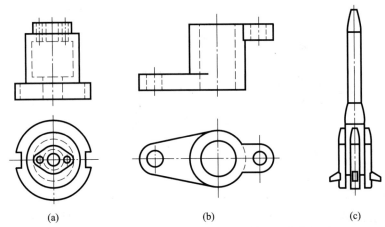

图 4-12   构形应体现平、稳、动、静等造型艺术规则

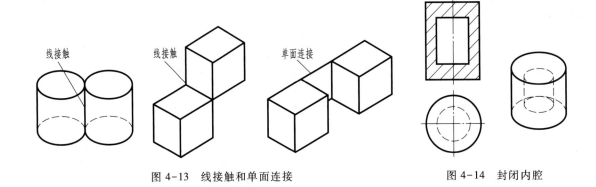

图 4-13   线接触和单面连接   图 4-14   封闭内腔

三、组合体构形设计的基本类型

1. 由一个视图构思组合体

物体的一个视图不能唯一地确定物体的结构形状，因此某一视图相同的物体会有多个。如图 4-15 所示，已知形体的一个视图，通过改变封闭线框所表示的基本形体的形状（应与投影相符）及相邻封闭线框的前后位置关系，可构思出不同的形体。

图 4-15   一个视图对应若干形体

2. 由两个视图构思组合体

物体的两个视图也不一定能唯一地确定物体的结构形状，因此相同的两个视图也可能代表着多种物体。如图 4-16 所示组合体由数个基本形体经过不同的叠加方式而形成，图4-17所示

组合体由长方体经过不同的切割方式而形成，图 4-18 所示组合体是通过综合（既有叠加又有切割）的构形方式而形成。在构思形体时，不应出现与已知条件不符或形体不成立的构形，如图 4-18c 所示。

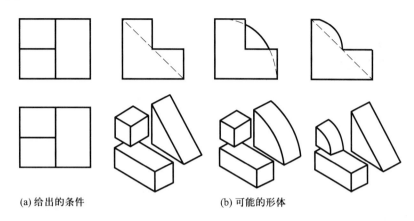

(a) 给出的条件　　　　　　　　　　(b) 可能的形体

图 4-16　由两个视图对应若干叠加构形体

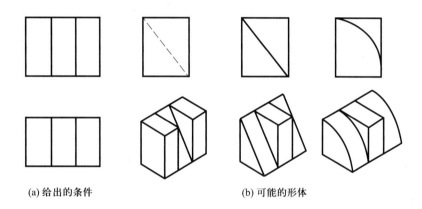

(a) 给出的条件　　　　　　　　　　(b) 可能的形体

图 4-17　由两个视图对应若干挖切构形体

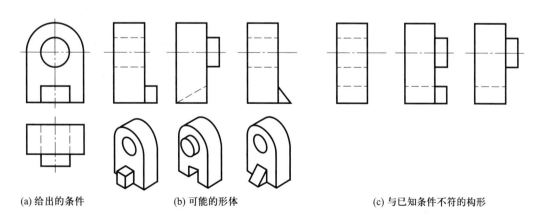

(a) 给出的条件　　　　(b) 可能的形体　　　　(c) 与已知条件不符的构形

图 4-18　由两个视图对应若干综合构形体

3. 由几个简单立体构思组合体

给定若干简单立体构思组合体时，可通过改变简单立体间的组合方式、相对位置和相邻表面间的连接关系来构思，如图 4-19 所示。

(a) 给定的简单立体

(b) 可能构成的组合体

图 4-19 由简单立体构成组合体

4. 由组合体的某些结构特点构思组合体

指定组合体的一些结构特点构思组合体。例如，要构造一个组合体，要求至少包含三个简单立体，并带有斜面和柱面、通槽，并用三视图表达出来。这样的组合体有多种，每改变一个形体或变换一种组合方式或改变一种表面连接关系，都将产生一种新的组合体，如图 4-20 所示。

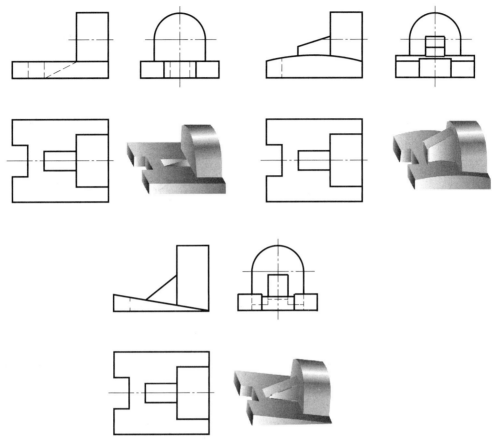

图 4-20 满足某些特点的组合体

5. 由组合体的功能构思组合体

　　要求构成的组合体应具备某些功能。例如，要构形设计一个花瓶的模型，应首先明确花瓶是用来盛放花枝的。要满足这一功能要求，就需要其结构上有空腔。在此前提下，可利用立体、曲面及其投影知识和创造性的思维方法，结合有关的美学知识进行构形设计。

§4-4　组合体的尺寸标注

　　要准确地表达组合体的形状和大小，必须在视图中标注尺寸。组合体视图上尺寸标注的基本要求是尺寸齐全和清晰，并遵守国家标准有关尺寸标注的规定。

一、基本几何体的尺寸标注

　　棱柱、棱锥、圆锥、圆柱、球等基本几何体的尺寸是组合体尺寸的重要组成部分。因此，要标注组合体的尺寸必须首先掌握基本几何体的尺寸注法，如图 4-21、图 4-22 所示。

二、组合体的尺寸标注方法

标注组合体尺寸常用形体分析法。组合体的尺寸主要有定形尺寸和定位尺寸两种,有时还要标注总体尺寸。

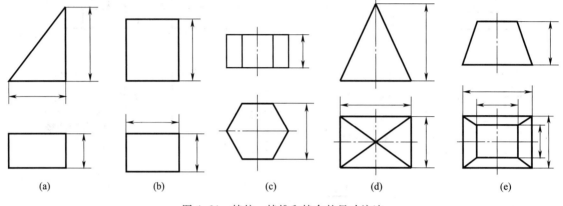

图 4-21   棱柱、棱锥和棱台的尺寸注法

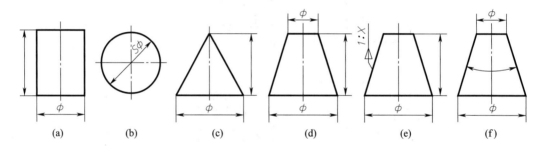

图 4-22   圆柱、球、圆锥和圆台的尺寸注法

（1）选定尺寸基准   在长、宽、高三个方向上全少各要有一个主要基准,通常是主要的端面、对称面、轴线等。如图 4-23 所示的组合体中,长度方向的主要尺寸基准为右端面,宽度方向的主要尺寸基准为前后对称面,高度方向的主要尺寸基准为底板底面。

（2）标注定形尺寸   确定组合体中基本体形状大小的尺寸。如图 4-23 中的圆柱的直径 $\phi11$、$\phi6$ 和高 9 以及肋板长 10、宽 4、高 7 等。

（3）标注定位尺寸   确定组合体中各基本体之间相对位置的尺寸,实际上就是确定形体上某些点（如圆心）、线（如轴线）、面（为主要端面、对称面等）位置的尺寸,通常需要长、宽、高三个方向的定位尺寸。在图 4-23 中,主视图中的尺寸 2 为圆柱高度方向的定位尺寸,17 为孔 $\phi8$ 高度方向的定位尺寸;俯视图中的 23 为圆柱 $\phi11$、圆孔 $\phi6$ 长度方向的定位尺寸。

（4）标注总体尺寸   确定组合体的总长、总宽、总高的尺寸。如图 4-23 俯视图中的尺寸 22 为总宽尺寸。当组合体的一端为回转面时,该方向的总体尺寸不注,只标注回转面轴线的定位尺寸。如图 4-23 中的未注总长、总高尺寸,只标注出回转面轴线的定位尺寸,其总长由轴线定位尺寸 23 与回转面半径得出,其总高由轴线定位尺寸 17 与回转面半径 $R8$ 以及 $\phi11$ 圆柱底面到底板底面的距离 2 得出。

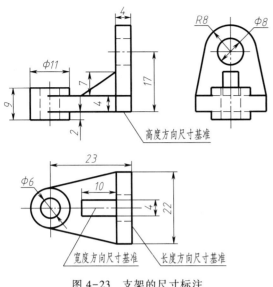

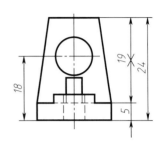

图 4-23　支架的尺寸标注

图 4-24　总体尺寸的标注

尺寸标注要完整，不能遗漏也不能重复。在标注总体尺寸后，要对尺寸进行调整，在哪个方向上标注了总体尺寸就应从该方向上去掉一个尺寸，防止尺寸重复标注。如图 4-24 中总高尺寸 24 等于底板高 5 和支承板高 19 之和，根据其中任何两个尺寸就能确定第三个尺寸，这时在高度方向就产生了多余尺寸。因此，如果需要标注总体尺寸时，则需在相应方向少注一个尺寸，在图 4-24 中取消了尺寸 19。

三、标注尺寸时应注意的问题

（1）不注多余尺寸　在同一张图上有几个视图时，同一形体的每一个尺寸一般只标注一次，如图 4-25 所示。

（2）不在截交线和相贯线上标注尺寸　截交线和相贯线是基本体被切割或相交后自然产生的，因此在标注尺寸时，只标注出形体的定形尺寸、定位尺寸和截平面的定位尺寸，而不在截交线和相贯线上标注尺寸，如图 4-26 所示。

（3）回转体尺寸的注法　在标注圆柱等回转体的直径时，通常直径注在非圆的视图上，而不是注在投影为圆的视图上。标注半径尺寸时则应注在投影为圆弧的视图上，尽量不在细虚线上标注尺寸，如图 4-27 所示。

（4）相关尺寸集中标注　为了便于看图，表示同一形体的尺寸应尽量集中在一起。为了避免尺寸界线和尺寸线相交，应将小尺寸注在内，大尺寸注在外。如图4-27中表示凹槽的尺寸都注在主视图上，底板的尺寸也应尽量集中，小尺寸在内，大尺寸在外。

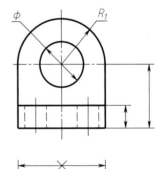

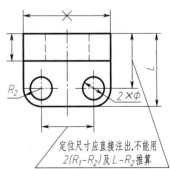

定位尺寸应直接注出,不能用 $2(R_1-R_2)$ 及 $L-R_2$ 推算

图 4-25　不注重复尺寸

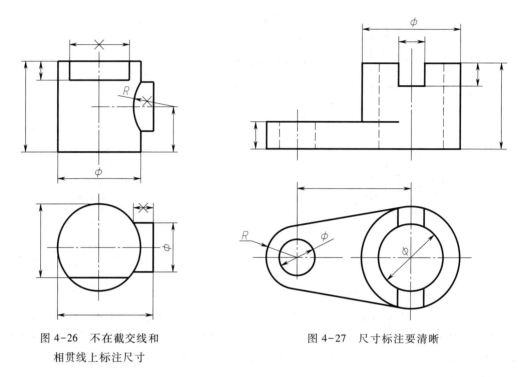

图 4-26　不在截交线和
相贯线上标注尺寸

图 4-27　尺寸标注要清晰

（5）尺寸应注在反映形体特征最明显的视图上，如图 4-28 所示。

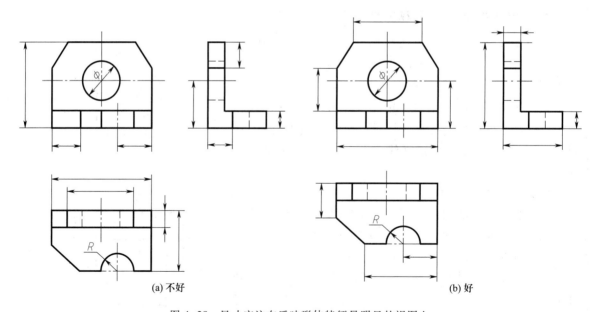

(a) 不好

(b) 好

图 4-28　尺寸应注在反映形体特征最明显的视图上

图 4-29 列举了常见简单形体的尺寸注法，这里要注意各种底面形状的尺寸注法。如图 4-29e、f 所示圆盘上均布小孔的定位尺寸，应标注定位圆（过各小圆中心的点画线圆）的直

径和过小圆圆心的径向中心线与定位圆的水平中心线（或竖直中心线）的夹角。当定位和分布情况在图中已明确时，定位角度可以不注，并省略缩写词"EQS"。必须特别指出，如图4-29d所示平板的四个圆角，不管与小孔是否同心，整个形体的长度尺寸和宽度尺寸、圆角半径以及四个小孔的长度方向和宽度方向的定位尺寸都要注出。当圆角与小孔同心时，应注意上述尺寸数值之间不得发生矛盾。

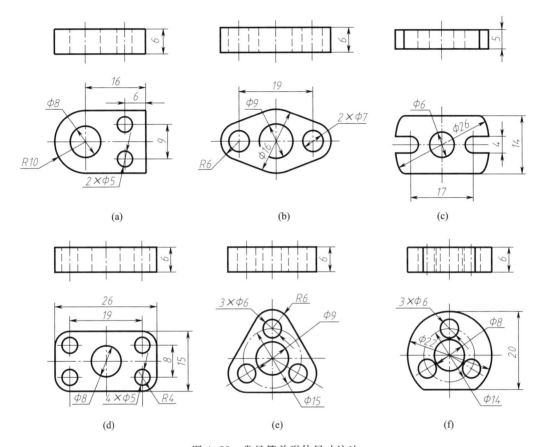

图 4-29 常见简单形体尺寸注法

四、组合体尺寸标注步骤举例

标注组合体尺寸通常按以下步骤进行：

（1）进行形体分析。将组合体分解为若干简单形体。

（2）选择长、宽、高三个方向的尺寸基准。

（3）逐个标注出各简单形体的定形和定位尺寸。

如图4-7所示的轴承座，由轴套、底板、支承板和肋板四个简单形体组成，其尺寸标注步骤如图4-30所示。

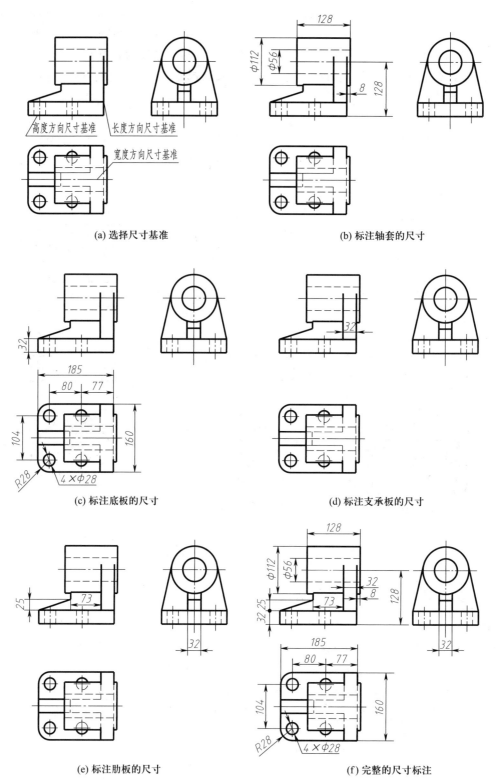

图 4-30 组合体（轴承座）的尺寸注法

§4-5 读组合体视图的方法

读图和画图是学习本课程的两个主要环节。这两个环节是互逆的过程，画图是根据空间形体按正投影方法将其表达成二维平面图，读图是根据二维多面投影图想象出空间形体的结构形状。对于初学者来说，读图比较困难，但是只要综合运用所学的投影知识，掌握读图要领和方法，多读图多想象，不断积累，就能不断提高读图的能力。

通常仅由一个视图不能确定物体的形状，因此读图时必须将有关的视图联系起来看，才能弄清物体的形状。如图 4-31 所示的三个形体，其主视图相同，但如果将俯视图联系起来看，就可以看出它们是形状不同的形体。同时，读图时还要明确视图中的线框和图线的含义。

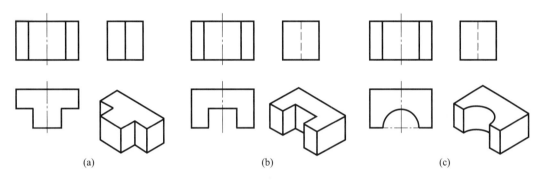

图 4-31 一个视图不能确定物体的形状

一、线框的含义

（1）一个封闭的线框表示一个表面（平面或曲面）。如图 4-32a 主视图中的封闭线框表示形体前表面（平面）的形状。当然该线框也表示该形体的后表面（平面）的形状。

（2）相邻的两个封闭线框表示形体上位置不同的两个面，这两个面可能是相交或交错。如图 4-32a 俯视图中的相邻两个线框，表示一高一低的两个平面。而图 4-32b 主视图中的两个相邻线框，表示一前一后的两个平面。

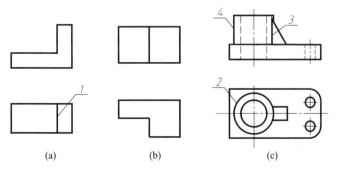

图 4-32 视图中线框及图线的含义

（3）在一个大封闭线框内包含的各个小线框，表示在大平面体（或曲面体）上凸出或凹下的各个小平面体（或曲面体），如图 4-32c 俯视图中的大线框表示带有圆角的四棱柱，其中的两个小圆线框表示在四棱锥上有两个小圆孔，中间两个同心圆表示在四棱柱上凸起的一个穿孔圆柱。

二、图线的意义

（1）视图中的图线可能是平面或曲面的积聚性投影。如图 4-32a 中的 1 是一侧平面在水平投影面的积聚性投影，图 4-32c 中的 2 是一圆柱面在水平投影面的积聚性投影。

（2）视图中的图线可能是表面交线的投影。如图 4-32c 中的 3 是肋板和圆柱面交线的投影。

（3）视图中的图线可能是曲面的转向轮廓线。如图 4-32c 中的 4 是圆柱面转向轮廓线的投影。

除此之外，读图时还要抓住"形体特征视图"和"位置特征视图"，再配合其他视图，就能较快地弄清形体的形状了。

三、读图的基本方法

1. 形体分析法

所谓形体分析法，即在读图时，根据该组合体的特点，把表达形状特征明显的视图（一般是主视图）划分为若干封闭线框，再利用投影规律联系其他视图，想象出各部分形状，同时分析各组成部分的相对位置，最后综合起来想象出形体的整体形状。

下面以图 4-33 为例说明用形体分析法读图的方法与步骤：

（1）分线框，对投影 如图 4-33a 所示，先把主视图分为三个封闭的线框 1、2、3，然后分别找出这些线框在俯、左视图中的相应投影，如图 4-33b~d 所示。

（2）对投影，定形体 可根据各种基本形体的投影特点，确定各线框所表示的是什么形状的形体。如线框 1 的水平、侧面投影都是矩形，因此线框 1 是以正面投影为底面形状的柱体，如图 4-33b 所示；线框 2 的正面及水平投影都是矩形，而侧面投影为三角形，所以是三棱柱，如图 4-33c 所示；线框 3 的正面及侧面投影为矩形，因此线框 3 是以水平投影为底面形状的柱体，如图 4-33d。

（3）综合起来想整体 确定了各线框所表示的基本形体后，再分析各基本形体的相对位置，就可以想象出形体的整体形状。分析各基本形体的相对位置时，应注意形体上下、左右、前后的位置关系在视图中的反映。分析图 4-33a 所示的三视图可知，形体 1 堆积在形体 3 上，且两形体的后平面平齐；形体 2 在中间处与形体 1、形体 3 前后、上下叠加。这样，就可以把它们综合起来，想象出支架的总体形状，如图 4-33e 所示。

2. 线面分析法

有些组合体特别是切割型组合体，形状特征不是很明显，利用形体分析法往往不能直接想象出空间物体的形状结构，这时需要用线面分析法帮助读图。所谓线面分析法就是根据视图中图线和线框的含义，分析相邻表面的相对位置、表面的形状及面与面的交线，从而确定形体的形状结构。现以图 4-34 说明用线面分析法读图的具体方法。

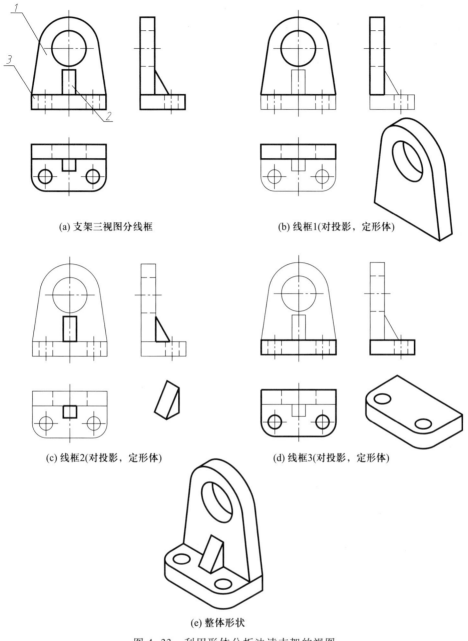

(a) 支架三视图分线框

(b) 线框1(对投影，定形体)

(c) 线框2(对投影，定形体)

(d) 线框3(对投影，定形体)

(e) 整体形状

图 4-33 利用形体分析法读支架的视图

　　根据给出的三视图，可知该形体是由长方体切割形成的。主视图有两个实线框 a'、b'。用对投影的方法可知，线框 a' 对应的左视图应是一条斜线，说明 A 面是侧垂面。对应俯视图中有一个矩形 f 和一个三角形，但矩形不是 a'（三角形）的类似形，故 a' 只能与俯视图中的三角形 a 对应。俯视图中的小矩形 f 对应主视图中的一条水平直线 f'，即小矩形 f 对应的平面 F 是个水平面。用对投影的方法可知线框 b' 对应的平面 B 是一个正平面。除此以外，俯视图中还有四个线框，即 c、d、e、g。线框 d 是一个九边形，对应于主视图中的倾斜直线 d'，对应左

视图中的九边形 d''，它对应的平面 D 是一正垂面，俯、左视图中的投影反映类似形状。线框 c 对应左视图中的 U 形槽底，槽底在主视图中的投影为一直线，因此槽底是一个水平面。e、g 两个小矩形线框，根据对投影很容易知道代表两个水平面。通过上述分析，弄清了各平面的形状及相对位置关系，综合想象得到如图 4-34 所示的形体。

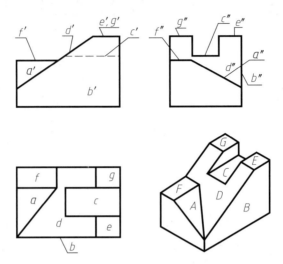

图 4-34　利用线面分析法读图

线面分析法主要用来分析视图中难于看懂的部分，对于切割类组合体用得较多。一般情况下常常是两种方法并用，以形体分析法为主，线面分析法为辅助。

四、根据组合体的两视图补画第三视图

有些组合体用两个视图就能想象出它的形状，看懂图后可根据已知的两个视图画出第三视图。形体清晰的用形体分析法；形体特征不明显的切割型组合体，除用形体分析法以外，还常用线面分析法辅助画图。

[**例 4-1**]　如图 4-35a 所示，根据主视图和俯视图想象出形体的形状，并补画左视图。

分析：该形体左右、前后对称。主视图较多地反映了形体的形状特征和位置特征，在主视图上可以按线框将物体分成四个部分，根据投影关系找出它们在俯视图上的对应投影，分别想象出各部分的形状。由分析可以得出：形体 1 是长方体上部挖了一个带有凹槽的半圆柱槽，形体 2 是左右两块肋板，形体 3 是四角带有四个圆孔、底部中间开槽的矩形板，如图 4-35b 所示。

作图：作图步骤如图 4-35c～f 所示。

[**例 4-2**]　如图 4-36a 所示，根据主视图和左视图想象出形体的形状，并补画俯视图。

分析：由已知两视图可以分析出该形体属于切割型的组合体。切割前基本形体的形状为四棱柱，经过四次切割后形成该形体，如图 4-36b 所示。最后切去的形体 4 有多种可能，本书按切去四棱柱补画视图。补图时应注意每次切割后产生哪些交线。尤其要注意利用类似形的特征帮助作图。

作图：作图步骤如图 4-36c～h 所示。

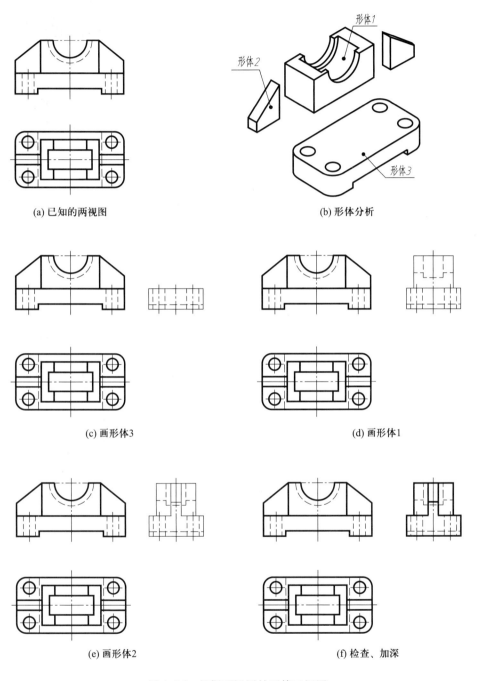

(a) 已知的两视图

(b) 形体分析

(c) 画形体3

(d) 画形体1

(e) 画形体2

(f) 检查、加深

图 4-35 根据两视图补画第三视图

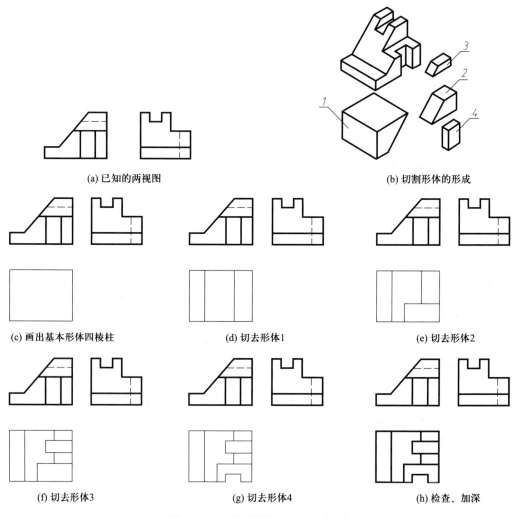

(a) 已知的两视图

(b) 切割形体的形成

(c) 画出基本形体四棱柱

(d) 切去形体1

(e) 切去形体2

(f) 切去形体3

(g) 切去形体4

(h) 检查、加深

图 4-36 根据两视图补画第三视图

第五章 轴 测 图

轴测投影图又称轴测图，它是能在一个视图上同时表达立体的长、宽、高三方向的形状和尺寸的投影。与同一物体的三面投影相比，轴测图的立体感强，直观性好，易于读懂，但一般不易反映物体各表面的实形，同时作图较正投影复杂，是工程上的一种辅助图样。

本章主要介绍轴测图的基本知识，以及正等轴测图和斜二轴测图的画法。

§5-1 轴测图的基本知识

一、轴测图的形成及投影特性

如图 5-1 用平行投影法将物体连同确定物体空间位置的直角坐标系一起沿不平行于任一坐标面的方向将其投射到单一投影面，所得的具有立体感的图形称为轴测图。

由于轴测图是用平行投影法得到的，因此具有以下投影特性：

（1）空间相互平行的直线，它们的轴测投影仍互相平行。

（2）立体上凡是与坐标轴平行的直线，在其轴测图中也必与轴测轴平行。

（3）立体上两平行线段或同一直线上的两线段的长度之比在轴测图上保持不变。

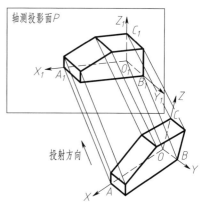

图 5-1 轴测图的形成

二、轴向伸缩系数和轴间角

图 5-1 中平面 P 称为轴测投影面。确定空间物体的坐标轴 OX、OY、OZ 在 P 面上的投影 O_1X_1、O_1Y_1、O_1Z_1 称为轴测投影轴，简称轴测轴。轴测轴之间的夹角 $\angle X_1O_1Y_1$、$\angle Y_1O_1Z_1$、$\angle Z_1O_1X_1$ 称为轴间角。

由于形体上三个坐标轴对轴测投影面的倾斜角度不同，所以在轴测图上各条轴线长度的变化程度也不一样，因此把轴测轴上的线段与空间坐标轴上对应线段的长度比，称为轴向伸缩系数。如图 5-1 所示，O_1X_1 方向的轴向伸缩系数为 O_1A_1/OA，用 p_1 来表示。O_1Y_1 方向的轴向伸缩系数为 O_1B_1/OB，用 q_1 来表示。O_1Z_1 方向的轴向伸缩系数为 O_1Z_1/OZ，用 r_1 来表示。

应用较多的轴测图有正等轴测图和斜二轴测图两种，下面介绍它们的形成和画法。

§5-2 正等轴测图

一、正等轴测图的形成，轴间角和轴向伸缩系数

1. 形成

当三根坐标轴与轴测投影面倾斜的角度相同时，用正投影法得到的投影图称为正等轴测图，可简称正等测。

2. 轴间角和轴向伸缩系数

由于空间坐标轴 OX、OY、OZ 对轴测投影面的倾角相等，可计算出其轴间角 $\angle X_1 O_1 Y_1 = \angle X_1 O_1 Z_1 = \angle Y_1 O_1 Z_1 = 120°$，其中 $O_1 Z_1$ 轴规定画成铅垂方向，如图 5-2a 所示。

由理论计算可知，三根轴的轴向伸缩系数 p_1、q_1、r_1 相等，约为 0.82。为了作图方便，通常简化轴向伸缩系数为 1。用此简化轴向伸缩系数画出的图形其形状不变，图形中线段的长度是实物相应线段长度的 1.22 倍，但不影响轴测图的立体感，如图 5-2c、d 所示。

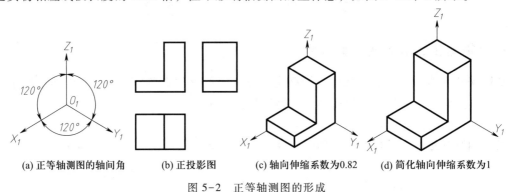

(a) 正等轴测图的轴间角　　(b) 正投影图　　(c) 轴向伸缩系数为0.82　　(d) 简化轴向伸缩系数为1

图 5-2　正等轴测图的形成

二、平面立体正等轴测图的画法

绘制轴测图最基本的方法是坐标法，根据轴测投影规律和立体表面各顶点的坐标值，沿着轴测轴的方向进行度量确定出它们的轴测投影，连接各顶点即完成平面立体的轴测图。在设立坐标轴和具体作图时，要考虑有利于坐标的定位和度量，并尽可能减少作图线，使作图简便。需注意，凡是不平行三个坐标轴的直线，不能直接度量其长度。

[例 5-1]　试画出图 5-3a 所示正六棱柱的正等轴测图。

作图：

① 选定坐标原点和坐标轴　按作图简便原则，选定正六边形的中心为坐标原点，作轴测轴 $O_1 X_1$、$O_1 Y_1$、$O_1 Z_1$，使三个轴间角均等于 120°（为方便作图，$O_1 Z_1$ 轴有时方向向下），如图 5-3b 所示。

② 作六棱柱顶面的正等测　在正投影图上按 1∶1 量得各顶点的坐标，作出顶面，如图 5-3c 所示。

③ 分别由各顶点沿 $Z_1 O_1$ 轴方向向下量取坐标值 z，作各棱线，得底面的正等测，如图 5-3d 所示。

④ 经整理加深得图 5-3e 所示正六棱柱的正等轴测图。

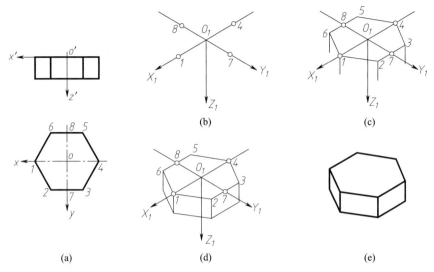

图 5-3 六棱柱正等轴测图的画法

[**例 5-2**] 求作图 5-4a 所示立体的正等轴测图。

作图：

① 选取如图 5-4a 所示的坐标原点和坐标轴，作出截切前的完整形状如图 5-4b 所示。

② 根据 O_1X_1 轴上的 a 坐标，O_1Z_1 轴上的 b 坐标切去左上角，如图 5-4c 所示。

③ 根据 O_1Z_1 轴上的 d 坐标，O_1Y_1 轴上的 c 坐标在立体上前部切出缺口，如图 5-4d 所示。

④ 经整理得图 5-4e，即为题目所求的正等轴测图。

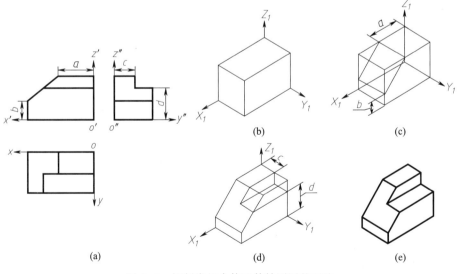

图 5-4 切割类组合体正等轴测图的画法

三、回转体正等轴测图的画法

在回转体轴测图中，圆的轴测图画法是很重要的。

1. 平行于投影面的圆的正等轴测图及其画法

（1）投影分析 平行于坐标面的圆的正等轴测图是椭圆。如图 5-5 所示，从图中可以看出，平行于坐标面 XOY（水平投影面）的圆的正等轴测图（椭圆）长轴垂直于 O_1Z_1 轴，短轴平行于 O_1Z_1 轴；平行于坐标面 YOZ（侧立投影面）的圆的正等轴测图（椭圆）长轴垂直于 O_1X_1 轴，短轴平行于 O_1X_1 轴；平行于坐标面 XOZ（正立投影面）的圆的正等轴测图（椭圆）长轴垂直于 O_1Y_1 轴，短轴平行于 O_1Y_1 轴。

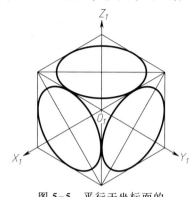

图 5-5 平行于坐标面的
圆的正等轴测图

（2）近似画法 为了简化作图，上述椭圆一般用四段圆弧代替。由于这四段圆弧的四个圆心是根据椭圆的外切菱形求得的，因此这个方法称为菱形四心法。水平圆的正等测椭圆的作图过程如图 5-6a 所示。

① 图 5-6a 所示为水平圆俯视图。

② 画轴测轴 O_1X_1、O_1Y_1、O_1Z_1。以圆的直径为边长，作出其邻边分别平行于两根轴测轴的菱形 E_1、F_1、G_1、H_1，如图 5-6b 所示。

③ 作菱形两钝角的顶点 E_1、G_1 和其对边中点的连线，与长对角线交于两点 1、2；E_1、G_1、1、2 即为四段圆弧的四个圆心，如图 5-6c 所示。

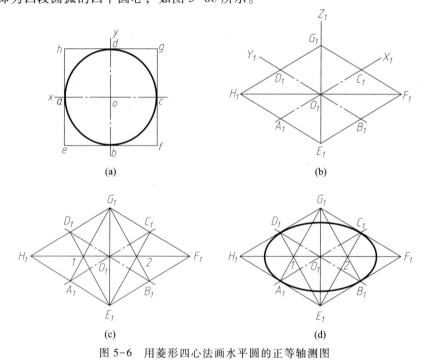

(a) (b)

(c) (d)

图 5-6 用菱形四心法画水平圆的正等轴测图

④ 分别以 E_1、G_1 为圆心，以 E_1D_1、G_1A_1 为半径画大圆弧 D_1C_1 和 A_1B_1；分别以 1、2 为圆心，以 $1D_1$、$2C_1$ 为半径画小圆弧 D_1A_1 和 B_1C_1，即完成作图，如图 5-6d 所示。

2. 圆角正等测的画法

图 5-7 表示了圆角的正投影与其正等测椭圆的关系。圆角一般是指整圆的四分之一段圆弧，该四分之一圆弧的正等测是四分之一段椭圆弧。圆角正等测的简便方法用两段圆弧替代两

段椭圆弧，作图如下：

（1）根据图 5-7a 作圆角板的轴测图　从平行四边形各顶点沿两边量取 R 得四点 A、B、C、D，过这四点分别作平行四边形各边的垂线，交得两圆心 1、2，画出 $\overset{\frown}{AB}$ 和 $\overset{\frown}{CD}$ 两段圆弧来拟合两段椭圆弧，这两段圆弧即为圆角板上表面两个圆角的正等测，从而完成圆角板上表面的正等测，如图 5-7b 所示。

（2）从点 1、2 沿轴测轴 O_1Z_1 向下量取 h 得点 3、4，以点 3、4 为圆心分别画出两段圆弧，这两段圆弧即为下表面两圆角的轴测，从而完成下表面的正等测。作出右侧两个小圆弧的外公切线，即完成圆角板的正等测，如图 5-7c 所示。

（3）整理完成圆角板的正等测，如图 5-7d 所示。

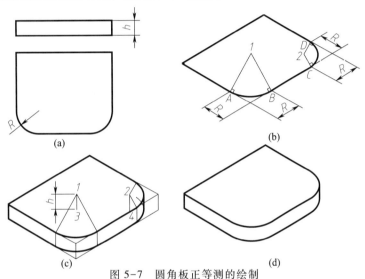

图 5-7　圆角板正等测的绘制

3. 常见回转体正等轴测图的画法

圆柱正等轴测图的画法如图 5-8 所示，根据圆柱的直径和高，先画出上、下底的正等测椭圆，然后作椭圆的公切线（长轴端点连线，也是圆柱的转向轮廓线），即得圆柱的正等轴测图。

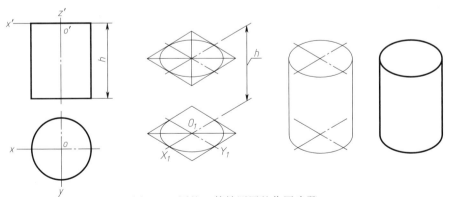

图 5-8　圆柱正等轴测图的作图步骤

圆台正等轴测图的画法如图 5-9 所示，其画法与圆柱类似，但转向轮廓线不是长轴端点连线，而是两椭圆的公切线。

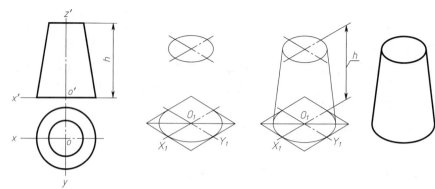

图 5-9 圆锥台正等轴测图的作图步骤

　　球正等轴测图的画法如图 5-10 所示，球的正等轴测图为与球直径相等的圆。为使球和轴测图具有立体感，可画出过球心的三个方向的正等测椭圆。

　　4. 组合体正等轴测图的画法

　　[**例 5-3**] 求作图 5-11a 所示立体的正等轴测图。

　　形体分析：由视图可知，支架是由相互垂直的两块板组成。上板顶部是圆柱面，两侧斜面与圆柱面相切，中间穿一通孔，下板是带有两个圆角的长方形板，板上左、右对称开有两孔。

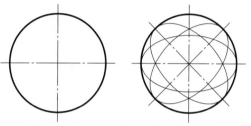

图 5-10 球的正等轴测图的作图步骤

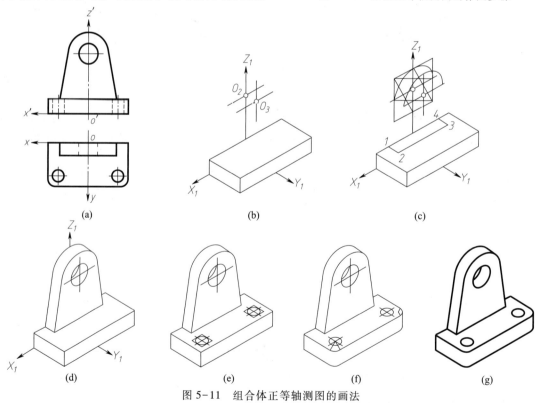

(a) (b) (c)

(d) (e) (f) (g)

图 5-11 组合体正等轴测图的画法

作图:

① 选取坐标及坐标原点,如图5-11a所示。

② 确定轴测轴,画下板的外轮廓和确定上板圆孔的前、后中心 O_2 和 O_3,如图 5-11b 所示。分别以 O_2 和 O_3 为椭圆心,用菱形四心法画出上板圆柱面椭圆和上、下板交线上的四个点 1、2、3、4,如图 5-11c 所示。

③ 由 1、2、3、4 分别向圆柱面的相关椭圆弧作切线,并以 O_2 和 O_3 为圆心画出通孔前后圆的轴测投影,如图 5-11d 所示,后壁上的椭圆只能看到一部分。

④ 画下板左、右两孔的中心,然后画出两孔的轴测投影,并画出下板的两个圆角,如图 5-11e、f 所示。

⑤ 擦去作图线,描深全图,完成该组合体的正等轴测图,如图 5-11g 所示。

§5-3 斜二轴测图

一、斜二轴测图的形成、轴间角和轴向伸缩系数

1. 形成

如图 5-12 所示,若使 XOZ 坐标面平行于轴测投影面,采用斜投影法也能得到具有立体感的轴测图。斜二轴测图可简称为斜二测。

2. 斜二轴测图的轴间角和轴向伸缩系数

由于 XOZ 坐标面平行于轴测投影面,这个坐标面的轴测投影反映实形,国标推荐斜二轴测图的轴间角 $X_1O_1Z_1$ 为 90°,O_1X_1 轴和 O_1Y_1 轴的轴向伸缩系数都是 1;轴间角 $X_1O_1Y_1$ 和 $Y_1O_1Z_1$ 为 135°,O_1Y_1 轴的轴向伸缩系数一般取为 0.5,如图 5-13 所示。

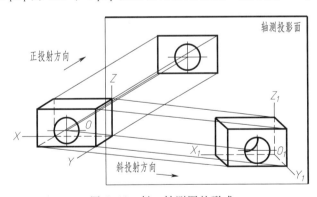

图 5-12 斜二轴测图的形成

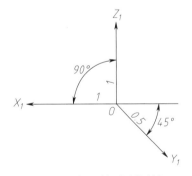

图 5-13 斜二轴测图的轴间
角及轴向伸缩系数

由斜二轴测图的特点可知,平行于 XOZ 坐标面的圆的斜二轴测投影反映实形。而平行于 XOY、YOZ 两个坐标面的圆的斜二轴测投影则为椭圆,这些椭圆的短轴不与相应轴测轴平行,且作图较繁。因此,斜二轴测图一般用来表达只在一个方向上的平面内有圆或圆弧的立体,这时总是把这些平面选为平行于 XOZ 坐标面。

二、斜二轴测图的画法

如图 5-14 所示为一组合体斜二轴测图的作图方法。圆柱面后端面的圆心用移心法求得，如图 5-14c 所示。其作图步骤为：

（1）选取坐标及坐标原点，如图 5-14a 所示。

（2）先画前面的形状，与主视图完全一致，如图 5-14b 所示。再在 O_1Y_1 轴上定 $O_1O_2=L/2$，画出后面形状，半圆柱面轴测投影的轮廓线按两圆弧的公切线画出，如图 5-14c 所示。

（3）擦去作图线，描深全图，如图 5-14d 所示。

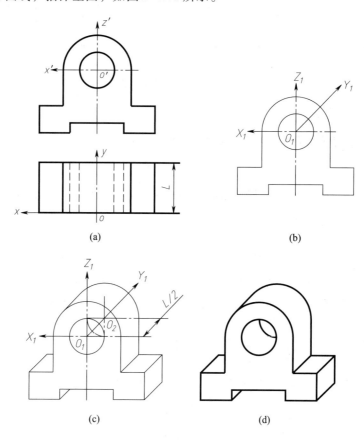

(a)   (b)

(c)   (d)

图 5-14　斜二轴测图的画法举例

第六章 机件常用的表达方法

绘制机械图样时，应首先考虑看图方便，根据物体的结构特点，选用适当的表达方法。在完整、清晰地表达物体形状的前提下，力求制图简便。为了表达形状各异的机件，《技术制图》和《机械制图》国家标准规定了多种图样表达方法。本章主要介绍视图、剖视图、断面图、局部放大图以及简化画法等常用的机件表达方法。

§6-1 视 图

视图是用正投影法将机件向投影面投射所得到的图形，主要用于表达机件的外部结构形状。在视图中，一般只画机件的可见部分，必要时才画出其不可见部分。

视图分为基本视图、向视图、局部视图和斜视图。

一、基本视图

国家标准规定正六面体的六个面作为基本投影面，把机件放置在该正六面体中间，然后用正投影法分别向六个基本投影面进行投射，就得到该机件的六个基本视图。除了前面已介绍的主视图、俯视图、左视图外，还有由右向左投射所得的右视图，由下向上投射所得的仰视图，由后向前投射所得的后视图。各投影面的展开方法如图 6-1 所示。展开后各视图的配置关系如图 6-2 所示。

在同一张图纸内按图 6-2 配置视图时，一律不标注视图的名称。

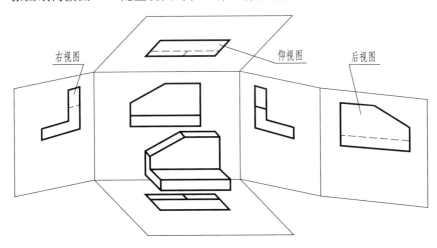

图 6-1 六个基本视图的形成

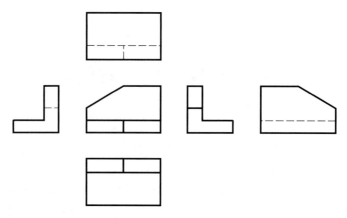

图 6-2 基本视图的配置

在表达机件形状时，并非都要画出六个基本视图，而应根据机件的实际结构形状选择恰当的基本视图。如图 6-3 所示的机件，选用了主、左、右三个视图来表达其主体和左、右凸缘的形状，并省略了一些不必要的细虚线。

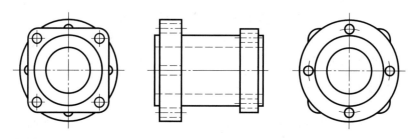

图 6-3 基本视图应用举例

二、向视图

有时为了合理利用图纸，基本视图不按图 6-2 所示的位置配置，而将其自由（平移）配置，这种视图称为向视图。

向视图应进行标注，即在视图上方用大写拉丁字母标出视图的名称，在相应的视图附近用箭头指明投射方向，并注上相同的字母，如图 6-4 所示。

三、局部视图

将机件的某一部分向基本投影面投射所得的视图称为局部视图。当机件只有局部形状没有表达清楚时，没有必要画出完整的基本视图或向视图，而应采用局部视图，表达更为简练，如图 6-5 所示。

局部视图的画法和标注规定如下：

（1）局部视图的断裂边界通常以波浪线或双折线绘制，如图 6-5 中的 A 向视图。当

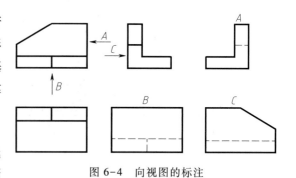

图 6-4 向视图的标注

所表示的局部结构是完整的，且外轮廓线又成封闭时，不必画出其断裂边界线，如图 6-5 中未作标注的局部视图。

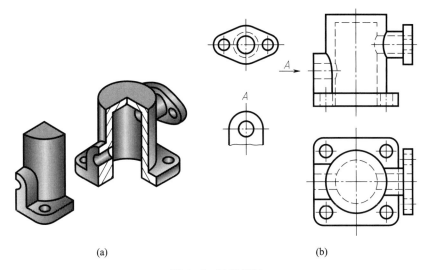

(a)　　　　　　　　　　　　　(b)

图 6-5　局部视图

（2）画局部视图时，一般在局部视图上方用大写拉丁字母标出视图的名称，在相应的视图附近用箭头指明投射方向，并标注同样的字母，如图 6-5 中的 *A* 向视图。当局部视图按投影关系配置，中间又没有其他图形隔开时，则不必标注。

（3）为了节省绘图时间和图幅，对称机件的视图可只画一半或四分之一，并在对称中心线的两端画出两条与其垂直的平行细实线，如图 6-6 所示。

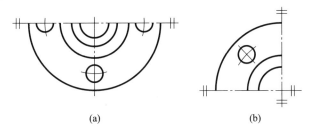

(a)　　　　　　　　　　　　(b)

图 6-6　对称机件局部视图的画法

四、斜视图

机件向不平行于任何基本投影面的平面投射所得的视图称为斜视图。斜视图主要用于表达机件上倾斜表面的实形，为此可选用一个平行于该倾斜表面且垂直于某一基本投影面的平面作为新投影面，使倾斜部分在新投影面上反映真实形状，如图 6-7 所示。

斜视图的画法和标注规定如下：

（1）斜视图一般只需表达机件上倾斜结构的形状，常画成局部的斜视图，其断裂边界用波浪线或双折线绘制。但当所表达的倾斜结构是完整的，且外轮廓又成封闭时，不必画出其断裂边界线。

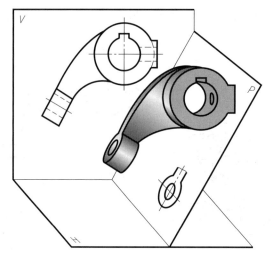

图 6-7　斜视图的形成

（2）画斜视图必须标注。在相应视图的投射部位附近用垂直于倾斜表面的箭头指明投射方向，并标注大写拉丁字母，并在斜视图的上方标注相同的字母（字母一律水平书写），如图 6-8所示。

（3）斜视图一般按投影关系配置，如图6-8a所示，必要时也可配置在其他适当位置。在不致引起误解时，允许将图形旋转，但必须加旋转符号，其箭头方向为旋转方向，字母应靠近旋转符号的箭头端，如图 6-8b 所示；需要给出旋转角度时，角度应注写在字母之后。

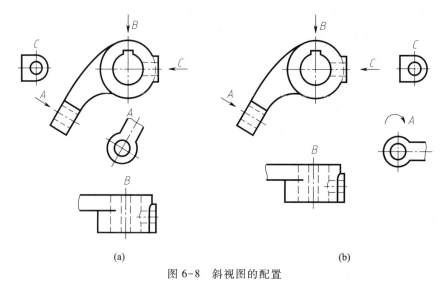

(a)　　　　　　　　　　　　　　(b)

图 6-8　斜视图的配置

§6-2　剖　视　图

当机件内部结构比较复杂时，视图中细虚线较多，既影响看图，又不利于尺寸标注。为此，可以采用剖视图来表达机件的内部结构。

一、剖视图的概念

假想用剖切面剖开机件，将处在观察者和剖切面之间的部分移去，而将其余部分向投影面投射所得的图形称为剖视图，如图 6-9 所示。

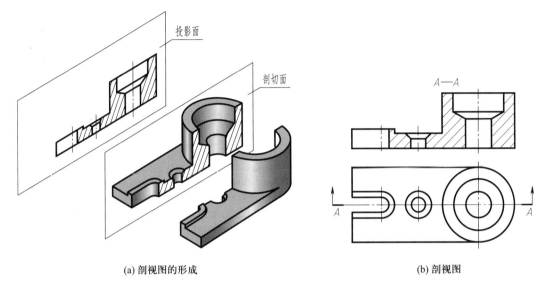

(a) 剖视图的形成　　　　　　　　　　　　　　(b) 剖视图

图 6-9　剖视图的概念

采用剖视图可使机件上一些不可见的结构变为可见，相应的细虚线变为粗实线，看图和尺寸标注都更为清晰、方便。

二、剖视图的画法

（1）剖切面及其位置的确定　剖切面一般应平行于相应的投影面，并通过机件内部结构的对称面或轴线。

（2）剖视图中投影轮廓线的画法　用粗实线画出机件被剖切后的剖面区域（剖切面与机件接触部分）轮廓线和剖切面后的可见轮廓线。应注意，凡是已表达清楚的结构，在剖视图中应省略相应的细虚线。

（3）剖面符号的画法　剖开机件后，剖面区域应画出剖面符号。国家标准规定了各种材料的剖面符号，见表 6-1。

表 6-1　剖面符号 （摘自 GB/T 4457. 5—2013）

金属材料（已有规定符号者除外）		型砂、填砂、粉末冶金、砂轮、陶瓷刀片、硬质合金刀片等	
线圈绕组元件		玻璃及供观察用的其他透明材料	

续表

转子、电枢、变压器和电抗器等的叠钢片	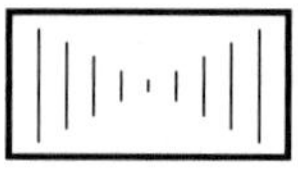	混凝土	
非金属材料(已有规定符号者除外)	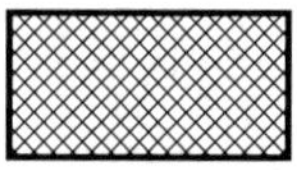	钢筋混凝土	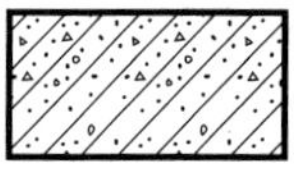
砖	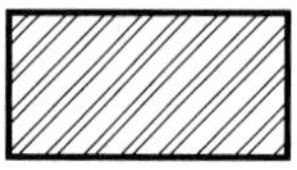	格网(筛网、过滤网等)	
基础周围的泥土		液体	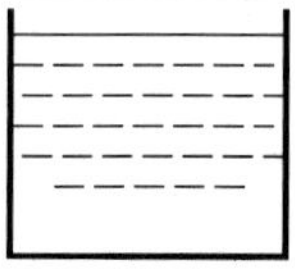

注：1. 剖面符号仅表示材料的类别，材料的名称和代号必须另外注明。

2. 叠钢片的剖面线方向，应与束装中的叠钢片的方向一致。

3. 液面用细实线绘制。

在同一金属零件的各剖视图中，剖面线应画成间隔相等、方向相同，一般使用与剖面区域的主要轮廓线或对称线成45°的平行细实线，如图6-10所示。必要时，剖面线也可画成与剖面区域主要轮廓线成适当角度。

（4）剖视图的标注

① 剖视图一般应进行标注，标注内容包括剖切线、剖切符号以及剖视图名称。

剖切线：用以指示剖切面的位置，用细点画线表示，一般可省略不画。

剖切符号：用以指示剖切面的起、迄和转折位置(用短的粗实线表示)及投射方向(用箭头表示)。剖切符号尽可能不与图形的轮廓线相交。

剖视图名称：在剖视图的上方用大写拉丁字母标出剖视图的名称"×—×"，并在剖切符号附近注写相同的字母。

② 标注的省略。

当剖视图按投影关系配置，中间又无其他图形隔开时，可省略表示投射方向的箭头。

当单一剖切平面通过机件的对称面或基本对称面，且剖视图按投影关系配置，中间又无其他图形隔开时，不必标注。

（5）画剖视图应注意的问题

① 剖视图是假想将物体剖开后画出的，事实上物体并没有被剖开。所以，除剖视图按规定画法绘制外，其他视图应按完整的物体画出。

② 凡是已表达清楚的结构，在剖视图中应省略相应的细虚线。

③ 对于机件的肋、轮辐及薄壁等，如按纵向剖切，这些结构都不画剖面符号，而用粗实线将它与其邻接部分分开。图6-11主视图中的肋就是按此规定画出的。

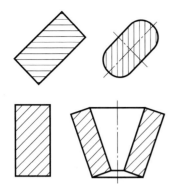

图 6-10　金属零件剖面线的画法

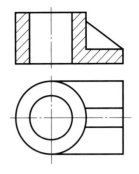

图 6-11　剖视图中肋的画法

④ 在剖视图中应将剖切面后的所有可见部分的投影全部画出，不得遗漏。注意对比图 6-12 中错误和正确的画法。

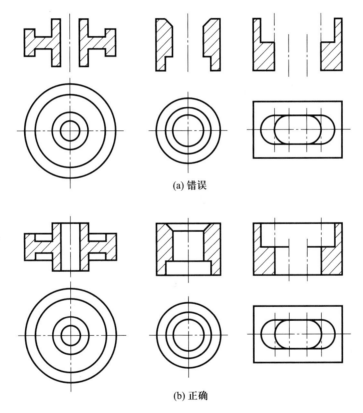

(a) 错误

(b) 正确

图 6-12　剖视图中容易漏画的图线

三、剖视图的分类

剖视图按剖切范围的不同可分为全剖视图、半剖视图和局部剖视图。

1. 全剖视图

用剖切面完全剖开机件所得的剖视图称为全剖视图，如图 6-13 所示。

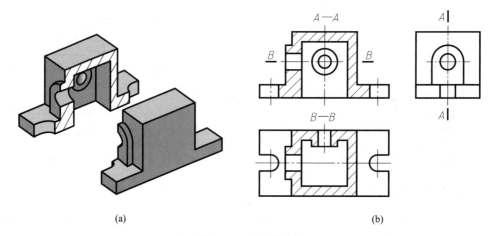

图 6-13   全剖视图

由于画全剖视图时将机件完全剖开，机件的外部结构不能充分表达，因此全剖视图主要适用于表达外形简单的机件。如果机件的内、外结构都需要全面表达，可在同一投射方向采用全剖视图和视图来分别表达。全剖视图应按规定进行标注。

2. 半剖视图

当机件具有对称平面时，向垂直于对称平面的投影面投射所得的图形，可以对称中心线为界，一半画成剖视，另一半画成视图，这种图形称为半剖视图，如图 6-14 所示。

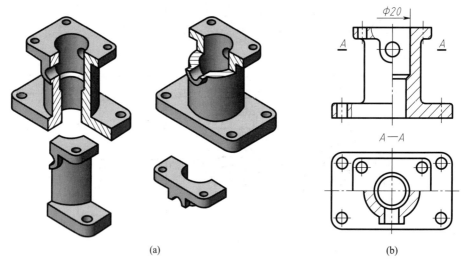

图 6-14   半剖视图

半剖视图主要适用于内、外结构都需要表达的对称机件。当机件的形状接近于对称，且不对称部分已另有图形表达清楚时，也可以画成半剖视图。

画半剖视图时(图 6-14)，应注意以下几点：

（1）半个视图与半个剖视图的分界线为细点画线。

（2）在半个视图中不应画出表示内部对称结构的细虚线。标注内部结构对称方向的尺寸时，尺寸线应略超过对称中心线，在轮廓线一端画出箭头，如图6-14中的尺寸"$\phi 20$"。

（3）半剖视图的标注和全剖视图的标注方法完全相同。

3. 局部剖视图

用剖切平面局部地剖开机件所得的剖视图称为局部剖视图，如图6-15所示。

局部剖视图能同时表达机件的内、外结构，且不受机件形状对称的条件限制。

画局部剖视图时，应注意以下几点：

（1）剖视图部分与视图部分用波浪线或双折线分界，波浪线或双折线不应和其他图线重合。当被剖结构为回转体时，允许将该结构的中心线作为局部剖视与视图的分界线，如图6-16所示。

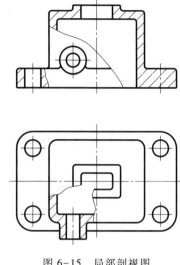

图6-15 局部剖视图

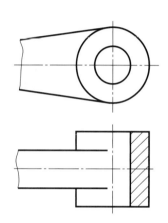

图6-16 用中心线作为分界线

（2）波浪线不应超出被剖开部分的外形轮廓线，在观察者与剖切面之间的通孔或缺口部位，波浪线必须断开，如图6-17所示。在同一视图中，局部剖视的数量不宜过多，以免图面凌乱。

（3）局部剖视图一般应按规定标注，当用单一剖切面剖切且剖切位置明显时，可省略标注。

四、剖切面的分类

由于物体的形状结构千差万别，因此画剖视图时应根据物体的结构特点，选用相应的剖切面及剖切方法，以使物体的内、外结构得到充分地表达。

1. 单一剖切面

（1）用平行于基本投影面的平面剖切 如图6-13、图6-14、图6-15分别是用该剖切方法获得的全剖视图、半剖视图和局部剖视图。

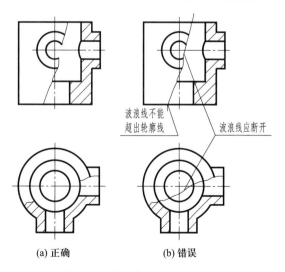

波浪线不能超出轮廓线

波浪线应断开

(a) 正确　　　　　(b) 错误

图6-17 波浪线画法正误对比

（2）用不平行于任何基本投影面的平面剖切　常用于机件倾斜部分的内部结构形状需要表达的情况，如图 6-18 所示。

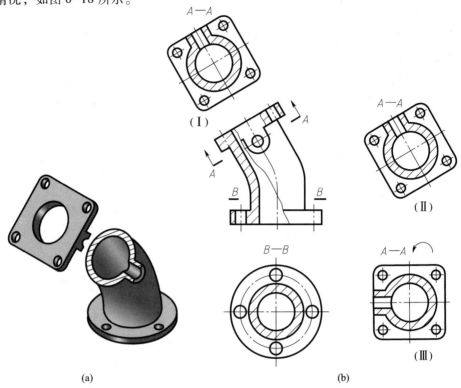

(a)　　　　　　　　　　　(b)

图 6-18 不平行于基本投影面的平面剖切

用这种剖切方法获得的剖视图一般按投影关系配置（图Ⅰ），必要时也可配置在其他适当位置（图Ⅱ）。在不致引起误解时，允许将图形旋转，但必须加旋转符号，其箭头方向为旋转方向，字母应靠近旋转符号的箭头端（图Ⅲ）。

2. 几个平行的剖切平面

用几个平行的平面剖切，主要用于机件上有较多的内部结构形状，而它们的轴线（中心线）不在同一平面内的情况，如图 6-19 所示。

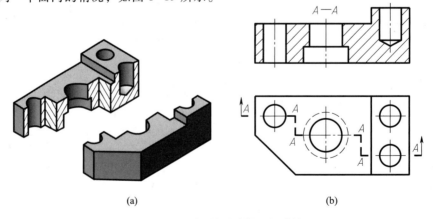

(a)　　　　　　　　　　　(b)

图 6-19 几个平行的剖切平面剖切

采用这种方法画出的剖视图必须按规定标注，各剖切面相互连接而不重叠，其剖切符号转折处应画成直角，且应对齐。当转折处位置有限，又不致引起误解时，允许只画转折符号，省略标注字母。

采用这种剖切方法画剖视图时应注意：

（1）两剖切面转折处不应画分界线，剖切符号转折处不应与轮廓线重合。

（2）不应出现不完整要素，仅当两个要素在图形上具有公共对称中心线或轴线时，可以各画一半，此时应以对称中心线或轴线为界，如图 6-20 所示。

3. 几个相交的剖切面(交线垂直于某一投影面)

（1）用两个相交的剖切面剖切，如图 6-21 所示。

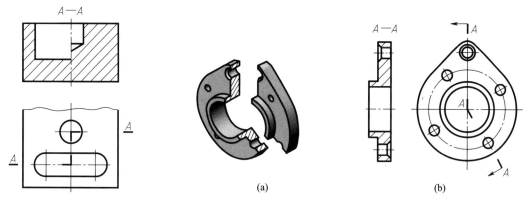

图 6-20 结构具有公共对称中
心线或轴线的剖视图画法

图 6-21 两相交剖切面剖切

采用这种方法画剖视图时，先假想按剖切位置剖开机件，然后将被剖切面剖开的结构及其有关部分旋转到与选定的投影面平行再进行投射。在剖切面后的其他结构一般仍按原来位置投射，如图 6-22 中的油孔。当剖切后产生不完整要素时，应将此部分按不剖绘制，如图 6-23 中右端的臂。

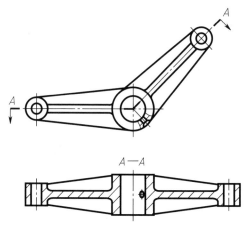

图 6-22 剖切平面后结构的画法

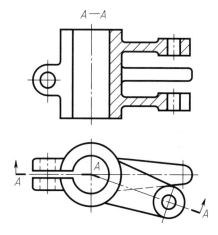

图 6-23 剖切后产生不完整要素的画法

用这种方法画出的剖视图，必须按规定标注。当转折处位置有限，又不致引起误解时，允许省略标注字母，如图 6-22 所示。两组或两组以上相交的剖切面，在剖切符号交汇处用大写拉丁字母"O"标注，如图 6-24 所示。

（2）用几个相交的剖切面剖切，适用于当机件的内部结构比较复杂，用以上几种剖切面都不能完全表达的情况，如图 6-25 所示。

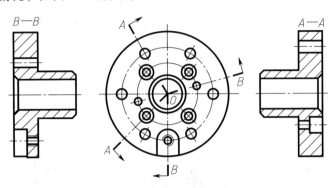

图 6-24　两组相交剖切面的标注

用这种方法画出的剖视图也必须按规定标注。

采用这种剖切方法时，根据需要还可采用展开画法，标注时在剖视图名称后加注"展开"两字，如图 6-26 所示。

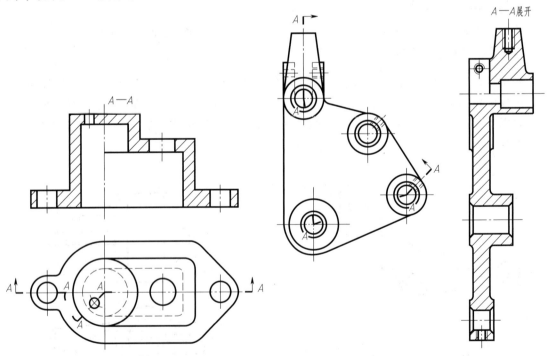

图 6-25　几个相交剖切面剖切　　　　　　　图 6-26　剖视图的展开画法

§6-3 断 面 图

一、断面的概念

假想用剖切面将机件的某处切断，只画出该剖切面与机件接触部分的图形，这种图形称为断面图，简称断面，如图 6-27 所示。

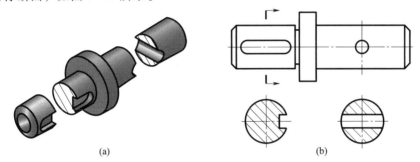

图 6-27 断面图的概念

断面图与剖视图的区别在于，断面图只画出机件被剖切处的剖面区域形状，而剖视图不仅要画出剖面区域的形状，还要画出剖切面后的可见轮廓线。

二、断面图的分类和画法

断面分为移出断面和重合断面。

1. 移出断面

画在视图之外的断面称为移出断面。

（1）移出断面的画法

① 移出断面的轮廓线用粗实线绘制。

② 移出断面应尽量配置在剖切符号或剖切线的延长线上，如图 6-27 所示。必要时也可将移出断面配置在其他适当的位置，如图 6-28、图 6-29 所示。当断面图形对称时也可画在视图的中断处，如图 6-30 所示。在不致引起误解时，允许将图形旋转，其标注形式如图 6-31 所示。

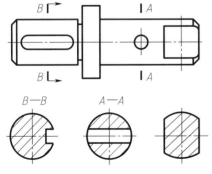

图 6-28 *A—A*、*B—B* 断面未配置在
剖切符号的延长线上

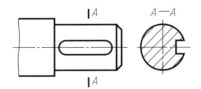

图 6-29 移出断面按投影关系配置

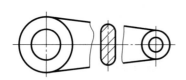

图 6-30 移出断面画在视图中断处

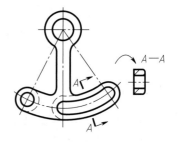

图 6-31 断面图形分离时的画法

③ 当剖切面通过回转面形成的孔或凹坑的轴线时，这些结构按剖视绘制，如图 6-28 中的 *A—A* 断面。当剖切面通过非圆孔导致出现完全分离的两个断面时，这些结构也应按剖视绘制，如图 6-31 所示。

④ 剖切面一般应垂直于被剖切部分的主要轮廓线。由两个或多个相交的剖切面剖切得到的移出断面，中间一般应断开，如图 6-32 所示。

（2）移出断面的标注

① 移出断面一般应用剖切线和剖切符号表示剖切位置和投射方向，并注上字母，在断面图的上方应用同样的字母标出相应的名称 "×—×"，如图 6-28 中的 *B—B* 断面。

② 配置在剖切符号延长线上的不对称移出断面，不必标字母，如图 6-27 中左边的断面。

③ 未配置在剖切符号延长线上的对称移出断面或按投影关系配置的断面，不必标注箭头，如图 6-28 和图 6-29 中的 *A—A* 断面。

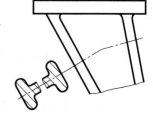

图 6-32 两相交剖切面
剖切得到的移出断面

④ 配置在剖切线延长线上的对称移出断面以及配置在视图中断处的对称移出断面，均不必标注剖切符号和字母，如图 6-27 中右边的断面和图 6-30 所示。

2. 重合断面

画在被剖切部分投影轮廓内的断面，称为重合断面。

（1）重合断面的画法

重合断面的轮廓线用细实线绘制。当视图中的轮廓线与重合断面的图形重叠时，视图中的轮廓线仍应连续画出，不可间断，如图 6-33 所示。

（2）重合断面的标注

对称的重合断面不必标注。不对称的重合断面在不致引起误解时可省略标注，如图 6-33b 所示。

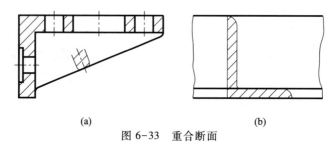

(a)   (b)

图 6-33 重合断面

§6-4 局部放大图

将机件的部分结构用大于原图所采用的比例画出的图形，称为局部放大图。

局部放大图可画成视图、剖视图、断面图，它与被放大部分的表达方式无关。当机件上的某些细小结构在原图中表达得不清楚，或不便于标注尺寸时，就可采用局部放大图。

绘制局部放大图时，应用细实线圆或长圆圈出被放大的部位，并应尽量把局部放大图配置在被放大部位的附近。当同一机件上有几个被放大的部位时，必须用罗马数字依次标明被放大的部位，并在局部放大图的上方标出相应的罗马数字和所采用的比例，如图 6-34 所示。当机件上被放大的部位仅有一个时，在局部放大图的上方只需注明所采用的比例。

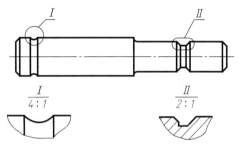

图 6-34 局部放大图

§6-5 简 化 画 法

在将机件的形状结构表达完整、清晰的前提下，为使绘图简便，看图方便，国家标准规定了简化画法，下面介绍一些常用的简化画法。

（1）当机件具有若干相同的结构（齿、槽等），并按一定规律分布时，只需画出几个完整的结构，其余用细实线连接，在零件图中则必须注明该结构的总数，如图 6-35 所示。

（2）若干直径相同且成规律分布的孔（圆孔、螺孔、沉孔等），可以仅画出一个或几个，其余只需用细点画线或十字细实线（可加黑点）表示其中心位置，在零件图中应注明孔的总数，如图 6-36 所示。

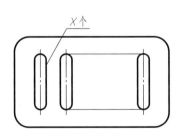

图 6-35 均布结构的简化画法

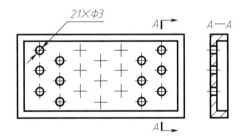

图 6-36 按规律分布的孔的简化画法

（3）对于机件的肋、轮辐及薄壁等，如按纵向剖切，这些结构都不画剖面符号，而用粗实线将其与邻接部分分开；如按横向剖切，则这些结构仍应画出剖面符号，如图6-37 所示。

（4）当回转体上均匀分布的肋、轮辐、孔等结构不处于剖切面上时，可将这些结构旋转到剖切面上画出，如图 6-38 所示。

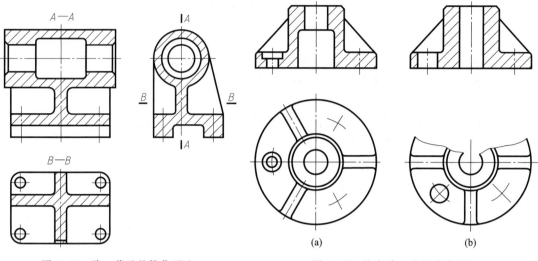

图 6-37 肋、薄壁的简化画法   图 6-38 均布肋、孔的简化画法

（5）在不致引起误解时，移出断面和剖视图允许省略剖面符号，如图 6-39 所示。

（6）当图形不能充分表达平面时，可用平面符号（相交的两细实线）表示，如图6-40所示。

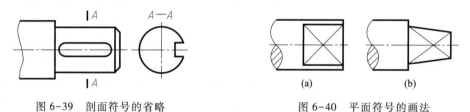

图 6-39 剖面符号的省略   图 6-40 平面符号的画法

（7）较长的机件（轴、杆、型材、连杆等）沿长度方向的形状一致或按一定规律变化时，可断开后缩短绘制，如图 6-41 所示。

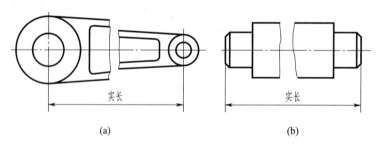

图 6-41 较长机件断开后的缩短画法

（8）与投影面倾斜角度小于或等于 30° 的圆或圆弧，其投影可用圆或圆弧代替，如图 6-42 所示。

（9）机件上较小的结构，如在一个图形中已表达清楚，则其交线在其他图形中可以简化或省略，如图 6-43 所示。

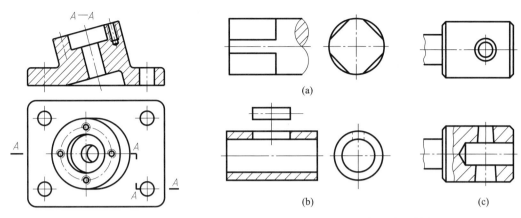

图 6-42　≤30°倾斜圆的简化画法　　　　　　　图 6-43　较小结构交线的简化画法

（10）机件上斜度不大的结构，如在一个图形中已表达清楚，其他图形可按小端画出，如图 6-44 所示。

（11）在不致引起误解时，零件图中的小圆角、锐边的小倒圆或 45°小倒角允许省略不画，但必须注明尺寸或在技术要求中加以说明，如图 6-45 所示。

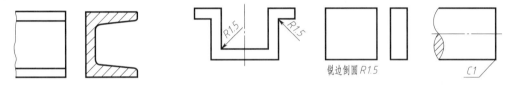

图 6-44　斜度较小结构的简化画法　　　　图 6-45　小圆角、小倒圆或 45°小倒角的简化画法

（12）圆柱形法兰和类似零件上均匀分布的孔，可按图 6-46 绘制（由机件外向该法兰端面方向投影）。

（13）在剖视图的剖面区域中可再作一次局部剖。采用这种表达方法时，两个剖面区域的剖面线应同方向、同间隔，但要互相错开，并用引出线标注其名称，如图 6-47 所示。当剖切位置明显时，也可省略标注。

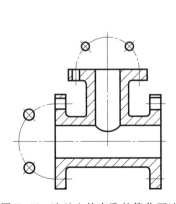

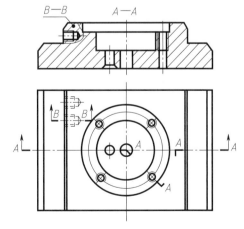

图 6-46　法兰上均布孔的简化画法　　　　图 6-47　在剖视图的剖面区域再作局部剖

（14）在需要表示位于剖切面之前的结构时，这些结构按假想投影的轮廓线（细双点画线）绘制，如图6-48所示。

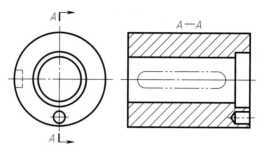

图 6-48 剖切面之前结构的画法

§6-6 第三角画法简介

国家标准规定，我国绘制技术图样应以正投影法为主，并采用第一角画法，必要时（如按合同规定等），允许采用第三角画法。由于有些国家采用第三角画法，为了便于阅读国外图样资料，进行国际技术交流，现对第三角画法作一简介。

图6-49中三个互相垂直的投影面 V、H、W，将 W 面左侧的空间分成四个分角，其编号如图所示。第一角画法是将物体放在 I 分角内，使物体处于观察者与对应的投影面之间，从而得到相应的正投影图。而第三角画法是将物体放在 III 分角内，使投影面处于观察者与物体之间，并假想投影面是透明的，从而得到物体的投影。

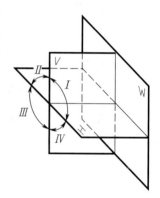

图 6-49 四个分角

第三角画法中，物体在 V、H、W 三个投影面上的投影，分别为主视图、俯视图、右视图。展开时，V 面保持不动，将 H 面、W 面分别绕它们与 V 面的交线向上、向右旋转90°，如图6-50a所示。展开后三个视图的配置如图6-50b所示，同样符合"长对正、高平齐、宽相等"的投影规律。

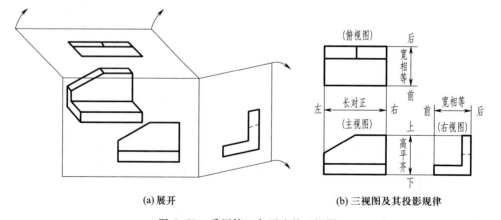

(a) 展开   (b) 三视图及其投影规律

图 6-50 采用第三角画法的三视图

与第一角画法相同，第三角画法也有六个基本视图，其配置如图 6-51 所示。GB/T 14692—2008 规定，采用第三角画法时，应在图样中画出如图 6-52a 所示的第三角画法的识别符号。而采用第一角画法时，其识别符号（图 6-52b）一般不必画出。当局部视图按第三角画法配置在视图上所需表达的局部结构附近时，应用细点画线将两者相连，无中心线的图形也可用细实线联系两图，此时无须另行标注。

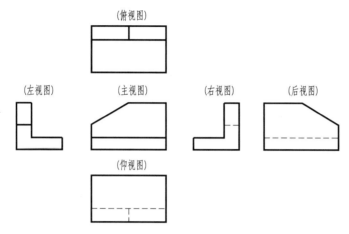

图 6-51　采用第三角画法的六个基本视图的配置

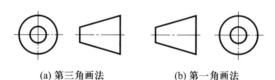

(a) 第三角画法　　　(b) 第一角画法

图 6-52　第三角和第一角画法的识别符号

§6-7　表达方法综合应用举例

在实际应用中，由于机件的结构多种多样，因此需要根据具体的结构特点综合运用视图、剖视、断面等各种表达方法，选取适当的方案，在完整、清晰地表达机件各部分结构形状的前提下，力求制图简单、看图方便。

[**例 6-1**]　选用适当的表达方案，表达图 6-53 所示的支架。

形体分析：

该支架由圆筒、底板和十字肋板三部分组成。

表达方案：

① 选择主视图。

将圆筒的轴线水平放置，以图 6-53 中箭头所指方向作为主视图的投射方向，主要表达肋板与圆筒、底板的连接关系和相对位置。为了表达圆筒和底板上的通孔，采用了局部剖，如图 6-54 所示。

② 选择其他视图。

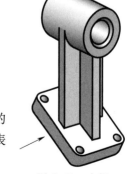

图 6-53　支架

图 6-54 支架的表达方案

由于左视图不能反映底板的实形且作图麻烦，故采用局部视图，主要表达圆筒的形状特征以及圆筒与肋板的连接关系。

采用斜视图 *A* 表达倾斜底板的实形及其上通孔的分布情况。另外，用移出断面表达十字肋板的断面实形。

[例 6-2] 选用适当的表达方案，表达图 6-55 所示的箱体。

形体分析：

箱体前后对称，大体分为底板、腔体、圆筒和肋板四个主要部分。

表达方案：

① 选择主视图。

箱体按工作位置放置，以图 6-55 中箭头所指方向作为主视图的投射方向。采用全剖视图表达箱体内部结构以及四个主要组成部分之间的相对位置，并结合重合断面表达肋板的厚度和断面形状，如图 6-56 所示。

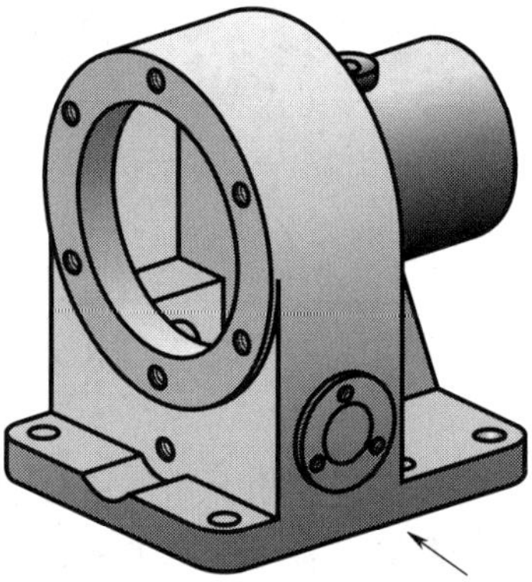

② 选择其他视图。

箱体前后对称，左视图采用半剖视图。剖视的一半表达

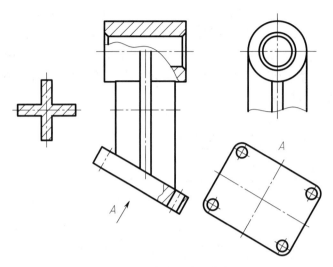

图 6-55 箱体

了腔体内部的形状，方形凸台及其中的通孔、前后圆形凸台上的螺孔；另一半视图表达了腔体左端的外形、端面小孔的分布情况和底板上的圆弧凹槽，再结合局部剖表达底板上的通孔。

俯视图采用半剖视图，主要表达底板的形状及其上小孔的分布情况、圆筒上方的圆形凸台以及腔体内部的方形凸台。

以上三个视图已将箱体的主要结构基本表达清楚，对一些细部结构分别采用三个局部视图予以补充表达。前、后的圆形凸台的形状及其螺孔的分布情况采用局部视图 *C* 表达，肋板与圆筒、底板的相对位置采用局部视图 *D* 表达，底板底部的凹槽形状采用局部视图 *E* 表达。

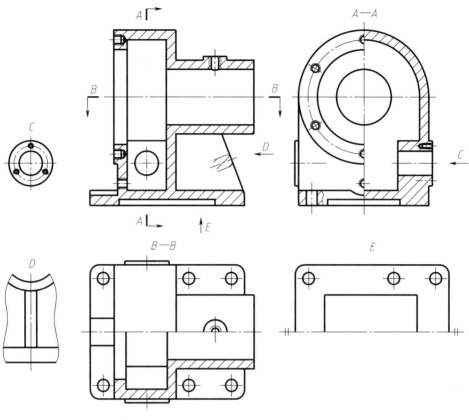

图 6-56 箱体的表达方案

第七章 零 件 图

任何机器(或部件)都是由若干零件所构成。表达零件的图样称为零件图。本章主要讨论零件图的作用和内容、零件上的常见结构及常用零件的画法、零件的视图选择、零件图中尺寸的合理标注、零件的技术要求、读零件图的方法及步骤、零件测绘及零件草图等。

§7-1 零件图的作用和内容

零件图是制造和检验零件的主要依据，是生产过程中的主要技术文件。图 7-1 所示为轴承盖零件图。

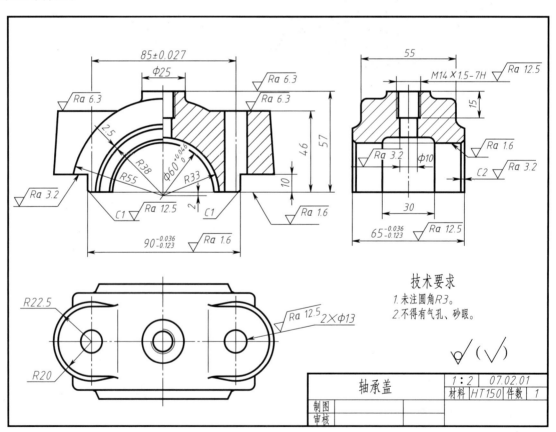

图 7-1 轴承盖零件图

一张完整的零件图一般应包括以下的内容：

（1）一组图形 表达零件的内、外结构形状。

（2）全部尺寸 正确、完整、清晰、合理地标注零件制造和检验所需的全部尺寸。

（3）技术要求 标注或说明零件在制造和检验过程中应达到的要求，如尺寸公差、几何公差、表面结构、热处理、表面处理以及其他要求。

（4）标题栏 说明零件的名称、材料、数量、比例、图号及图样的责任人等内容。

§7-2 零件上的常用结构

根据设计或制造工艺的要求，零件上有一些常用的结构。为了正确绘制图样，必须对它们有所了解。下面介绍零件常用结构的基本知识和表达方法。

一、螺纹

螺纹是指在圆柱表面或圆锥表面，沿着螺旋线形成的具有相同断面的连续凸起和沟槽（图 7-2）。螺纹的凸起部分称为牙，螺纹凸起部分顶端的表面称为牙顶，螺纹沟槽底部的表面称为牙底。在外表面上形成的螺纹称为外螺纹，在内表面上形成的螺纹称为内螺纹，常见的螺钉和螺母上的螺纹，分别是外螺纹和内螺纹。

由于圆柱螺纹使用广泛，本节主要介绍圆柱螺纹。

1. 螺纹的常用术语（摘自 GB/T 14791—2013）

（1）螺纹的牙型 在通过螺纹轴线的断面上，螺纹的轮廓形状称为螺纹牙型。常见的螺纹牙型如图 7-2 所示。

普通螺纹（特征代号为 M）和管螺纹（G）一般用来连接零件，称为连接螺纹。梯形螺纹（Tr）、锯齿螺纹（B）和矩形螺纹一般用来传递运动和动力，称为传动螺纹。

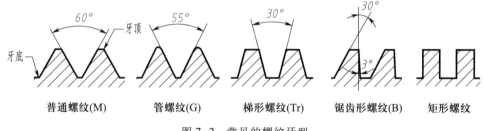

图 7-2 常见的螺纹牙型

（2）大径（d,D）、小径（d_1,D_1）、中径（d_2,D_2）（外螺纹用小写,内螺纹用大写）如图 7-3 所示，普通螺纹和梯形螺纹的大径又称为公称直径，螺纹的顶径是牙顶圆的直径，即外螺纹的大径，内螺纹的小径；螺纹的底径是牙底圆的直径，即外螺纹的小径，内螺纹的大径。

（3）线数 沿一条螺旋线形成的螺纹称单线螺纹，沿两条以上的螺旋线形成的螺纹称为多线螺纹，如图 7-4 所示。

（4）螺距 P 和导程 P_h 螺纹相邻两牙在中径线上对应点的轴向距离，称为螺距。同一螺

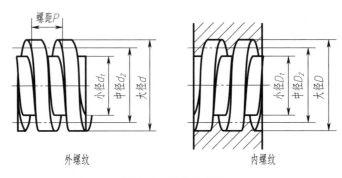

图 7-3 螺纹的直径

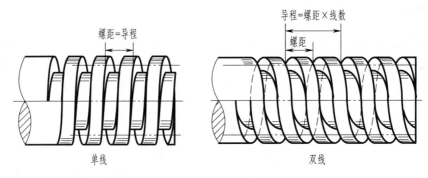

图 7-4 螺纹的线数、螺距和导程

旋线上，相邻两牙在中径线上对应点间的轴向距离，称为导程。单线螺纹的螺距=导程，多线螺纹的螺距=导程/线数，如图 7-4 所示。

（5）旋向　顺时针旋转时沿轴向旋入的螺纹称为右旋螺纹，逆时针旋转时沿轴向旋入的螺纹称为左旋螺纹，如图 7-5 所示。

只有螺纹五个基本要素相同的内、外螺纹，才能正确旋合。

2. 螺纹的种类

螺纹的类型很多，国家标准对螺纹的牙型、大径和螺距做了统一的规定。当这三个因素符合国家标准规定时，称为标准螺纹。凡牙型不符合标准的螺纹称为非标准螺

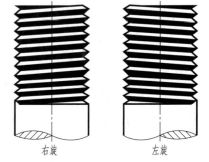

图 7-5 螺纹的旋向

纹。标准螺纹中包括普通螺纹、管螺纹、梯形螺纹和锯齿型螺纹等。矩形螺纹是非标准螺纹，没有特征代号。

根据生产需要，普通螺纹又有粗牙和细牙之分。粗牙和细牙的区别是螺纹大径相同而螺距不同，螺距最大的一种称为粗牙螺纹，其余都称为细牙螺纹。

3. 螺纹的画法

国家标准规定的螺纹表示法如表 7-1 所示。

表 7-1 螺纹的规定画法

序号	各 种 情 况	图 例	
		外 螺 纹	内 螺 纹
1	内螺纹和外螺纹	**不剖** 小径用细实线表示, 小径圆只画约3/4圈 大径用粗实线表示 该细实线应画入倒角 螺纹终止线用粗实线 倒角圆不画 A—A	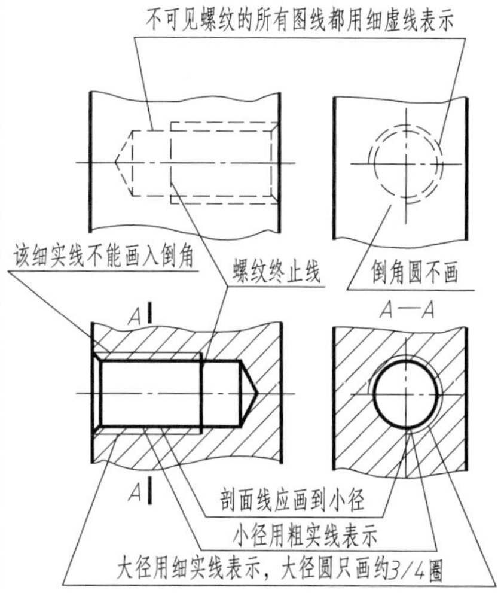 不可见螺纹的所有图线都用细虚线表示 该细实线不能画入倒角　螺纹终止线　倒角圆不画
		剖开(如果只是表达螺纹, 一般不需要从垂直于螺纹轴线的方向剖开) A A 剖面线应画到大径 A—A	A—A 剖面线应画到小径 小径用粗实线表示 大径用细实线表示, 大径圆只画3/4圈
2	螺纹牙型表示法	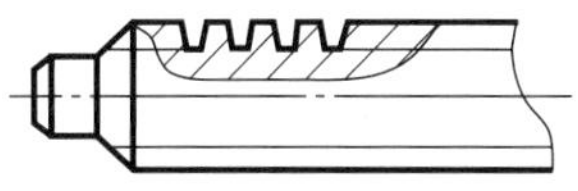 (a) 用局部剖表示 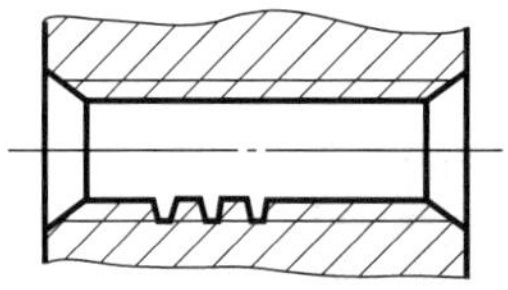 (b) 用剖视图表示 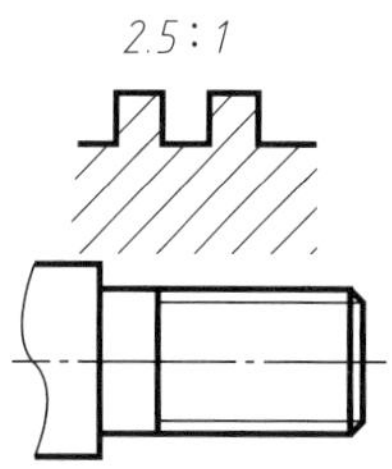	2.5:1 (c) 用局部放大图表示
3	内、外螺纹连接的画法	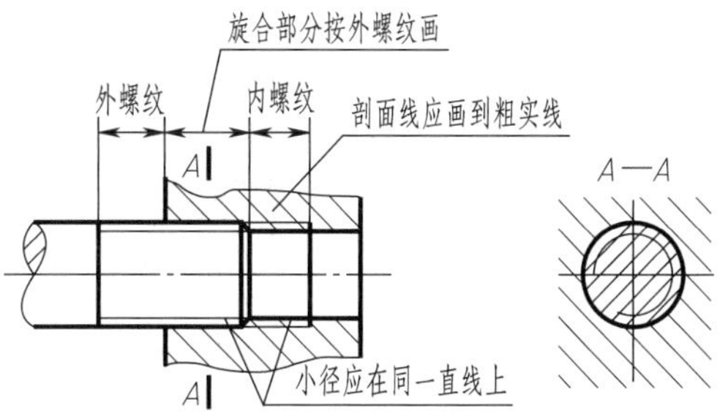 旋合部分按外螺纹画 外螺纹　内螺纹　剖面线应画到粗实线 A A 小径应在同一直线上	A—A

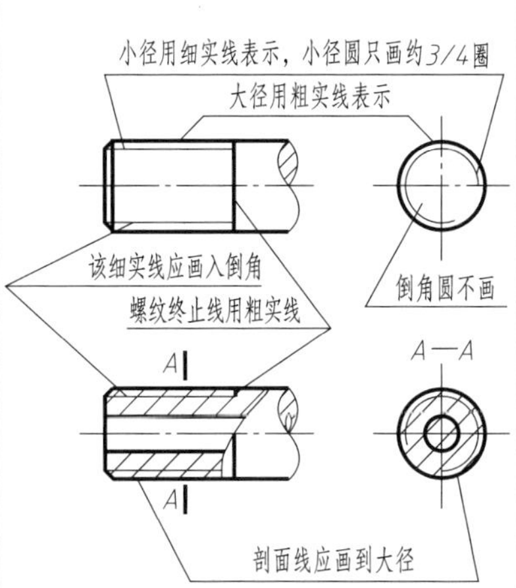

（1）螺纹为可见时，牙顶画粗实线，牙底画细实线，在螺杆的倒角或倒圆部分也应画出。在垂直于螺纹轴线的投影面的视图中，表示牙底的细实线圆只画约 3/4 圈，轴端的倒角圆省略不画。

（2）完整螺纹的终止线（简称螺纹终止线）用粗实线表示，外螺纹终止线处被剖开时，螺纹终止线只画出表示牙型高度的一小段。

（3）不可见螺纹的所有图线都画成细虚线。

（4）在剖视或断面图中，内、外螺纹的剖面线都应画到粗实线。

（5）当需要表示螺纹牙型时，可采用剖视或局部放大图来表示。

（6）用剖视图表示内、外螺纹连接时，旋合部分按外螺纹画法绘制，其余部分仍按各自的画法表示。当剖切平面通过螺杆的轴线时，对于螺柱、螺栓、螺钉、螺母及垫圈等均按不剖绘制。

（7）有关螺纹的工艺结构及其画法：

① 倒角 为了便于内、外螺纹旋合，并防止端部螺纹碰伤，常在螺纹端部制出倒角。在投影为圆的视图上，倒角圆一般省略不画。

② 螺纹收尾和退刀槽 在加工螺纹时，由于工艺上的原因，尾部形成一小段不完整的螺纹，称为螺纹收尾，如图 7-6 和图 7-7 所示。螺纹终止线就画在螺纹收尾的开始处。螺纹收尾是不能旋合的，

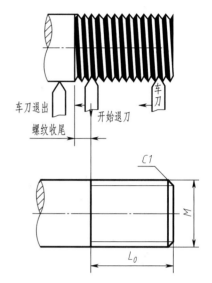

图 7-6 车制外螺纹时螺纹收尾的
形成及其画法图

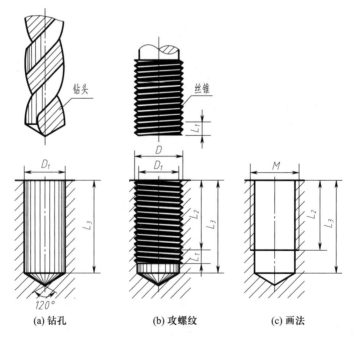

(a) 钻孔　　　　(b) 攻螺纹　　　　(c) 画法

图 7-7 加工内螺纹时，螺纹收尾的
形成、螺孔的画法和尺寸

为了消除螺纹收尾，可将螺纹终止处按标准制成比螺纹稍深的退刀槽，如图 7-8 和图 7-9 所示。

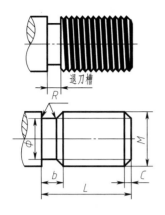

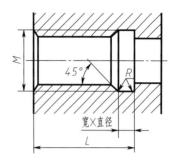

图 7-8　具有退刀槽的外螺纹及其画法　　　图 7-9　具有退刀槽的螺孔的画法

4. 螺纹的标注

在图样中，为了表达螺纹的五要素及其允许的尺寸加工误差范围，必须对螺纹进行标注，如表 7-2 所示。

表 7-2　螺纹的标注方法示例

螺纹类别		标 注 示 例	说　　明
普通螺纹	粗牙	*M10-6g*　　*M10-6H*	粗牙普通螺纹，大径 10，右旋；外螺纹中径和顶径公差带代号都是 6g；内螺纹中径和顶径公差带代号都是 6H；中等旋合长度
	细牙	*M8×1-6h-LH*　　*M8×1-7H-LH*	细牙普通螺纹，大径 8，螺距 1，左旋；外螺纹中径和顶径公差带代号都是 6h；内螺纹中径和顶径公差带代号都是 7H；中等旋合长度
梯形螺纹		*Tr40×14(P7)LH-7e*	梯形螺纹，大径 40，双线，导程 14，螺距 7，左旋；外螺纹，中径公差带代号是 7e，中等旋合长度
锯齿形螺纹		*B32×6-7e*	锯齿形螺纹，大径 32，单线，螺距 6，右旋，外螺纹，中径公差带代号是 7e，中等旋合长度

续表

螺纹类别	标 注 示 例	说　明
55°非密封管螺纹	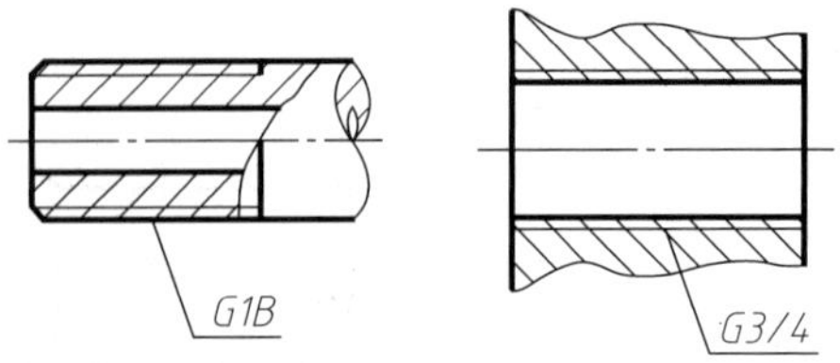 G1B　G3/4	55°非密封管螺纹,外螺纹的尺寸代号为1,公差等级为B级,内螺纹的尺寸代号为3/4,都是右旋
矩形螺纹(非标准螺纹)	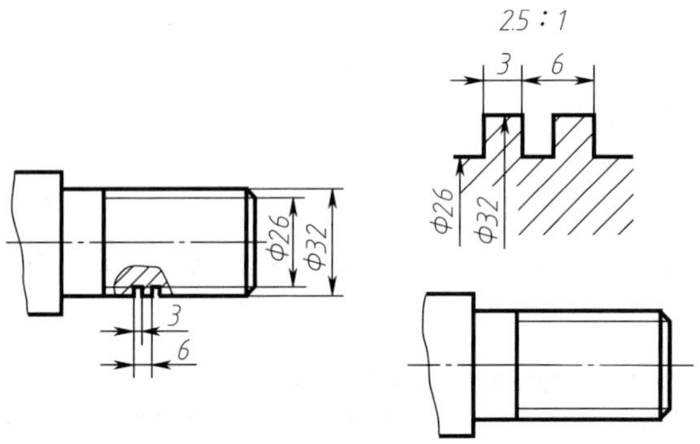 2.5:1　3　6　$\phi26$　$\phi32$　$\phi26$　$\phi32$　3　6	矩形螺纹,单线,右旋,螺纹尺寸如图所示

（1）标准螺纹的标记

① 普通螺纹的完整标记内容和格式如下：

$$\boxed{螺纹特征代号}\ \boxed{尺寸代号}-\boxed{公差带代号}-\boxed{旋合长度代号}-\boxed{旋向代号}$$

例如 M10-5g6g-S，各项内容分别说明如下：

a. M 为普通螺纹特征代号。

b. 10 为公称尺寸（螺纹大径）。单线普通螺纹尺寸代号为公称直径×螺距，单线粗牙螺纹可以省略标注螺距；多线普通螺纹尺寸代号为公称直径×Ph 导程 P 螺距。

c. 5g6g 为螺纹中径、顶径公差带代号。普通螺纹公差带代号包括中径公差带代号和顶径公差带代号，表示尺寸的允许误差范围(参看§7-5)，由数字后加字母组成，内螺纹用大写字母，外螺纹用小写字母，例如 7H、6g。顶径指外螺纹的大径或内螺纹的小径。当顶径和中径公差带代号相同时，只注一个代号，例如 M10-6g、M10-6H。

d. 旋合长度分短旋合长度、中等旋合长度和长旋合长度，分别用 S、N 和 L 表示。本例为中等旋合长度，可省略标注。

e. 旋向代号　左旋标注 LH，本例为右旋不标注。

② 梯形螺纹的完整标记内容和格式如下：

$$\boxed{特征代号}\ \boxed{尺寸代号}\ \boxed{旋向代号}-\boxed{公差带代号}-\boxed{旋合长度代号}$$

例如 Tr40×14(P7)LH-7e，各项内容分别说明如下：

a. Tr 为梯形螺纹特征代号。

b. 40 为公称直径。单线螺纹尺寸代号为公称直径×螺距，多线螺纹尺寸代号为公称直径×导程(P 螺距)。本例为双线螺纹，螺距 7，导程 14。

c. 本例为左旋螺纹，标注旋向代号 LH，右旋不标注。

d. 7e 为中径公差带代号。梯形螺纹只标注中径公差带代号。

e. 旋合长度分中等旋合长度 N 和长旋合长度 L，本例为中等旋合长度，不标注。

③ 锯齿形螺纹的标记内容和格式与梯形螺纹相同，只是特征代号为"B"。

④ 管螺纹分为 55°非密封管螺纹和 55°密封管螺纹。管螺纹代号的内容和格式如下：

$$\boxed{特征代号}\quad\boxed{尺寸代号}\quad\boxed{公差等级代号}$$

例如 G1B、G1/2 LH、Rc3，各项内容分别说明如下：

a. 55°非密封管螺纹的内外螺纹的特征代号都是 G。55°密封管螺纹的特征代号分别为：圆柱内螺纹 Rp、圆锥内螺纹 Rc，与圆柱内螺纹 Rp 旋合的圆锥外螺纹 R_1，与圆锥内螺纹 Rc 旋合的圆锥外螺纹 R_2。

b. 管螺纹的尺寸代号不是指螺纹大径，而是近似等于管子的孔径，单位为英寸。55°非密封管螺纹外螺纹的公差等级有 A 级和 B 级两种，在标注时需要在尺寸代号之后加注 A 或 B，其余管螺纹不用标注公差等级。

c. 左旋螺纹应在外螺纹的公差等级代号或内螺纹的尺寸代号之后标注旋向代号"LH"，右旋不标注。

普通螺纹、梯形螺纹和锯齿形螺纹的标记的注法，与一般线性尺寸的注法相同，但必须注在大径上。管螺纹的代号注在指引线的横线上，指引线应指到大径。

(2) 绘制非标准螺纹时，应画出螺纹的牙型，在图中注出完整的尺寸及其有关要求。当为多线，旋向为左时，应当注明。

(3) 图样中所标注的螺纹长度，均指不包括螺纹收尾在内的完整螺纹的长度，见图 7-6 中的 L_0 和图 7-7c 中的 L_2。

二、零件的工艺结构

零件的结构除满足设计要求外，还要考虑加工制造的方便，如表 7-3 所示。

表 7-3　零件结构的工艺性

结构名	图　例	作用及特点
倒角和倒圆	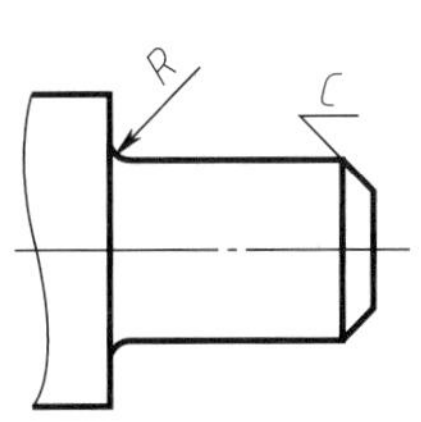 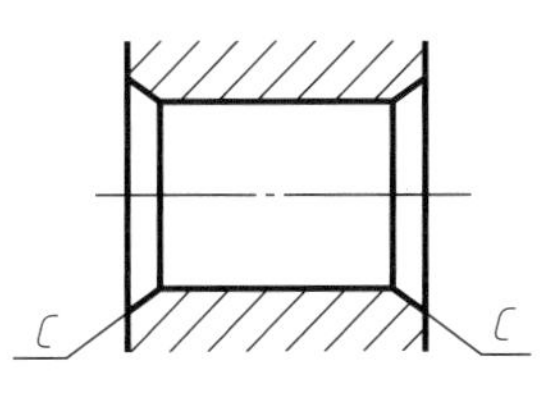	为了便于装配和去除锐边和毛刺，在轴和孔的端部，应加工成倒角；在轴肩处为了避免应力集中而产生裂纹，一般应加工成圆角

续表

结构名	图 例	作用及特点
退刀槽及砂轮越程槽	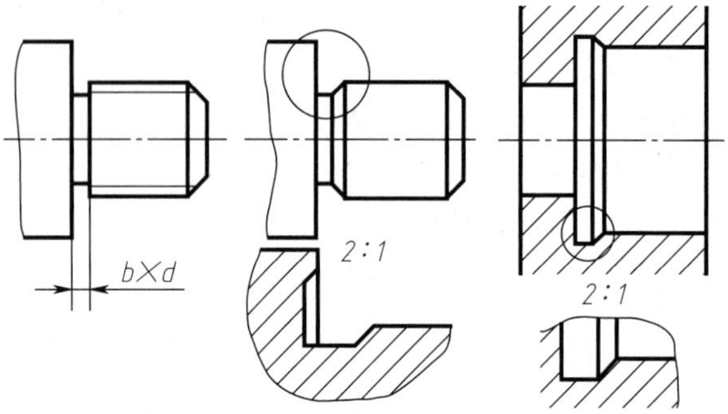 $b×d$ 2:1 2:1	为了退出刀具或使砂轮可以越过加工面，常在待加工面的末端加工出退刀槽或砂轮越程槽
铸件壁厚均匀	 缩孔 壁厚不均匀 壁厚均匀	壁厚不均匀会引起铸件缩孔等缺陷
铸造圆角和起模斜度	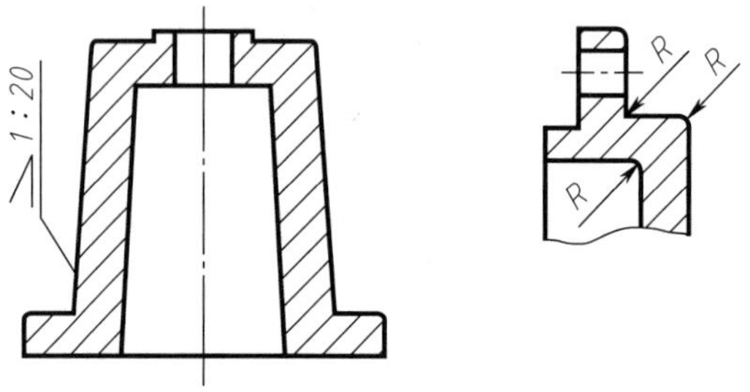 1:20 R R R	铸件表面转角处要做成小圆角，否则容易产生裂纹；为了起模方便，沿起模方向铸件表面做成一定的斜度，零件图上可以不必画出
凸台和凹坑		为了减少机械加工量，节约材料和减少刀具的消耗，加工表面可做成凸台和凹坑
钻孔处的合理结构	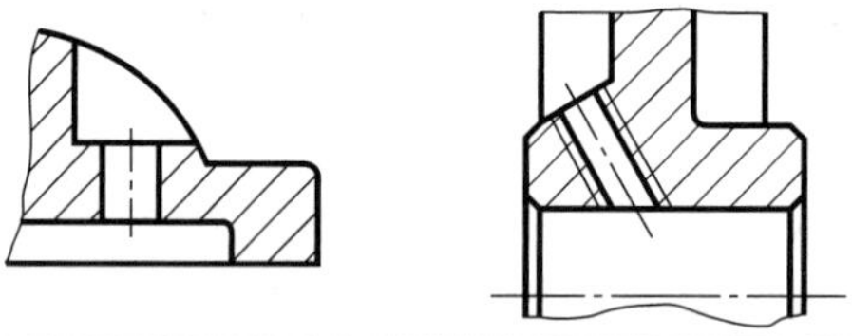	钻孔时，钻头应尽量垂直被加工表面，否则钻头由于受力不均容易产生折断或打滑

§7-3   零件图的视图选择

零件的结构、形状各不相同，为了将零件的结构形状完整、清晰地表达出来，就要求选用适当的视图、剖视、断面等表达方法，并且在便于看图的前提下，力求画图简便。为此，在零件图的视图选择时，必须正确选择主视图，同时选配适当的其他视图。

一、主视图的选择

主视图是一组视图的核心，选择得合理与否对看图和画图影响很大。选择主视图时应注意以下两个要求。

1. 主视图应反映零件的主要形状特征

这被称为"形状特征原则"，要求选择能将零件各组成部分的形状及其相对位置反映得最充分的方向作为主视图的投射方向。例如图7-10a所示的轴和图7-11a所示的轴承座，按箭头 A 投射得到的视图与按箭头 B 或其他方向投射所得到的视图相比较，前者反映形状特征更清晰，因此应以 A 向作为主视图的投射方向。

主视图的投射方向只能确定主视图的形状，不能确定主视图在图纸上的位置。例如，按箭头 A 的方向投射，既可以把上述轴的主视图按轴线水平画，也可以按垂直和倾斜位置画，因此还必须确定零件的安放位置。

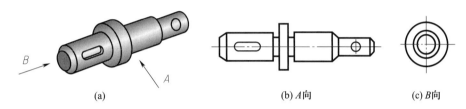

(a)　　　　　　(b) A向　　　　　　(c) B向

图7-10　轴的主视图选择

2. 主视图应尽可能反映零件的加工位置或工作位置

"加工位置原则"或"工作位置原则"是确定零件的安放位置的依据。

加工位置是零件在机床上加工时的装夹位置。主视图与加工位置一致的优点是方便看图加工。轴、套、轮和盘盖类零件一般按车削加工位置安放，即将轴线垂直于侧立投影面，并将车削加工量较多的一端放在右边，如图7-10b所示。

工作位置是零件安装在机器中工作时的位置。主视图与工作位置一致的优点在于便于对照装配图来读图和画图。支座、箱体类零件一般按工作位置安放，以能反映工作状态且能反映结构特征的方向作为主视图方向。这类零件的结构形状一般比较复杂，在加工不同表面时往往加工位置也不相同。如图7-11b所示，轴承座的主视图就是按轴承座工作位置绘制的。如果零件的工作位置是倾斜的，或者工作时在运动，则习惯上将零件摆正，使更多的表面平行或垂直于基本投影面。

此外，选择主视图时还应考虑合理利用图纸幅面。

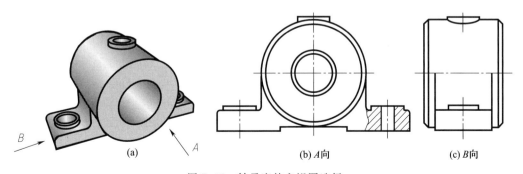

(a)　　　　　　(b) A向　　　　　　(c) B向

图7-11　轴承座的主视图选择

二、其他视图的选择

在选择其他视图时，应注意以下两点：

（1）所选的视图之间必须互相配合呼应。

（2）还要考虑视图与尺寸注法的配合。

轴、轴套及盘盖类零件的尺寸种类比较简单，大部分圆形或球形结构可通过尺寸数字前的符号"ϕ"或"$S\phi$"体现，一个视图就能完整表达。同理，由一些同轴线的回转体（包括孔）及轴线相交的回转体所组成的零件，用一个带尺寸的视图也能把它们的形状表达清楚，如图 7-12 所示。

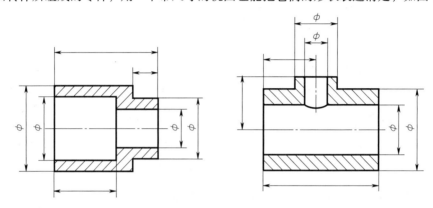

图 7-12   用一个带尺寸的视图表达回转体的形状

主视图选定后，如果通过尺寸还不能表达清楚零件的形状，则应根据形体分析或结构分析选择其他视图，以表达清楚每个组成部分的形状和相对位置。

三、视图选择举例

选择零件图的视图表达方案时，一般按下述步骤进行：

（1）了解零件   了解零件在机器中的作用和工作位置，对零件进行形体分析或结构分析。

（2）选择主视图   根据零件的特点，确定安放位置，选择主视图的投射方向。

（3）选择其他视图   在选择其他视图时，必须灵活运用各种表达方法，并使所选择的视图相互配合，共同表达清楚零件的外部形状和内部结构。

一般用基本视图表达主体结构，并在基本视图上作剖视图、断面图，用辅助视图表达局部结构。在正确、清晰、完整地表达零件的基础上，使视图的数量尽可能少。

[例 7-1]   端子匣的视图选择。

分析：端子匣是某电子仪器设备中的通用零件，工作位置各不相同，由铝板制成，其形状如图 7-13 所示。

视图选择：

① 选择主视图。

主视图按工作位置放置，选择 A 向为投射方向，如图 7-13a 所示。因左、右基本对称，采用半剖视，用局部剖视表达左侧的孔。

② 选择其他视图。

为了表达零件的左、右基本上对称和两个弯壁底面为矩形的形状特征，必须选用俯视图。

从"便于看图"的角度考虑，又采用了左视图，更清楚地表达零件前、后壁比左、右壁高。有了左视图，零件的底面带圆角也表达确切了。为了进一步明确右端没有圆孔，左视图可以画成局部剖视或半剖视。上述视图方案如图 7-13b 所示。

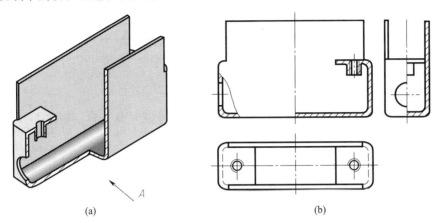

(a)   (b)

图 7-13　端子匣的视图表达方案

[**例 7-2**]　轴承座的视图选择。

分析：轴承座是用来支承传动轴的，其工作位置如图 7-14a 所示。它是由底板、连接四棱柱、半圆柱凸台、半圆孔和下部方槽五部分组成。四棱柱的内部为阶梯孔，底板和半圆柱凸台的形状都比较简单。

视图选择：

① 选择主视图。

主视图按工作位置，根据形状特征原则，选择图 7-14a 中的 A 向作为主视图的投射方向。采用半剖视图以表达半圆孔内的阶梯孔和底板上的沉孔。

② 选择其他视图。

为了表达中间阶梯孔、下部方槽和半圆柱凸台，选用了半剖的左视图；为了表达底面实形，选用了俯视图。

底板、连接四棱柱、半圆柱凸台、半圆孔和下部方槽五部分的上下位置和左右位置关系，

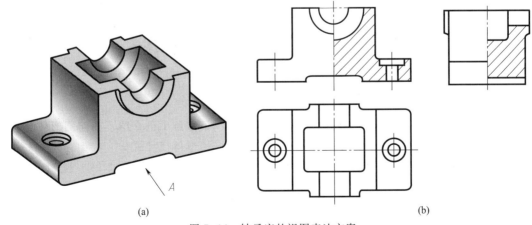

(a)   (b)

图 7-14　轴承座的视图表达方案

在主视图中已表达清楚；前后位置关系可由左视图或俯视图来表达。

综合以上的分析，最后确定的表达方案如图7-14b所示。

[**例7-3**] 电动机接线盒的视图选择。

分析：图7-15a所示的接线盒是装在电动机壳的外面，用来安装接线元件。它的基本形状是带倾斜凸缘的方形箱体，由主体（用来安装接线组件的箱体）、倾斜凸台和下部的出线口（带有螺孔的凸台）三部分组成。

视图选择：

① 选择主视图。

根据接线盒的结构形状特点，以A向作为主视图的投射方向为宜，如图7-15b所示，它较好地反映了零件的形状特征，且细虚线使用较少。

② 选择其他视图。

为了清楚地表达倾斜凸缘与主体的相对位置，必须选用左视图，并采用了两个局部剖视，使之既能表达零件的内部结构，又能保留倾斜凸缘的外形。主、左两个视图将三个组成部分的相对位置和主体的内、外形状都已表达清楚，但倾斜凸缘和主体下部出线口的底面尚未表达，为此分别采用A向斜视图和B向视图进行表达，如图7-15b所示。

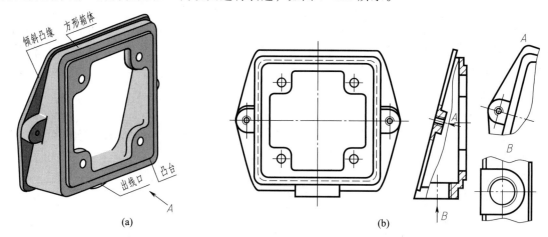

图7-15 电动机接线盒的视图表达方案

§7-4 零件图尺寸的合理标注

一、零件图尺寸标注的基本要求

零件图中的尺寸标注应正确、齐全、清晰、合理，在第四章中已介绍了如何用形体分析法齐全、清晰地标注组合体尺寸，本节将介绍如何合理地标注零件尺寸。

合理标注零件尺寸，要求所注的尺寸必须做到以下两点：

（1）满足设计要求，以保证机器的质量；

（2）满足工艺要求，便于加工制造和检验。

要达到以上要求，必须掌握一定生产实际的知识和有关的专业知识。这里仅介绍一些基本原则和方法。

二、尺寸基准的选择

按照零件的功能、结构和工艺要求，确定零件尺寸位置所依据的面、线、点，称为尺寸基准。零件的长、宽、高三个方向至少各有一个尺寸基准。当同一个方向上有几个基准时，其中必有一个是主要基准，其余是辅助基准。要合理地标注尺寸，一定要正确选择尺寸基准。按照作用的不同，基准可分为设计基准和工艺基准。

1. 设计基准

设计基准是根据零件在机器中的作用和结构特点，为保证零件的设计要求而确定的基准。通常选择机器或部件中确定零件位置的接触面、对称面、回转面的轴线等作为设计基准。例如图 7-16a 所示的轴承架，在机器中是以接触面 I、II 和对称面 III（图 7-16b）来定位的，以保证 $\phi 20^{+0.033}_{0}$ 轴孔的轴线与对面另一个轴承架（或其他零件）上轴孔的轴线在同一直线上，并使相对的两个轴孔的端面间的距离达到必要的尺寸精度。因此，上述三个平面是轴承架的设计基准。

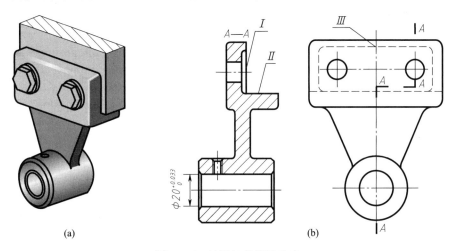

图 7-16 轴承架的设计基准

2. 工艺基准

工艺基准是确定零件在机床上加工时的装夹位置，以及测量零件尺寸时所需的基准。如图 7-17 所示的套在车床上加工时，是利用其左端的大圆柱面来定位的，在测量轴向尺寸 a、b、c 时，是以右端面为起点，因此这两个面都是工艺基准。

从设计基准出发标注尺寸，能保证设计要求；从工艺基准出发标注尺寸，则便于加工和测量。因此，最好使工艺基准和设计基准重合。当设计基准和工艺基准不重合时，所注尺寸应在保证设计要求的前提下，满足工艺要求，即选择设计基准为主要基准。

图 7-17 套的工艺基准

三、合理标注零件尺寸应注意的一些问题

1. 功能尺寸必须直接标出

直接影响产品的工作性能和装配技术要求的尺寸称为功能尺寸，功能尺寸必须直接注出。

如图 7-18a 表示从设计基准出发标注轴承架的功能尺寸，而图 7-18b 的尺寸注法是错误的。从这里可以看出，如果不考虑零件的设计和工艺要求，仅按组合体的尺寸注法来标注零件的尺寸，往往不能达到质量要求。

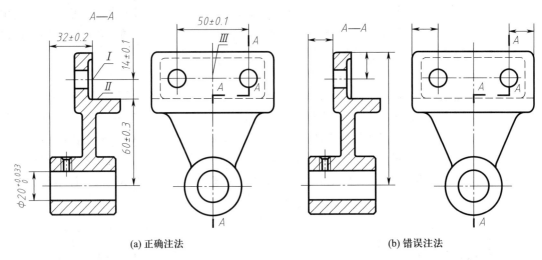

(a) 正确注法　　　　　　　　　　(b) 错误注法

图 7-18　轴承架的功能尺寸

2. 非功能尺寸的注法要符合制造工艺要求

零件的制造工艺取决于它的材料、结构形状、设计要求、产量大小和工厂设备条件等，因此按照制造工艺标注尺寸时，必须根据具体情况来处理。

（1）用木模造型的铸件，要符合木模制造的要求。按形体分析法标注尺寸，一般能满足木模制造要求。如图 7-19 所示轴承架的非功能尺寸是按形体分析法标注的。对于零件上半径相同的小工艺圆角尺寸，可在图样右下角做统一说明。如图 7-19 右下角的"未注圆角 R3"。

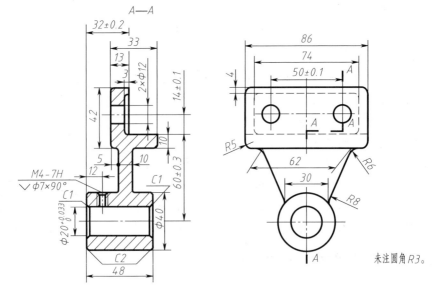

图 7-19　轴承架的尺寸注法

（2）轴套类零件要尽量符合加工顺序和满足检验方法的要求。图 7-20 所示为轴的尺寸注法，表 7-4 表示该轴的车削加工顺序，车削加工后铣键槽。图、表对照就可以看出，图 7-20 中的尺寸就是表 7-4 中所有尺寸的总和。

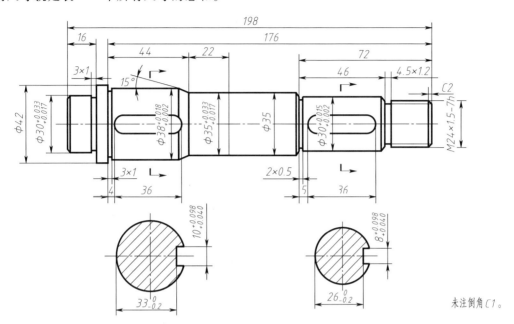

图 7-20　轴的尺寸注法

表 7-4　轴的切削加工顺序

序号	说　明	加 工 简 图
1	车 $\phi42$，长 204（比总长多 6，割断用）；再车 $\phi38$，长 176；打中心孔 $2\times B2.5/8$	
2	车 $\phi35$，留长 44；车 $\phi30$，长 72	
3	车 $\phi24$，留长 46	
4	车槽 3×1、2×0.5、4.5×1.2；倒角 $C2$ 及 $15°$的锥度	

序号	说　　明	加 工 简 图
5	车螺纹 M24×1.5-7h	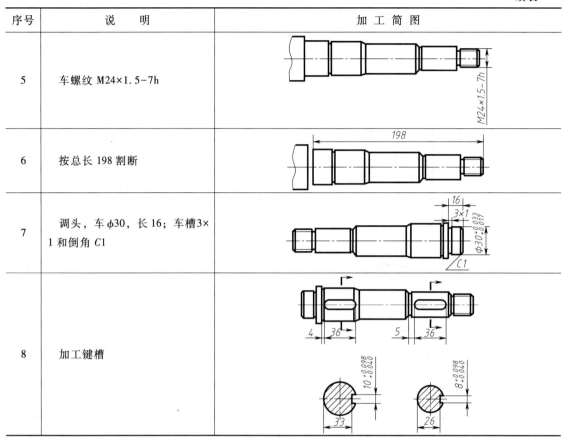
6	按总长 198 割断	
7	调头，车 φ30，长 16；车槽3×1 和倒角 C1	
8	加工键槽	

轴套类零件常制有退刀槽(或砂轮越程槽)和倒角，在标注有关孔或轴的分段的长度尺寸时，必须把这些工艺结构包括在内才符合工艺要求，如图 7-21a 所示，而图 7-21b 的注法是错误的。

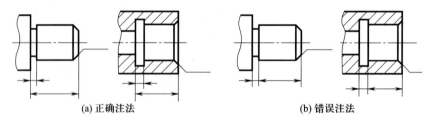

图 7-21　退刀槽尺寸的注法

（3）在加工阶梯孔时，一般是先加工小孔，然后依次加工出大孔。因此在标注轴向尺寸时，应从端面标注大孔的深度，以便测量，如图 7-22 所示。

（4）标注零件上毛坯面的尺寸时，在同一个方向上，加工面与毛坯面之间只能有一个尺寸联系，其余则为毛坯面与毛坯面之间或加工面与加工面之间联系。如图 7-23a 所示零件的左、右两个端面为加工面，其余的都是毛坯面，尺寸 A 为加工面与毛坯面的联系尺寸。图 7-23b 的注法是错误的，这是由于毛坯制造误差大，加工面不能同时保证两个及两个以上的毛坯面的尺寸要求。

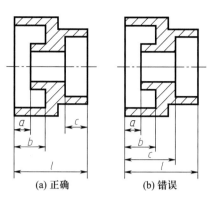

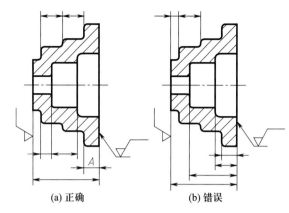

<table>
<tr><td>(a) 正确</td><td>(b) 错误</td><td>(a) 正确</td><td>(b) 错误</td></tr>
</table>

图 7-22　一般阶梯孔的尺寸注法图　　　　图 7-23　毛坯面的尺寸注法

3. 不能注成封闭尺寸链

封闭尺寸链是首尾相接、形成一整圈的一组尺寸，每个尺寸称为尺寸链中的一环。如图 7-24a 所示，尺寸 a、b、c、l 就形成了一组封闭尺寸链。加工时，若要保证每一个尺寸的精度要求，就会增加加工成本，如果保证其中的任意两个尺寸，例如 a、c，则尺寸 b 的误差为另外两个误差的总和，可能达不到设计的要求。因此，尺寸链一般都不封闭（图 7-24b），对精度要求最低的一环不注尺寸，称为开口环，这样既保证了设计要求，又可节约加工费用。

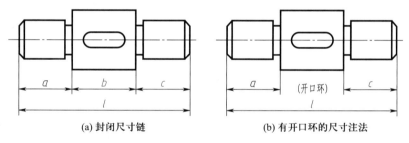

<table>
<tr><td>(a) 封闭尺寸链</td><td>(b) 有开口环的尺寸注法</td></tr>
</table>

图 7-24　尺寸链

4. 各种孔的旁注法

零件上各种孔的尺寸，除采用普通标注法外，还可采用旁注法，如表 7-5 所示。

表 7-5　各种孔的旁注法

类型	投影为非圆的旁注法	投影为圆的旁注法	普 通 注 法
不通光孔	4×φ4▽10	4×φ4▽10	4×φ4 / 10
不通螺纹孔	3×M6-7H▽8	3×M6-7H▽8	3×M6-7H / 8

续表

类型	投影为非圆的旁注法	投影为圆的旁注法	普 通 注 法
不通螺纹孔	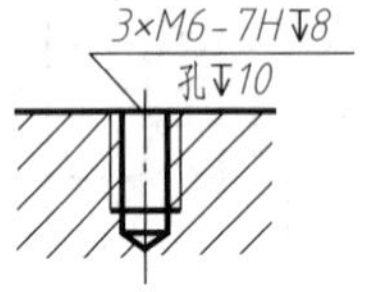 3×M6-7H▼8 孔▼10	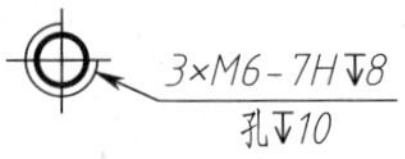 3×M6-7H▼8 孔▼10	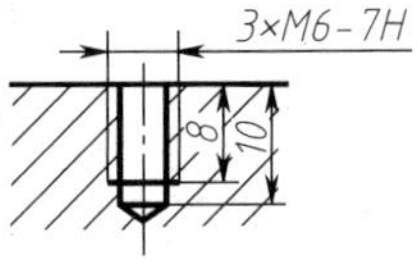 3×M6-7H
沉孔	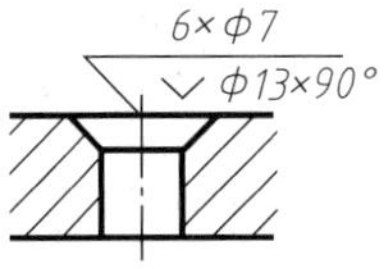 6×φ7 ∨φ13×90°	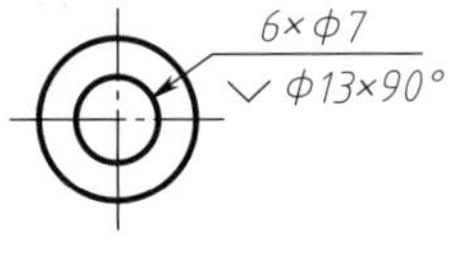 6×φ7 ∨φ13×90°	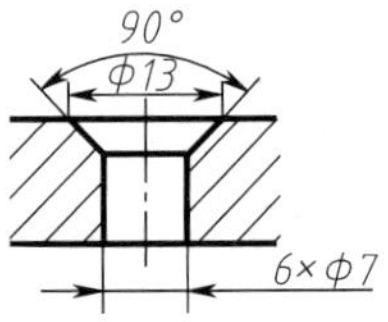 90° φ13 6×φ7
沉孔	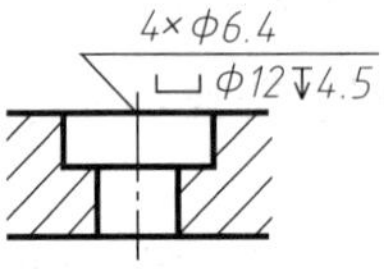 4×φ6.4 ⊔φ12▼4.5	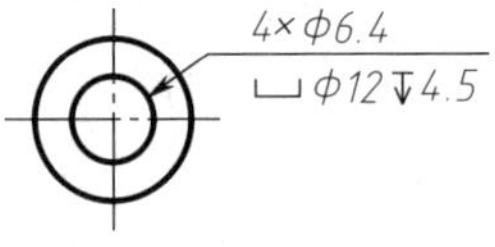 4×φ6.4 ⊔φ12▼4.5	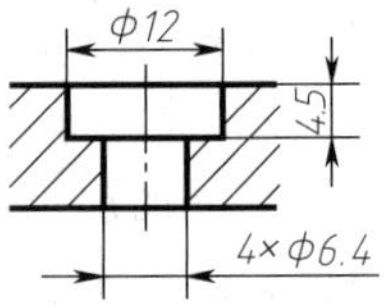 φ12 4.5 4×φ6.4
沉孔	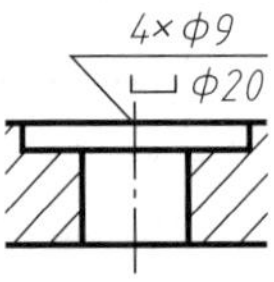 4×φ9 ⊔φ20	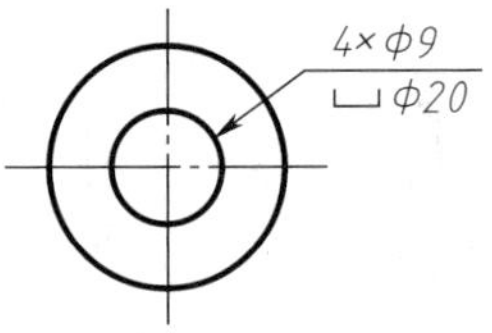 4×φ9 ⊔φ20	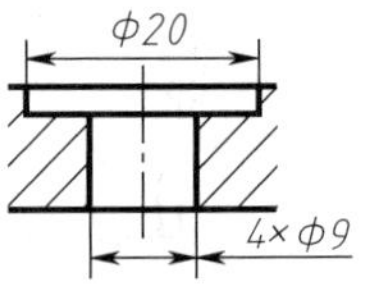 φ20 4×φ9

§7-5 零件的技术要求

零件图上除了表达零件形状尺寸外，还必须标注和说明制造零件时应达到的一些技术要求，主要包括表面结构、尺寸公差、几何公差、材料的热处理及表面处理以及其他有关制造方面的要求等。本节主要介绍表面结构的表示法和极限与配合。

一、表面结构的表示法

在产品制造过程中，表面质量是评定零件质量的重要技术指标。它与机器零件的耐磨性、抗疲劳强度、接触刚度、密封性、抗腐蚀性、配合以及外观都有密切的关系。因此，零件的表面质量直接影响着机器的使用和寿命。表面结构的参量有表面粗糙度、表面波纹度、表面缺陷、表面纹理和表面几何形状等。表面结构在图样上的表示法在 GB/T 131—2006 中有具体规定。这里主要介绍以表面粗糙度为参量的表面结构表示法。

1. 表面粗糙度的概念

零件的表面，不管经过怎样精细的加工，如果放在显微镜下观察，总是高低不平的。表面粗糙度是指零件加工表面上具有较小间距的峰、谷所组成的微观几何形状，如图 7-25 所示。一般由采用的加工方法和其他因素形成。

2. 表面粗糙度的评定参数

国家标准规定，评定表面粗糙度的参数有轮廓算术平均偏差 Ra 和轮廓最大高度 Rz。

在一般机械制造工业中，常用的参数是轮廓算术平均偏差 Ra。它是峰和谷的高、深程度的一种检测指标，是指在一个取样长度 lr 内，纵坐标值 $Z(x)$ 绝对值的算术平均值。Ra 的数值系列已标准化。

图 7-25 表面微观几何形状

表 7-6 列出了第一系列优先采用 Ra 数值在不同范围内的表面特征，以及所采用的加工方法和使用范围，仅供参考。

表 7-6 **Ra 数值及相应的加工方法、使用范围**

表面特征		表面粗糙度 $Ra/\mu m$	加 工 方 法	使 用 范 围
加工面	粗加工面	100、50、25	粗车、粗刨、粗铣	钻孔，倒角，没有要求的自由表面
	半光面	12.5、6.3、3.2	精车、精刨、精铣、粗磨	接触表面，不需要精确定心的配合面
	光面	1.6、0.8、0.4	精车、精磨、研磨、抛光	要求精确定心的，重要的配合表面
	最光面	0.2、0.1、0.05、0.025、0.012	研磨、超精磨、抛光、镜面磨	高精度、高速运动零件的配合表面，重要的装饰面
毛坯面		∇	铸、锻、轧制等经表面清理	不需要进行加工的表面

注：表中所列 Ra 数值，为国家标准规定的数值系列中一组优先选用系列。

3. 表面粗糙度参数值的选用

表面粗糙度参数值的选择，既要考虑表面功能的需要，也要考虑产品的制造成本。因此，在满足使用性能要求的前提下，应尽可能选用较大的表面粗糙度参数值。

4. 表面结构的图形符号以及在图样中的注法

在图样中，零件表面结构要求是用参数代号标注的。在表面结构图形符号中注写具体参数代号及数值要求后，即为表面结构代号。

（1）表面结构图形符号的种类、名称、尺寸及含义见表 7-7（1）。

（2）在图样上标注表面结构要求需要注意几个问题：

① 表面结构要求可标注在轮廓线或指引线上，其符号应从材料外指向并接触表面轮廓。必要时，表面结构符号也可用带箭头或黑点的指引线引出标注；在不致引起误解时，表面结构要求可以标注在相应尺寸线上；或尺寸界线的延长线上，见表 7-7（2）、（3）。

② 表面结构的注写和读取方向与尺寸的注写和读取方向一致。

③ 表面结构要求对每一表面一般只标注一次，并尽可能注在相应的尺寸及其公差的同一视图上。除非另有说明，所标注的表面结构要求是对完工零件表面的要求。

④ 表面结构要求的简化注法。

a. 如果在工件的多数（包括全部）表面有相同的表面结构要求，则其表面结构要求可统一标注在图样的标题栏附近。此时（除全部表面有相同结构要求的情况外），表面结构要求的符号后面应有：

在括号内给出无任何其他标注的基本图形符号，见表 7-7（2）；

在括号内给出不同的表面结构要求。

不同的表面结构要求应直接标注在图形中。

b. 当多个表面具有相同的表面结构要求或图纸空间有限时，可以采用简化注法。用带字母的完整代号以等式的形式标注在标题栏附近，见表 7-7（4）。

c. 表面结构代号的简化注法。用表面结构代号以等式的形式给出对多个表面共同的表面结构要求，见表 7-7（8）。

表 7-7　表面结构要求在图样中的注法

（1）	基本图形符号	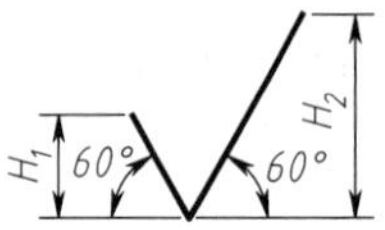 $H_1 = 1.4h$，$H_2 = 3h$　h 为图上尺寸数字高度，符号线宽为 $h/10$	未指定工艺方法的表面，当通过一个注释解释时，可单独使用	
	扩展图形符号	用去除材料的方法获得的表面；仅当其含义是"被加工表面"时，可单独使用	 圆为正三角形的内切圆	不去除材料的表面
	完整图形符号	 允许任何工艺　　去除材料　　不去除材料		以上各种图形符号的长边加一横线，以便注写对表面结构的各种要求
（2）	标注示例			
	说明	1. 表面结构要求可标注在轮廓线、尺寸线、尺寸界线或其延长线上，也可以用箭头或黑点的指引线引出标注；2. 数值书写方向应与尺寸数字书写规则相同		图中未注的表面结构要求都是 $Ra6.3$，标注在标题栏附近

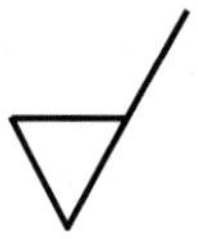

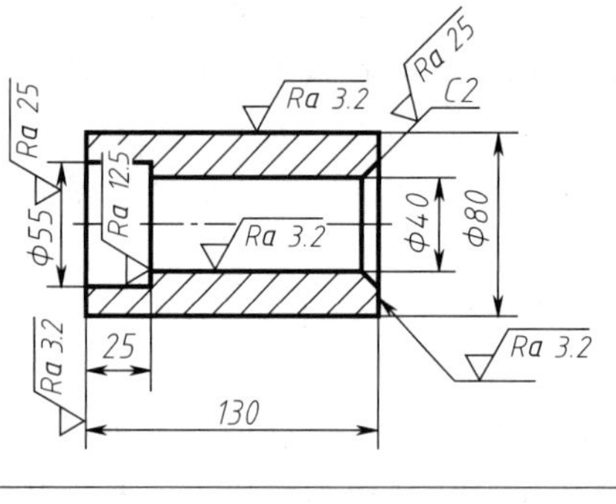

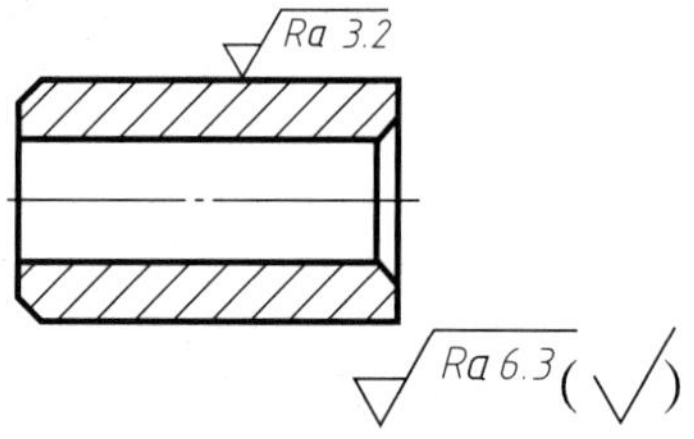

（3）	标注示例 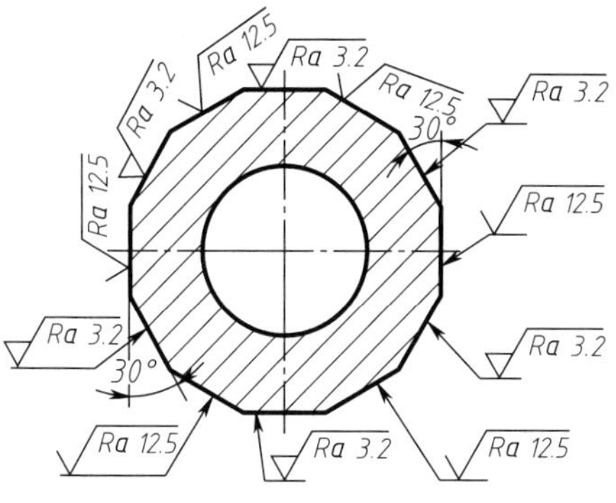 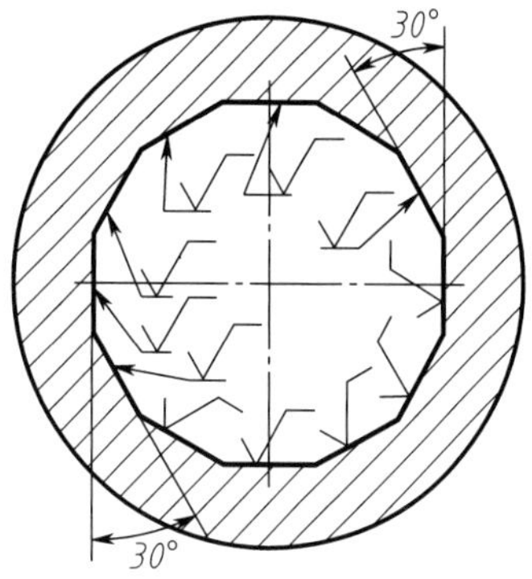	
	说明	零件不同位置表面结构的标注
（4）	标注示例	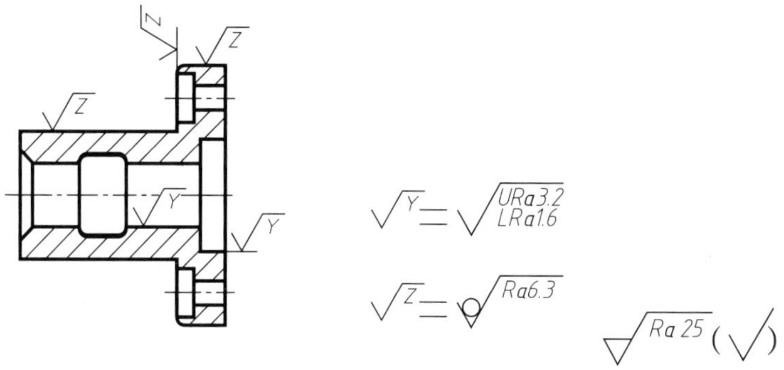
	说明	当标注位置受到限制时，可以标注简化代号，也可采用省略注法，但均需在标题栏附近说明这些简化代号的含义； 如果工件的多数（包括全部）表面有相同的表面结构要求，则可统一标注在图样的标题栏附近，此时，表面结构要求代号后面用圆括号内给出无任何其他标注的基本图形符号
（5）	标注示例 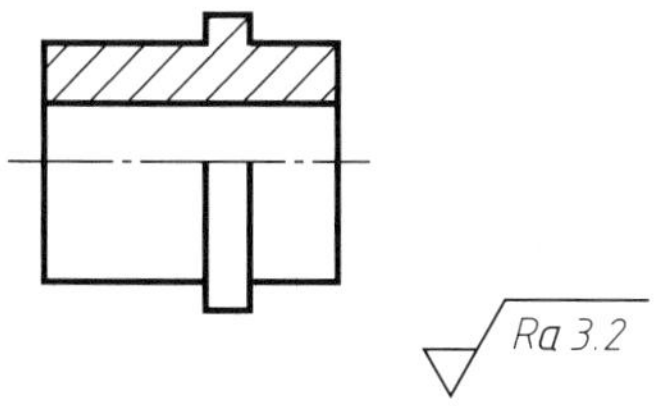 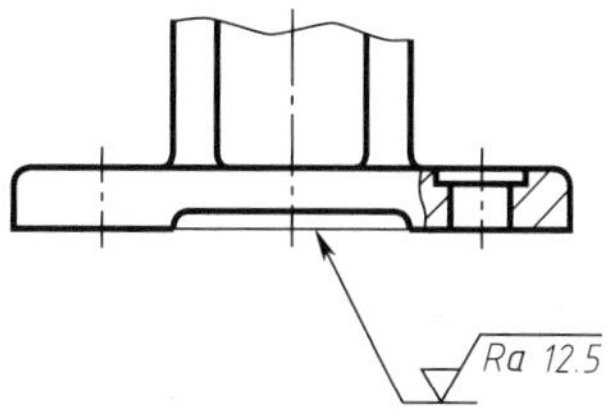	
	说明	零件所有表面结构要都是 $Ra3.2$，注在标题栏附近	用细实线连接的不连续的同一表面，其表面结构代号只标注一次

续表

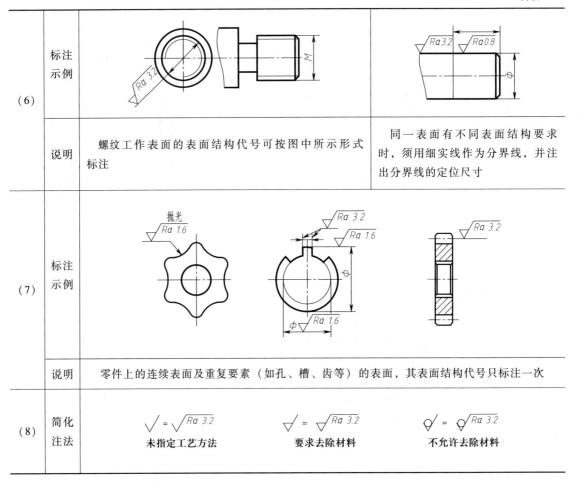

（6）	标注示例	见图
	说明	螺纹工作表面的表面结构代号可按图中所示形式标注

同一表面有不同表面结构要求时，须用细实线作为分界线，并注出分界线的定位尺寸

（7）	标注示例	
	说明	零件上的连续表面及重复要素（如孔、槽、齿等）的表面，其表面结构代号只标注一次

（8）	简化注法	√ = √‾Ra 3.2　未指定工艺方法	∨ = ∨‾Ra 3.2　要求去除材料	◊ = ◊‾Ra 3.2　不允许去除材料

二、极限与配合

1. 零件的互换性

为了保证机器的设计性能和零件的互换性，以及加工的经济性和工艺性，在零件图中必须标注适当的尺寸公差，装配图中应注出配合代号。

按零件图要求加工出来的一批相同规格的零件，装配时不需经过任何的选择或修配，任选其中一件就能达到规定的技术要求和连接装配使用要求，这种性质称为互换性。零件具有互换性，便于装配和维修，也利于组织生产和协作，提高生产率。建立极限与配合制度是保证零件具有互换性的必要条件。

下面介绍国家标准《产品几何技术规范（GPS）　极限与配合》（GB/T 1800.1—2020、GB/T 1800.2—2020)的基本内容。

2. 极限与配合的概念及有关术语和定义

在生产实际中，零件尺寸不可能加工得绝对精确。为了使零件具有互换性，必须对零件尺寸的加工误差规定一个允许的变动范围，这个变动量称为尺寸公差，简称公差。

图 7-26a 表示轴和孔的配合尺寸为 $\phi50\dfrac{H7}{k6}$，图 7-26b、c 分别注出了孔径和轴径允许变动的范围。图 7-27a 和 b 是图 7-26b 和 c 所标注尺寸的示意图。

下面以轴的尺寸 $\phi50^{+0.018}_{+0.002}$ 为例（图 7-27b），将有关尺寸公差的术语和定义介绍如下：

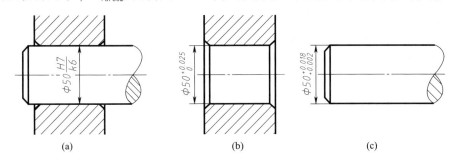

图 7-26　轴孔配合与尺寸公差

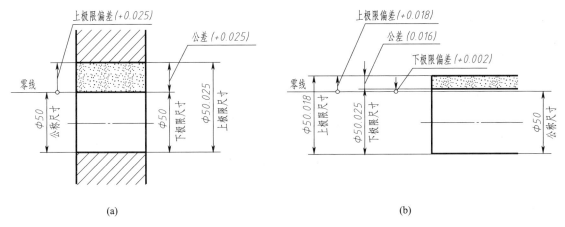

图 7-27　孔、轴公差带示意图

（1）公称尺寸（$\phi50$）：由图样确定的理想形状要素的尺寸。

（2）极限尺寸：允许尺寸变动的两个极限值。

上极限尺寸 $\phi50.018$ 是允许的最大尺寸。

下极限尺寸 $\phi50.002$ 是允许的最小尺寸。

（3）极限偏差：某一极限尺寸减其公称尺寸所得的代数差。

上极限偏差 +0.018 是上极限尺寸减其公称尺寸所得的代数差。

下极限偏差 +0.002 是下极限尺寸减其公称尺寸所得的代数差。

上极限偏差和下极限偏差统称为极限偏差。偏差可以为正、负或零。孔的上、下极限偏差代号分别用大写字母 ES、EI 表示；轴的上、下极限偏差代号分别用小写字母 es、ei 表示。

（4）尺寸公差（简称"公差"，0.016）：允许尺寸的变动量。

公差＝上极限尺寸－下极限尺寸＝上极限偏差－下极限偏差。

公差是没有正负号的绝对值。

（5）零线：在极限与配合图解（简称"公差带图"）中，表示公称尺寸的一条直线，以其为基准确定偏差和公差。零线之上的偏差为正,零线之下的偏差为负。

(6) 尺寸公差带(简称"公差带"):在公差带图解中,由代表上、下极限偏差的两条直线所限定的一个区域。公差带与公差的区别在于公差带既表示了公差(公差带的大小),又表示了公差相对于零线的位置(公差带位置),如图7-28所示。

国家标准规定孔、轴的公差带由标准公差和基本偏差确定,前者确定公差带的大小,后者确定公差带相对于零线的位置。为了满足不同的配合要求,国家标准制定了标准公差系列和基本偏差系列。

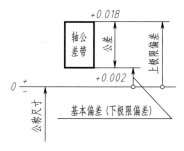

图 7-28 轴的公差带图

(7) 标准公差 (0.016):国家标准规定用来确定公差带大小的标准化数值。

标准公差的数值取决于公差等级和公称尺寸。公差等级是用来确定尺寸的精度。国家标准将公差等级分为20级,即IT01、IT0、IT1、IT2 至 IT18。IT 表示标准公差,数字表示公差等级。IT01 级的精度最高,以下逐级降低。在一般的机器的配合尺寸中,孔用 IT6~IT12 级,轴用 IT5~IT12 级。在保证质量的条件下,应选用较低的公差等级。

(8) 基本偏差 (+0.002):国家标准规定用来确定公差带相对于零线位置的那个极限偏差,它可以是上极限偏差或下极限偏差,一般为靠近零线的那个偏差,如图7-28所示。

为了满足各种配合的需要,国家标准规定了基本偏差系列,并根据不同的公称尺寸和基本偏差代号确定了轴和孔的基本偏差数值(见附表 19 和附表 20);基本偏差代号用拉丁字母表示,大写为孔,小写为轴,各28个。图7-29为基本偏差系列,此示意图只表示公差带中属于基本偏差的一端,另一端是开口的,开口的一端取决于公差带的大小,它由设计者选用的标准公差的大小确定。

3. 配合与配合制

(1) 配合:公称尺寸相同的相互装配的孔和轴公差带之间的关系称配合。

孔和轴配合时,由于它们的实际尺寸不同,将产生"过盈"或"间隙"。孔的尺寸减去与之配合的轴的尺寸所得的代数值,为正时是间隙,为负时是过盈。

(2) 配合种类。根据使用要求不同,相结合的两零件装配后松紧程度不同,国家标准将配合分为三类:

① 间隙配合 孔和轴装配时具有间隙(包括最小间隙等于零)的配合。此时,孔的公差带在轴的公差带之上,如图7-30a 所示。

最小间隙=孔的下极限尺寸-轴的上极限尺寸。

最大间隙=孔的上极限尺寸-轴的下极限尺寸。

② 过盈配合 孔和轴装配时具有过盈(包括最小过盈为零)的配合。此时,孔的公差带在轴的公差带之下,如图7-30b 所示。

最小过盈=孔的上极限尺寸-轴的下极限尺寸。

最大过盈=孔的下极限尺寸-轴的上极限尺寸。

③ 过渡配合 孔和轴装配时可能具有过盈,也有可能具有间隙的配合。此时,孔的公差带与轴的公差带相互重叠,如图7-30c 所示。

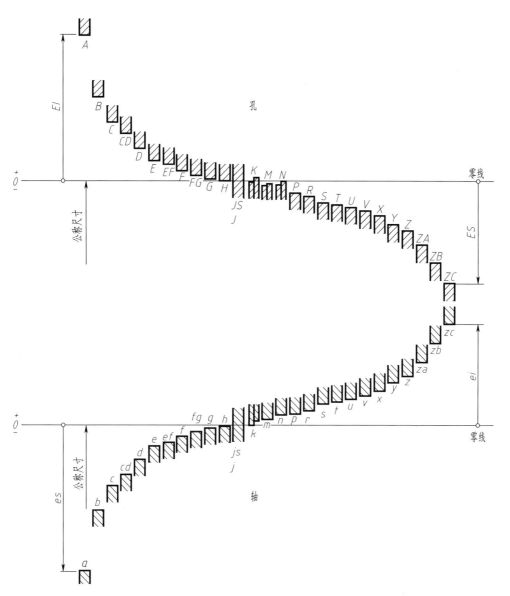

图 7-29　基本偏差系列示意图

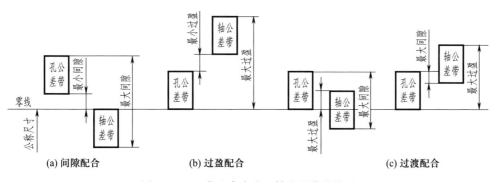

图 7-30　三类配合中孔、轴公差带的关系

最大过盈=孔的下极限尺寸-轴的上极限尺寸。

最大间隙=孔的上极限尺寸-轴的下极限尺寸。

（3）配合制。要得到各种性质的配合，就必须在保证适当间隙或过盈的条件下，确定孔或轴的上、下极限偏差。为了便于设计和制造，国家标准规定了基孔制与基轴制两种配合制。

① 基孔制　基本偏差为一定的孔的公差带，与不同基本偏差的轴的公差带形成的各种配合的一种制度，如图 7-31 所示。基孔制的孔为基准孔，基准孔的基本偏差代号为 H，其下极限偏差为零。

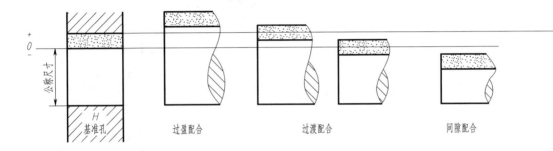

图 7-31　基孔制配合示意图

② 基轴制　基本偏差为一定的轴的公差带，与不同的基本偏差的孔的公差带形成的各种配合的一种制度，如图 7-32 所示。基轴制的轴为基准轴，基准轴的基本偏差代号为 h，其上极限偏差为零。

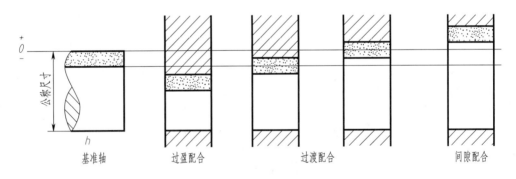

图 7-32　基轴制配合示意图

4. 常用和优先选用的配合

按照配合定义，只要公称尺寸相同的孔、轴公差带，就可以组成配合。由于标准公差有 20 个等级，基本偏差有 28 种，因此可以组成大量的配合。国家标准规定了公称尺寸至500 mm 的优先、常用和一般用途的孔、轴公差带和相应的优先和常用配合。基孔制的常用配合有 59 种，其中包括优先选用的 13 种（表 7-8）。基轴制的常用配合有 47 种，其中优先选用的为 13 种（表 7-9）。表 7-8、表 7-9 中，右上角有符号"▼"者为优先选用配合。

表 7-8 公称尺寸至 500 mm 基孔制优先、常用配合

基准孔	轴																				
	a	b	c	d	e	f	g	h	js	k	m	n	p	r	s	t	u	v	x	y	z
	间隙配合								过渡配合				过盈配合								
H6						H6/f5	H6/g5	H6/h5	H6/js5	H6/k5	H6/m5	H6/n5	H6/p5	H6/r5	H6/s5	H6/t5					
H7						H7/f6	▼H7/g6	▼H7/h6	H7/js6	▼H7/k6	H7/m6	▼H7/n6	▼H7/p6	H7/r6	▼H7/s6	H7/t6	▼H7/u6	H7/v6	H7/x6	H7/y6	H7/z6
H8					H8/e7	▼H8/f7	H8/g7	▼H8/h7	H8/js7	H8/k7	H8/m7	H8/n7	H8/p7	H8/r7	H8/s7	H8/t7	H8/u7				
				H8/d8	H8/e8	H8/f8		H8/h8													
H9			H9/c9	▼H9/d9	H9/e9	H9/f9		▼H9/h9													
H10			H10/c10	H10/d10				H10/h10													
H11	H11/a11	H11/b11	▼H11/c11	H11/d11				▼H11/h11													
H12		H12/b12						H12/h12													

标注"▼"的配合为优先配合。其中:常用 59 种,优先 13 种

表 7-9 公称尺寸至 500 mm 基轴制优先、常用配合

基准轴	孔																				
	A	B	C	D	E	F	G	H	Js	K	M	N	P	R	S	T	U	V	X	Y	Z
	间隙配合								过渡配合				过盈配合								
h5						F6/h5	G6/h5	H6/h5	Js6/h5	K6/h5	M6/h5	N6/h5	P6/h5	R6/h5	S6/h5	T6/h5					
h6						F7/h6	▼G7/h6	▼H7/h6	Js7/h6	▼K7/h6	M7/h6	▼N7/h6	▼P7/h6	R7/h6	▼S7/h6	T7/h6	▼U7/h6				
h7					E8/h7	▼F8/h7		▼H8/h7	Js8/h7	K8/h7	M8/h7	N8/h7									
h8				D8/h8	E8/h8	F8/h8		H8/h8													
h9				▼D9/h9	E9/h9	F9/h9		▼H9/h9													

续表

基准轴	孔																					
	A	B	C	D	E	F	G	H	Js	K	M	N	P	R	S	T	U	V	X	Y	Z
	间隙配合								过渡配合			过盈配合									
h10				$\frac{D10}{h10}$				$\frac{H10}{h10}$													
h11	$\frac{A11}{h11}$	$\frac{B11}{h11}$	$\frac{C11}{h11}$ ▼	$\frac{D11}{h11}$				$\frac{H11}{h11}$ ▼													
h12		$\frac{B12}{h12}$						$\frac{H12}{h12}$	标注 "▼" 的配合为优先配合。其中：常用 47 种，优先 13 种												

为了使用方便，本书列出了优先选用轴、孔公差带的上、下极限偏差表（附表 20、附表 21）。

5. 极限与配合在图样上的标注

（1）公差带代号。孔、轴公差带代号由基本偏差代号和公差等级代号组成。基本偏差代号用拉丁字母表示，大写的为孔，小写的为轴；公差等级代号用阿拉伯数字表示；如 H8、K7、H9 等为孔的公差带代号，s7、h6、f9 等为轴的公差带代号。

（2）配合代号。配合代号由组成配合的孔、轴公差带代号表示，写成分数的形式，分子为孔的公差带代号，分母为轴的公差带代号，即 "$\frac{孔公差带代号}{轴公差带代号}$" 或 "孔公差带代号/轴公差带代号"。若为基孔制配合，配合代号为 $\frac{基准孔公差带代号}{轴公差带代号}$，如 $\frac{H6}{k5}$、$\frac{H8}{e7}$ 或 H6/k5、H8/e7；若为基轴制配合，配合代号为 $\frac{孔公差带代号}{基准轴公差带代号}$，如 $\frac{K6}{h5}$、$\frac{E8}{h7}$ 或 K6/h5、E8/h7。

（3）在图样中的标注。

① 装配图中的注法　在公称尺寸的右侧标注配合代号，如图 7-33 所示。必要时允许按图 7-34 的形式标注。对于配合代号 H7/h6，一般看作基孔制，但也可以看作基轴制，它是一种最小间隙为 0 的间隙配合。

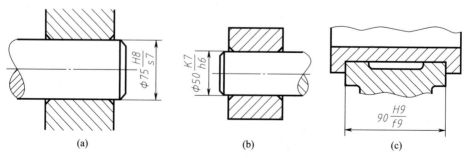

图 7-33　配合代号在装配图中的一般注法

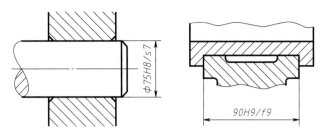

图 7-34 配合代号在装配图中的允许注法

② 零件图中的标注 在零件图中，线性尺寸的公差有三种注法：

a. 在孔或轴的公称尺寸右侧，只标注公差带代号，如图 7-35a 所示。

b. 在孔或轴的公称尺寸右侧，标注上、下极限偏差，如图 7-35b 所示。上极限偏差写在公称尺寸的右上方，下极限偏差应与公称尺寸注在同一底线上，偏差数值字号应比公称尺寸数值小一号。上、下极限偏差前面必须标出正、负号。上、下极限偏差的小数点对齐，小数点后的位数也必须相同。当上极限偏差或下极限偏差为零时，用数值"0"标出，并与上极限偏差或下极限偏差的小数点前的个位数对齐。

当公差带相对于公称尺寸对称配置，即两个偏差数值相同时，偏差只需注一次，并应在偏差与公称尺寸之间注出符号"±"，两者的数值高度应一样，例如"50±0.25"。必须注意，偏差数值表中所列的偏差单位为微米(μm)，标注时必须换算成毫米(mm)。

c. 在孔和轴的公称尺寸后面，同时标注公差带代号和上、下极限偏差，这时上、下极限偏差必须加括号，如图 7-35c 所示。

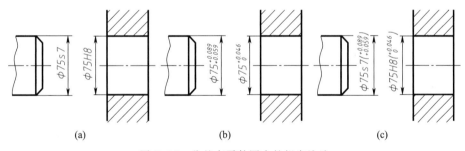

图 7-35 公差在零件图中的规定注法

6. 查表举例

根据公称尺寸和配合代号，确定孔和轴的公差带代号，然后通过查表得到孔和轴的上、下极限偏差。

[**例 7-4**] 确定 $\phi 75 \dfrac{\mathrm{H8}}{\mathrm{s7}}$ 中孔和轴的上、下极限偏差，并画出公差带图。

解：从表 7-8 可知，$\phi 75 \dfrac{\mathrm{H8}}{\mathrm{s7}}$ 是基孔制过盈配合。根据公称尺寸 75(属于 50~80 的尺寸范围)和公差带代号，分别查表得孔、轴的上、下极限偏差。

① 从附表 21 查得公称尺寸为 $\phi 75$ 的基准孔的基本偏差为下极限偏差 EI = 0，孔的上极限偏差 ES = +46 μm。

② 从附表 19 和附表 20 查得轴的公称尺寸为 $\phi 75$，IT7 级标准公差为 30 μm，基本偏差为下极限偏差 ei = +59 μm，故上极限偏差 es = +89 μm。

孔、轴公差带图如图 7-36 所示。

[**例 7-5**] 确定 $\phi 50 \dfrac{F8}{h7}$ 中孔和轴的上、下极限偏差，并画出公差带图。

解： $\phi 50 \dfrac{F8}{h7}$ 的公称尺寸为 $\phi 50$，属于 >40~50 尺寸范围，从表 7-9 可知，配合代号 F8 /h7 为基轴制间隙配合，孔、轴的上、下极限偏差可直接从附表 21 和附表 20 中查出。

① 从附表 21 查得孔 $\phi 50F8$ 的上、下极限偏差分别为 +0.064，+0.025。

② 从附表 20 查得基准轴 $\phi 50h7$ 的上、下极限偏差为 0，−0.025。

孔、轴公差带图如图 7-37 所示。

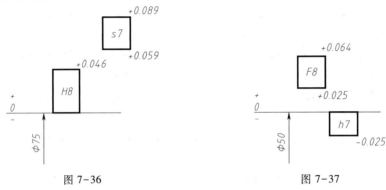

图 7-36　　　　　　　　　　　　　　　图 7-37

§7-6　读零件图

读零件图就是在了解零件在机器中的作用和装配关系的基础上，弄清零件的结构形状、尺寸、材料和技术要求等信息，评价零件设计的合理性，必要时提出改进意见，或者为零件拟定适当的加工制造工艺方案。读零件图的步骤如下。

1. 一般了解

首先从标题栏了解零件的名称、材料、比例等，然后通过装配图或其他途径了解零件的作用和与其他零件的装配关系。

2. 读懂零件的结构关系

（1）弄清各视图之间的投影关系。

（2）以形体分析法为主（在具备一定机械设计和工艺知识后，应以结构分析为主），结合零件的常见结构知识，逐一看懂零件各部分的形状，然后综合起来想象出整个零件的形状。要注意零件结构形状的设计是否合理。

（3）分析尺寸

找出尺寸基准后，先根据设计要求了解主要尺寸，然后了解其他的尺寸。要注意尺寸标注是否合理、齐全。

（4）了解技术要求

包括表面结构、尺寸公差、几何公差和其他技术要求。要注意这些技术要求的确定是否妥当。请以图 7-38~图 7-41 所示的四个零件图为例，进行读零件图的练习，也可作为画零件图时的参考图例。

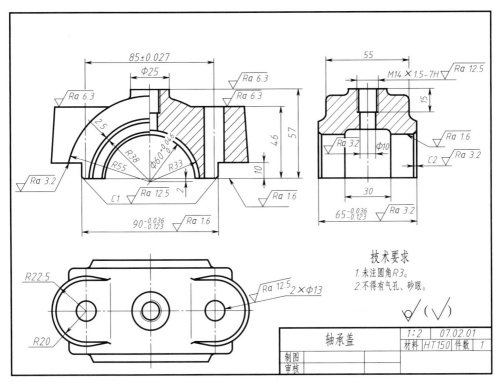

图 7-38　轴承盖零件图

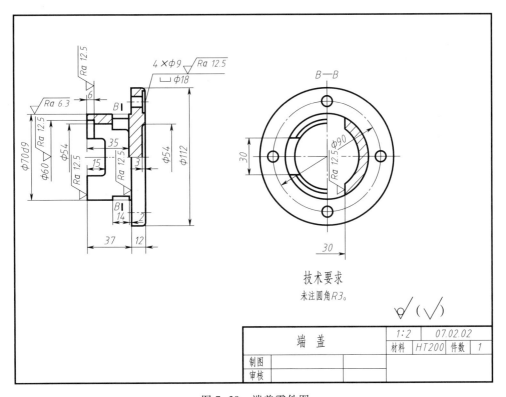

图 7-39　端盖零件图

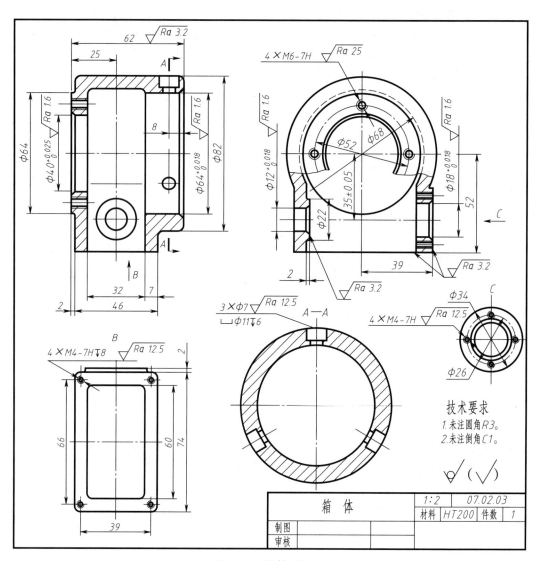

图 7-40　箱体零件图

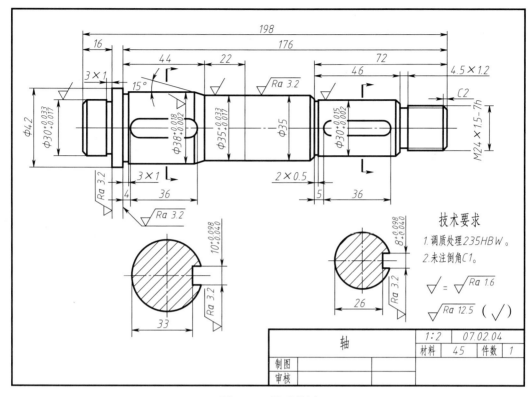

图 7-41 轴零件图

§7-7 零件测绘和零件草图

零件测绘就是根据实际零件画出它的生产图样。在仿造机器、改进和修理旧机器时，都要进行零件测绘。绘制零件草图是零件测绘的最主要内容。

一、零件草图的作用和要求

在测绘零件时，先要画出零件草图，零件草图是画装配图和零件图的依据。在修理机器时，往往将草图代替零件图直接交车间制造零件。因此，画草图时绝不能潦草了事，必须认真对待。

零件草图和零件图的内容一样，它们之间的主要区别在作图方法上，草图是徒手绘制，凭目测估计零件各部分的相对大小、控制视图各部分之间的比例关系。合格的草图应当表达清楚，字体工整，图面整洁，投影关系正确。

二、零件草图的绘制步骤

（1）分析零件，选择视图 仔细了解零件的名称、用途、材料、结构形状、工作位置及其他零件的装配关系等之后，确定表达方案。

（2）画视图　画视图也要分底稿和加深两步完成。画图时，应注意不要把零件加工制造上的缺陷和使用后磨损等毛病反映在图上。

（3）确定需要标注的尺寸　画出尺寸界线、尺寸线和箭头。

（4）测量尺寸并逐个填写尺寸数字　测量尺寸时要合理选用量具，并要注意正确使用各种量具。例如测量毛坯面的尺寸时，选用钢尺和卡钳；测量加工表面的尺寸时，选用游标卡尺、千分尺或其他适当的测量手段。这样既保证了测量的精确度，又维护了精密量具的使用寿命。对于某些用现有量具不能直接量得的尺寸，要善于根据零件的结构特点，考虑比较简单而又准确的测量方法。零件上的键槽、退刀槽、紧固件通孔和沉头座等标准结构尺寸，可量取公称尺寸后查表得到。

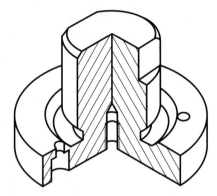

图7-42　定位键的轴测图

（5）加深后注写各项技术要求　技术要求应根据零件的作用和装配关系来确定。

（6）填写标题栏，全面检测草图。

图7-42是滑动轴承中定位键的轴测图。图7-43是定位键草图的绘制步骤。

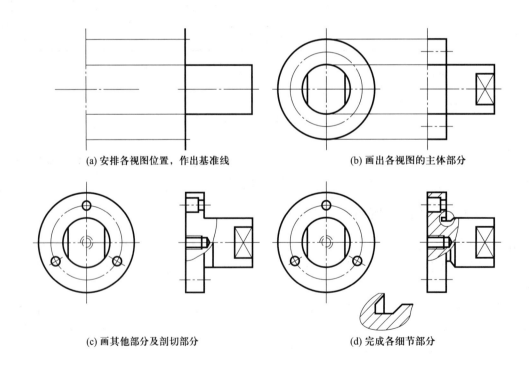

(a) 安排各视图位置，作出基准线　　　(b) 画出各视图的主体部分

(c) 画其他部分及剖切部分　　　(d) 完成各细节部分

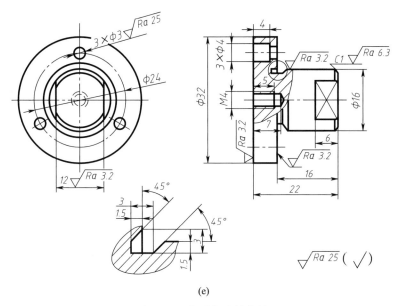

(e)

图 7-43 草图的绘制步骤

第八章 标准件与常用件

在机器中常用螺纹紧固件、键和销进行连接，由于这些零件用量较大，为了加速设计工作和便于专业化生产，降低成本，这些零件的结构形式、尺寸、画法均标准化，因此这类零件被称为标准件。根据标准件的代号和标记，可以从相应的国家标准中查出各部分形状和全部尺寸。

广泛应用的齿轮和弹簧，有些局部结构和画法也已标准化。

本章将介绍上述标准件的代号、标记及连接画法，以及常用件直齿圆柱齿轮和圆柱螺旋弹簧的画法。

§8-1 螺纹紧固件及其连接

一、螺纹紧固件

螺纹紧固件是利用螺纹起连接作用，使两个零件连接固定在一起。常用的螺纹紧固件有螺栓、双头螺柱、螺母、螺钉、垫圈等。这类零件的结构形式和尺寸已经标准化，使用时可根据有关标准选取，不需画出零件图，只需写出标记，以供选购。表 8-1 为常用螺纹紧固件标记示例和简化画法，在附表 10~附表 14 中摘录了螺纹紧固件的详细数据。

表 8-1 常用螺纹紧固件标记示例和简化画法

序号	名称、图例及标记示例	序号	名称、图例及标记示例
1	六角头螺栓 A和B级 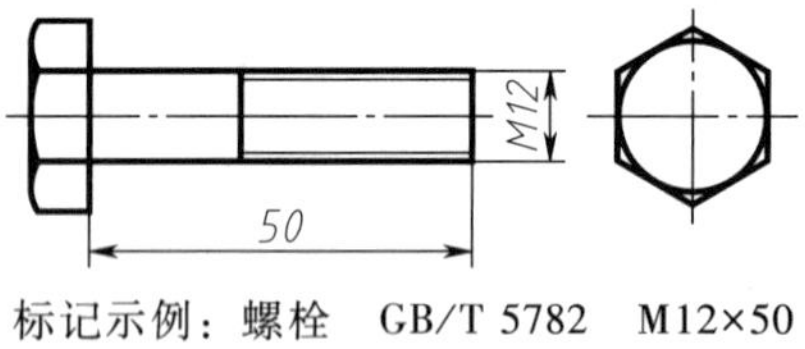 $M12$ 50 标记示例：螺栓 GB/T 5782 M12×50	3	开槽沉头螺钉 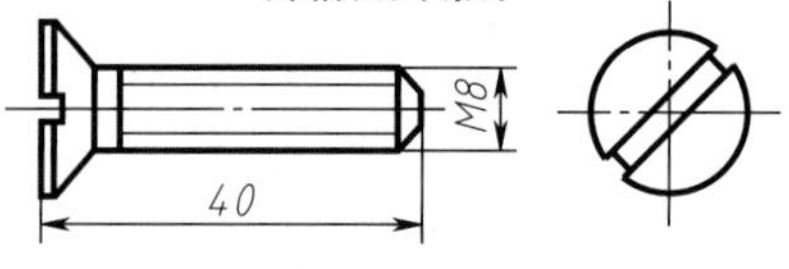 $M8$ 40 标记示例：螺钉 GB/T 68 M8×40
2	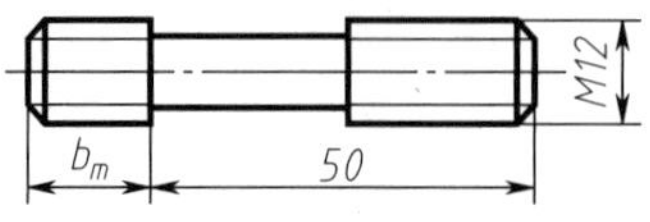 双头螺柱 $b_m=1.25d$ $M12$ b_m 50 标记示例：螺柱 GB/T 898 M12×50	4	开槽圆柱头螺钉 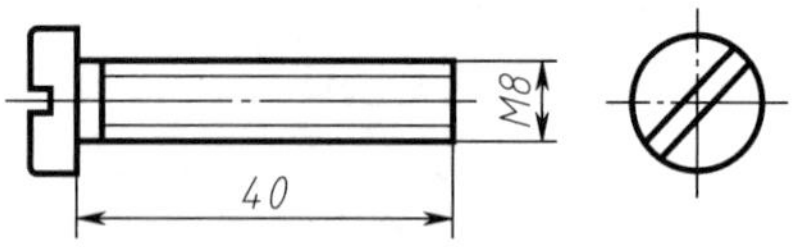 $M8$ 40 标记示例：螺钉 GB/T 65 M8×40

续表

序号	名称、图例及标记示例	序号	名称、图例及标记示例
5	**内六角圆柱头螺钉** M8 50 标记示例：螺钉　GB/T 70.1　M8×50	8	**1型六角螺母　A和B级** M8 标记示例：螺母　GB/T 6170　M8
6	**十字槽沉头螺钉** M8 40 标记示例：螺钉　GB/T 819.1　M8×40	9	**平垫圈　A级** φ9 标记示例：垫圈　GB/T 97.1　8-200HV
7	**开槽锥端紧定螺钉** M12 40 标记示例：螺钉　GB/T 71　M12×40	10	**弹簧垫圈** φ12.3 标记示例：垫圈　GB/T 93　12

《紧固件标记方法》（GB/T 1237—2000)中规定了螺纹紧固件的完整标记方法和简化标记方法，读者可自行查阅。

螺纹紧固件连接的主要形式有螺栓连接、双头螺柱连接、螺钉连接。

二、螺栓连接

螺栓连接常用于连接不太厚的零件。采用螺栓连接时，在被连接的两零件上钻有比螺栓直径稍大的通孔($\approx 1.1d$)，将螺栓穿入孔内，以螺栓的头部抵住下面零件的下端面，螺栓另一端套上垫圈，拧紧螺母，即将两被连接零件紧固起来(图8-1)。垫圈的作用是防止拧紧螺母时损伤被连接零件的表面，同时使螺母的压力均匀地分布到零件表面上。

采用螺栓连接时，螺栓、螺母和垫圈的直径以及形式可以预先选定，被连接零件的厚度也是已知的。为了简化作图，画螺栓连接图时也可采用比例画法，即图8-2所示按与螺栓公称直径 d 的比例进行绘图。螺栓的六角头和六角螺母由于端面倒角在六棱柱表面产生交线，通常以圆弧代替。

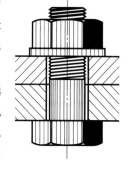

图 8-1　螺栓连接

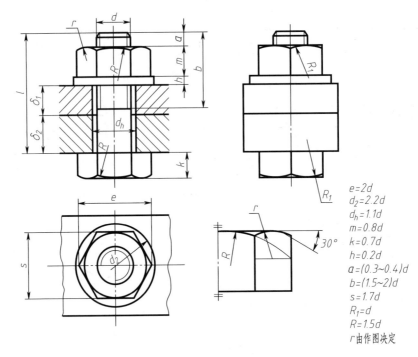

图 8-2   六角螺栓连接装配图画法

螺栓的公称长度 l 可按公式计算：$l = \delta_1 + \delta_2 + h + m + a$；也可根据螺母的厚度 m、垫圈的厚度 h、零件的厚度（$\delta_1 + \delta_2$）以及螺栓伸出螺母的高度 $a = (0.2 \sim 0.3)d$，推算出螺栓的公称长度 l。根据公称长度 l，在螺栓标准的公称长度系列中选用标准长度。其标准摘录见附表 10。

在螺栓连接的装配画法中，应遵守以下规定：

（1）紧固件（螺栓、螺母、垫圈等）和实心杆件，若剖切平面通过轴线，则按不剖绘制。

（2）两零件的接触表面画一条线，不接触表面即使间隙再小也应画两条线。

（3）剖视图中被连接的两个零件的剖面线方向应相反。当其边界不画波浪线时，应将剖面线绘制整齐。

（4）在螺纹连接的装配画法中，螺纹紧固件的工艺结构，如倒角、退刀槽等均可省略不画。常用螺栓、螺母头部因倒角产生的交线可省略不画。螺钉头部的一字槽、十字槽可画成加粗的粗实线。

三、双头螺柱连接

当两被连接零件其中一个较厚，或因结构限制不适宜用螺栓连接时，常采用双头螺柱连接（图 8-3）。双头螺柱两端均有螺纹，其中一端（旋入端）全部旋入较厚被连接零件的螺孔中，另一端（紧固端）穿入另一被连接零件的通孔中，再套上垫圈，拧紧螺母。旋入端的长度 b_m 由带有螺孔的被连接零件的材料决定：青铜、钢零件取 $b_m = 1d$（GB/T 897—1988）；铸铁零件取 $b_m = 1.25d$（GB/T 898—1988）；铝制品零件取 $b_m = 1.5d$（GB/T 899—1988）；非金属材料取 $b_m = 2d$（GB/T 900—1988）。标准摘录见附表 11。

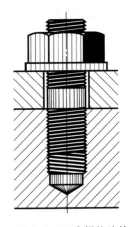

图 8-3   双头螺柱连接

双头螺柱连接装配图画法(图8-4)与螺栓连接装配图画法基本相同。螺柱拧入端螺纹终止线应与被旋入零件螺孔顶面重合。$l_2 \approx b_m + 0.5d$;钻孔深度 $l_3 \approx l_2 + (0.2 \sim 0.5)d$。若选用弹簧垫圈,其开口槽可用与螺杆轴线成30°角的两条平行线表示,方向为左上右下。当采用简化画法表示时,螺纹紧固件的工艺结构(倒角、退刀槽、凸肩等)均可省略不画,不穿通螺孔的钻孔深度也可不表示,仅按有效螺纹部分的深度画出。

画双头螺柱连接装配图时也可采用比例画法,即按图8-4所示的比例进行绘图。

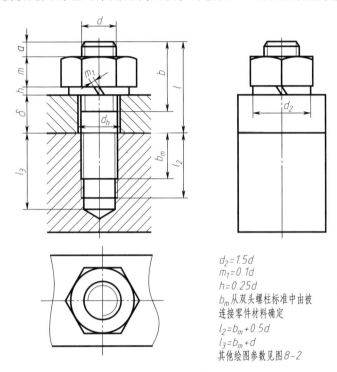

$d_2 = 1.5d$
$m_1 = 0.1d$
$h = 0.25d$
b_m 从双头螺柱标准中由被连接零件材料确定
$l_2 = b_m + 0.5d$
$l_3 = b_m + d$
其他绘图参数见图8-2

图 8-4 双头螺柱连接装配图画法

双头螺柱有效长度 l 可按公式计算:$l = \delta + h + m + a$;也可根据双头螺柱的形式、公称直径 d,以及被连接零件的厚度 δ 和螺母的厚度 m、垫圈的厚度 h、螺柱伸出螺母的高度 $a = (0.2 \sim 0.3)d$,推算出螺柱的长度 l。根据公称长度 l,在双头螺柱标准的公称长度系列中选用标准长度。

四、螺钉连接

螺钉连接常用于受力不大而又不经常拆装的场合,在电子产品中应用广泛。被连接零件中的一个加工出螺孔,而另一个零件加工成通孔,将螺钉穿过通孔旋入有螺孔的零件中,用以连接两零件,即为螺钉连接(图8-5)。

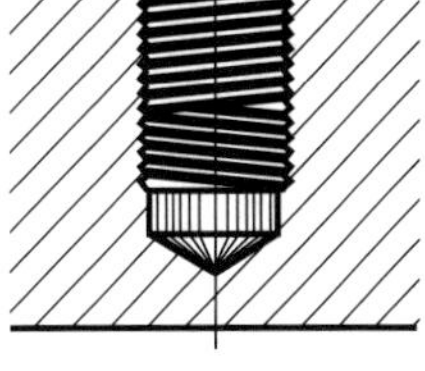

螺钉的种类很多,按用途可分为连接螺钉和紧定螺钉两类。各种螺钉的形式及规定标记可查阅有关标准后根据不同需要选用。

绘制螺钉连接图时,可采用图8-6所示的比例画法。

图 8-5 螺钉连接

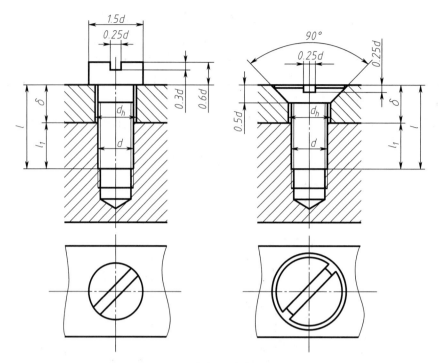

图 8-6　螺钉连接装配画法

螺钉的公称长度 l = 螺纹旋入深度 l_1 + 通孔零件厚度 δ。上式中，螺纹旋入深度 l_1 可根据旋入零件的材料和螺纹公称直径 d 决定。根据公称长度 l，在螺钉标准的公称长度系列中选用标准长度。

螺钉头部开槽在投影为圆的视图上画成 45° 斜线，与反映螺钉轴线的视图上画成垂直于投影面的槽口之间不符合投影关系。

紧定螺钉用于防止两零件之间发生相对运动的场合，图 8-7 所示为紧定螺钉连接的装配画法。为防止轴和轮毂的轴向相对运动，将锥端紧定螺钉旋入轮毂，使螺钉端部 90° 顶锥与轴上 90° 锥坑压紧，从而固定轴和轮毂的相对位置。

在绘制各种螺纹连接装配画法时，常见的错误见表 8-2。

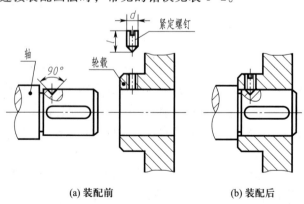

(a) 装配前　　　　　　　(b) 装配后

图 8-7　紧定螺钉连接的装配画法

表 8-2 螺纹紧固件装配图中正确画法与常见错误画法对照表

序号	名称	正 确 画 法	错 误 画 法	说 明
1	六角头螺栓连接	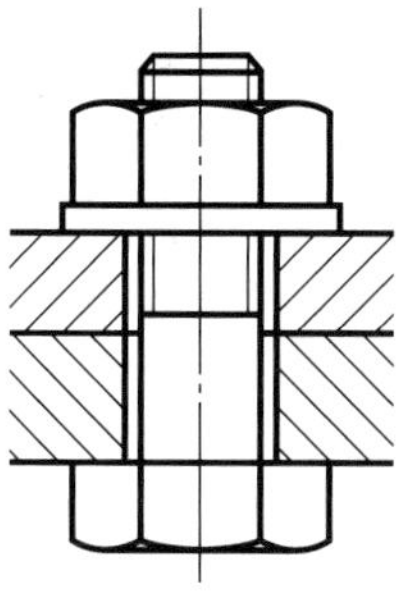	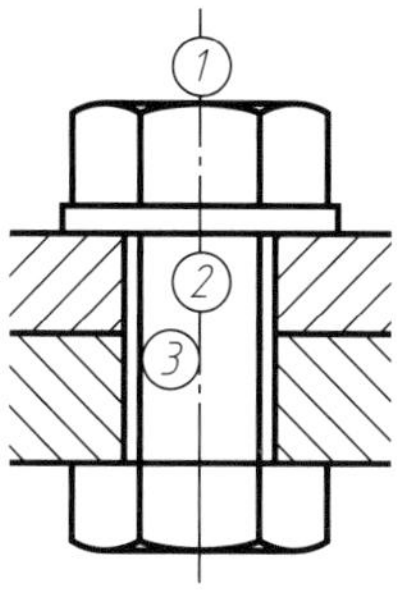	① 螺纹末端应超出螺母 $(0.3\sim0.4)d$； ② 螺纹终止线和螺纹漏画； ③ 光孔部分漏画被连接零件的分界线
2	双头螺柱连接	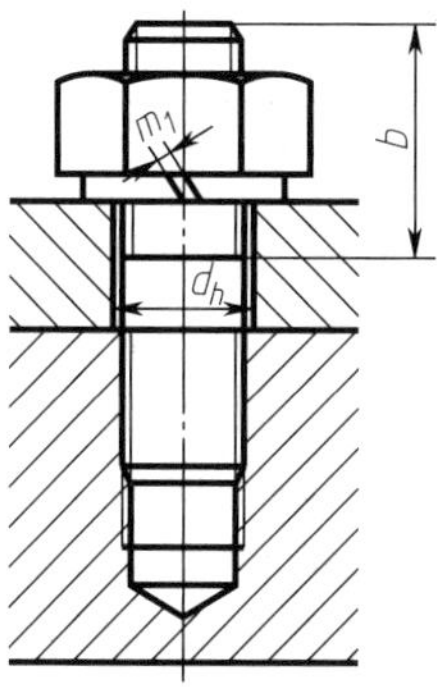	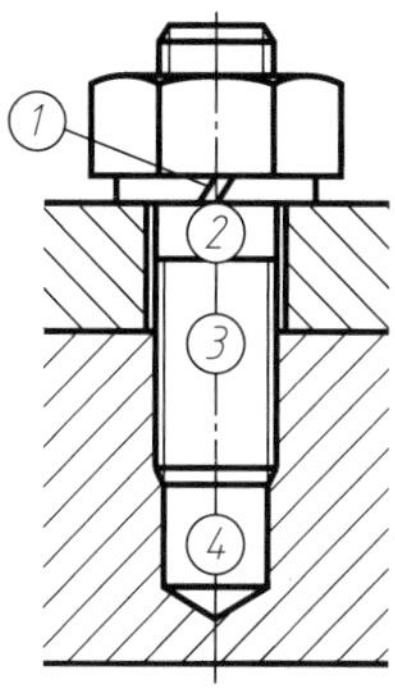	① 弹簧垫圈开口槽方向画错； ② 紧固端螺纹长度太小，螺母不能将被连接零件并紧； ③ 双头螺柱旋入端螺纹终止线与被连接件螺孔顶面应平齐； ④ 螺孔画错
3	螺钉连接	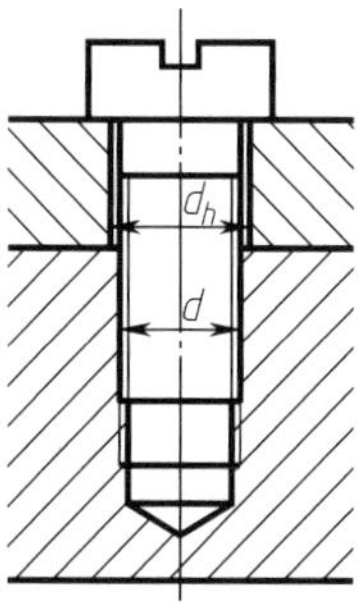	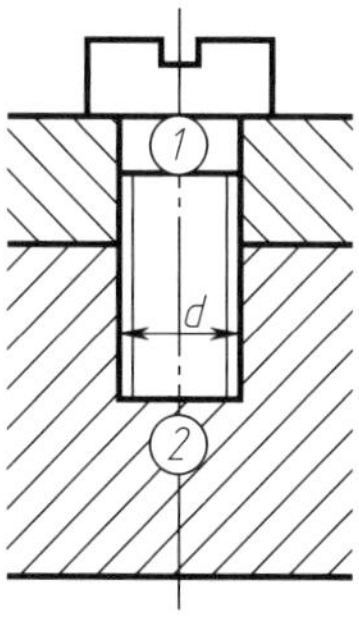	① 被连接件通孔直径应大于螺纹大径，图中漏画通孔； ② 漏画钻孔、螺孔

§ 8-2 键及键连接

键用来连接轴与装在轴上的零件(如齿轮、带轮等)。其中键的一部分嵌在轴上的键槽内，另一部分嵌在轮上的键槽内，如图 8-8 所示，保证轮与轴一起转动，主要起传递扭矩的作用。这种连接称为键连接。

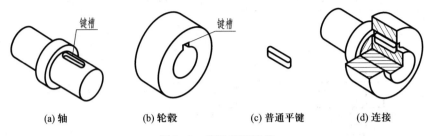

(a) 轴   (b) 轮毂   (c) 普通平键   (d) 连接

图 8-8 普通平键连接

一、键的种类、画法及标记

键是标准件，种类很多。常用的键有普通型平键、半圆键和钩头型楔键。表 8-3 为常用键的标准号、画法和规定标记。标准摘录见附表 16。

表 8-3 常用键的标准号、画法和标记示例

名称及标准号	图 例	标 记 示 例
普通型平键 GB/T 1096—2003		GB/T 1096 键 10×8×28 表示：A 型普通平键，$b=10$ mm，$h=8$ mm，$L=28$ mm A 型可不标出 A，B 或 C 型必须在规格尺寸前标出 B 或 C
半圆键 GB/T 1099.1—2003		GB/T 1099.1 键 6×9×22 表示：半圆键，$b=6$ mm，$h=9$ mm，$D=22$ mm
钩头型楔键 GB/T 1565—2003		GB/T 1565 键 8×30 表示：钩头型楔键，$b=8$ mm，$L=30$ mm

二、普通平键、半圆键连接装配图画法

画普通型平键和半圆键装配图时，根据设计要求应已知键的类型和键的公称尺寸 b、h，再查标准确定标准长度 L 以及轴和轮上键槽的尺寸。例如：已知键的形式为普通平键，键的公称尺寸 $b=8$ mm、$h=7$ mm，查标准可知轴槽深 $t_1=4$ mm，毂槽深 $t_2=3.3$ mm。

由于普通平键和半圆键的两侧面与被连接零件相应表面接触，为工作面。因此，轴和轮毂上的键槽宽度 $b=8$，键的长度 $L=25$（查阅标准选取标准长度）。

画这两种键连接装配图时，键与被连接零件的两侧面和底面为接触面，而顶面有间隙。在剖视图中当剖切平面通过键的纵向对称面时，键按不剖绘制；当剖切平面垂直于轴线剖切到键时，键按剖切绘制出剖面线，如图 8-9 所示。

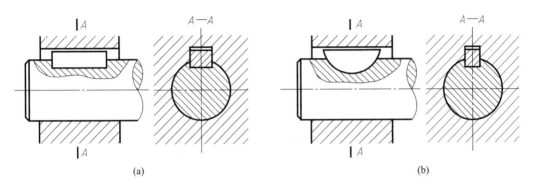

(a)   (b)

图 8-9 普通平键与半圆键连接装配图画法

三、钩头型楔键连接装配图画法

钩头型楔键的顶面有 1:100 的斜度。键的斜面与轮毂上键槽顶部的斜面是工作面，必须紧密接触，不能有间隙。其余画法与普通平键类似，如图 8-10 所示。

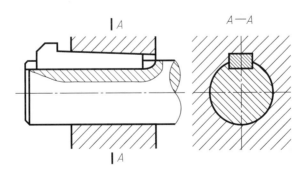

图 8-10 钩头型楔键连接装配图画法

§8-3　销及销连接

销也是一种标准件。它通常用于连接、锁定零件或作装配定位用，也可作为安全装置的零件。

一、销的种类、画法及规定标记

常用的销有圆柱销、圆锥销和开口销。圆柱销靠过盈固定在孔中，用以固定零件、传递动力或作定位用。圆锥销具有 1∶50 的锥度，便于安装对孔，一般用于定位或连接。使用时应按有关标准选用，表 8-4 为常用销的标准号、画法及标记示例。标准摘录见附表 17。

表 8-4　常用销的标准号、画法及标记示例

名称及标准号	图　例	标　记　示　例
圆锥销 GB/T 117—2000	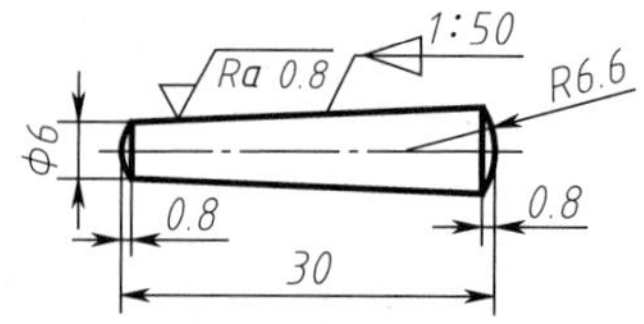	销　GB/T 117　6×30 表示：A 型圆锥销，公称直径 $d=$ 6 mm，长度 $l=30$ mm
圆柱销 GB/T 119.1—2000	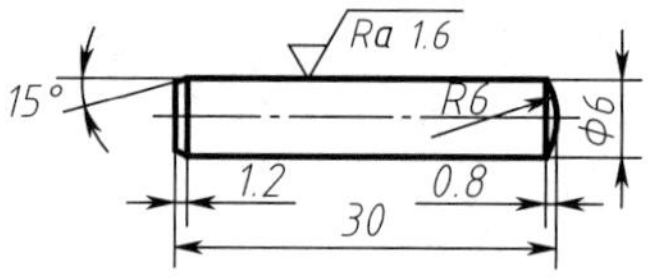	销　GB/T 119.1　B6×30 表示：B 型圆柱销，公称直径 $d=6$ mm，长度 $l=30$ mm
开口销 GB/T 91—2000	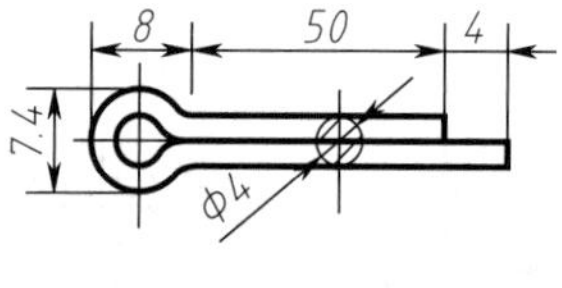	销　GB/T 91　4×50 表示：开口销，公称直径 $d=4$ mm，长度 $l=50$ mm

二、销连接装配图画法

圆柱销和圆锥销连接装配图画法如图 8-11 所示。在剖视图中，当剖切平面通过销的轴线时，销按不剖绘制；当垂直于销的轴线时，被剖切的销应画剖面线。

当销用于定位作用时，装配要求较高，因此在加工销孔时，一般把有关零件装配在一起加工。加工要求应在零件图中注明，如图 8-12 所示。

开口销与槽型螺母、带孔螺栓联合使用，如图 8-13 所示。开口销用来防止螺母松动，图中示出开口销连接装配图的画法。

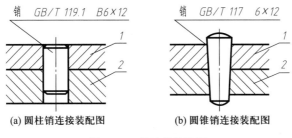

(a) 圆柱销连接装配图　　　　　(b) 圆锥销连接装配图

图 8-11　销连接装配图

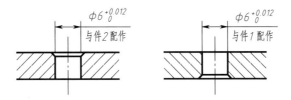

图 8-12　被连接零件的销孔尺寸注法

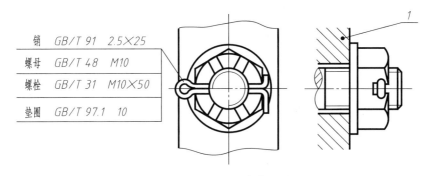

图 8-13　开口销连接装配图

§8-4　齿　　轮

　　齿轮在机械传动中应用很广，除用来传递动力外，还可以改变转动方向、转动速度和运动方式等。

　　根据两轴线相对位置的不同，齿轮可分为三大类，如图 8-14 所示。圆柱齿轮用于两平行轴间的传动，锥齿轮用于两相交轴间的传动，蜗轮蜗杆用于两交叉轴间的传动。

　　齿轮上的齿称为轮齿，当圆柱齿轮的轮齿方向与圆柱的素线方向一致时，称为直齿圆柱齿轮。本节主要介绍直齿圆柱齿轮的基本知识及画法。

一、直齿圆柱齿轮的基本参数

1. 齿轮各部分的名称和基本参数(图 8-15)

（1）齿数 z——齿轮的齿数。

(a) 圆柱齿轮传动　　　　　　(b) 锥齿轮传动　　　　　　(c) 蜗轮蜗杆传动

图 8-14　常见的齿轮传动

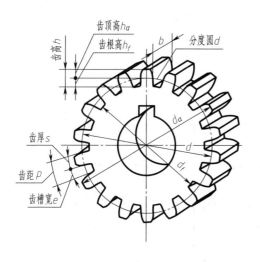
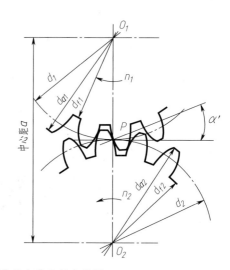

图 8-15　直齿圆柱齿轮各部分的名称和基本参数

（2）齿顶圆直径 d_a——通过齿顶的圆柱面与端面的交线圆直径。

（3）齿根圆直径 d_f——通过齿根的圆柱面与端面的交线圆直径。

（4）分度圆直径 d——设计、制造齿轮时计算齿轮各部分尺寸的基准圆直径。对于标准齿轮而言，分度圆上的齿厚 s 等于齿槽宽 e。

（5）节圆——当两齿轮啮合传动时，其齿廓在连心线 O_1O_2 上接触于点 P 处，以 O_1P 和 O_2P 为半径的两个圆称为相应齿轮的节圆。两个节圆的切点 P 称为节点。节圆直径只有在装配后才能确定，一对装配准确的标准齿轮，其节圆和分度圆重合。

（6）齿顶高 h_a——分度圆到齿顶圆的径向距离。

（7）齿根高 h_f——分度圆到齿根圆的径向距离。

（8）齿高 h——齿顶圆到齿根圆的径向距离。

（9）齿距 p——在分度圆上，相邻两齿对应点的距离。

（10）齿厚 s——在分度圆上，每一齿的弧长。

（11）齿槽宽 e——在分度圆上，每一个齿槽的弧长。

（12）齿宽 b——齿轮的有齿部分沿分度圆柱面的直母线方向量度的宽度。

（13）压力角 α——过齿廓与分度圆的交点 P 的径向直线与该点处的齿廓切线所夹的锐角。我国规定标准齿轮的压力角为 $20°$。

（14）啮合角 α'——两齿轮传动时，两相啮合的齿廓接触点处的公法线与两节圆的内公切线所夹的锐角称为啮合角，即在点 P 处两齿轮受力方向与运动方向的夹角。一对装配准确的标准齿轮，其啮合角等于压力角，即 $\alpha'=\alpha$。

（15）模数 m——由分度圆周长 $\pi d=pz$，可得 $d=(p/\pi)z$，齿轮的模数 $m=p/\pi$，则 $d=mz$。

由于 π 是常数，所以 m 的大小决定了 p 的大小，模数 m 大则齿距 p 也大，随之齿厚 s 也大，则该齿轮的承载能力增大。

由前面内容可知，一对正确啮合的齿轮的模数 m 和压力角 α 必须相等，为了便于设计和加工，模数已经标准化，如表 8-5 所示。

表 8-5　齿轮的模数标准系列摘录（GB/T 1357—2008）

第一系列	1，1.25，1.5，2，2.5，3，4，5，6，8，10，12，16，20，25，32，40，50
第二系列	1.125，1.375，1.75，2.25，2.75，3.5，4.5，5.5，(6.5)，7,9,11,14,18,22,28,35,45

2. 齿轮各部分尺寸与模数的关系

标准齿轮轮齿各部分的尺寸都可根据模数来确定，标准直齿圆柱齿轮轮齿（正常齿）各部分尺寸与模数的关系见表 8-6。

表 8-6　标准齿轮轮齿（正常齿）各部分尺寸与模数的关系

名称及代号	公　式	名称及代号	公　式
模数 m	$m=p/\pi=d/z$（取标准值）	齿顶圆直径 d_a	$d_a=d+2h_a=m(z+2)$
齿顶高 h_a	$h_a=m$	齿根圆直径 d_f	$d_f=d-2h_f=m(z-2.5)$
齿根高 h_f	$h_f=1.25m$	齿距 p	$p=\pi m$
齿高 h	$h=2.25m$	中心距 a	$a=(d_1+d_2)/2=m(z_1+z_2)/2$
分度圆直径 d	$d=mz$		

二、直齿圆柱齿轮的画法

根据 GB/T 4459.2—2003 中的规定，直齿圆柱齿轮的画法如下：

1. 轮齿部分的画法

齿顶圆和齿顶线用粗实线绘制，分度圆和分度线用细点画线绘制，齿根圆用细实线绘制，也可以省略不画，在剖视图中，齿根线用粗实线绘制，如图 8-16 所示。如需表明齿形时，也可在图形中用粗实线画出一个或两个齿，或用适当比例的局部放大图表示。

2. 单个直齿圆柱齿轮的画法

单个直齿圆柱齿轮的轮齿部分按上述规定绘制，其余部分按真实的投影绘制。在剖视图中，当剖切平面通过齿轮的轴线时，齿轮按不剖绘制，如图 8-16 所示。

3. 直齿圆柱齿轮的啮合画法

一对啮合直齿圆柱齿轮啮合区的画法如图 8-17 所示：

（1）在垂直于圆柱齿轮轴线的投影面的视图中，两节圆应相切。在啮合区的齿顶圆均用粗实线绘制，如图 8-17b 所示；也可以省略不画，如图 8-17a 所示。齿根圆全部不画。

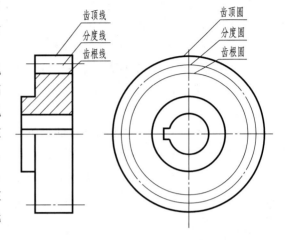

（2）在平行圆柱齿轮轴线的投影面的视图中，啮合区内的齿顶线不需画出，节圆用粗实线画出，如图 8-17a 所示。当画成剖视图且剖切平面通过两啮合齿轮的轴线时，在啮合区内将一个齿轮的轮齿用粗实线绘制，另一个齿轮的轮齿被遮挡部分用细虚线绘制，如图 8-18 所示，这条细虚线也可以不画。在剖视图中，当剖切面不通过啮合齿轮的轴线时，齿轮一律按不剖绘制。

图 8-19 是一直齿圆柱齿轮的零件图。

图 8-16　直齿圆柱齿轮的画法

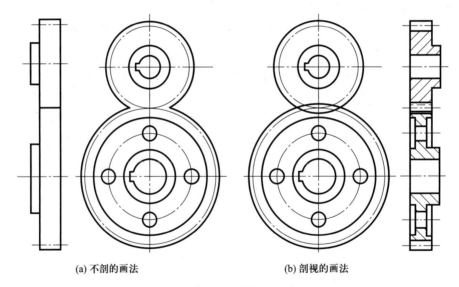

(a) 不剖的画法　　　　　　　(b) 剖视的画法

图 8-17　直齿圆柱齿轮的啮合画法

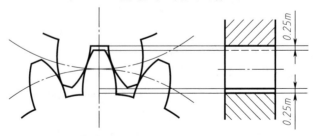

图 8-18　直齿圆柱齿轮啮合区的画法

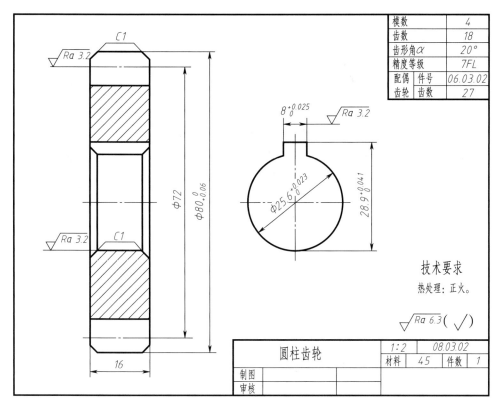

模数	4	
齿数	18	
齿形角α	20°	
精度等级	7FL	
配偶	件号	06.03.02
齿轮	齿数	27

技术要求

热处理：正火。

圆柱齿轮	1:2	08.03.02
	材料	45	件数	1
制图		
审核		

图 8-19　直齿圆柱齿轮的零件图

§8-5　弹　簧

　　弹簧是用来减振、测力和储存能量的零件，其种类多、用途广，这里只介绍圆柱螺旋弹簧。

　　圆柱螺旋弹簧，根据用途不同可分为压缩弹簧、拉伸弹簧和扭转弹簧，如图 8-20 所示。本节介绍圆柱螺旋压缩弹簧的尺寸计算和画法。

一、圆柱螺旋压缩弹簧的各部分名称及其尺寸计算

　　圆柱螺旋压缩弹簧尺寸如图 8-21 所示。

　　（1）材料直径 d　弹簧钢丝的直径。

　　（2）弹簧直径　弹簧中径 D（弹簧的规格直径）；弹簧内径 $D_1 = D - d$；弹簧外径 $D_2 = D + d$。

　　（3）节距 t　除支承圈外，相邻两圈沿轴向的距离。

　　（4）有效圈数 n、支承圈数 n_z 和总圈数 n_1　为了使压缩弹簧工作时受力均匀，保证轴线垂直于支承端面，两端常并紧且磨平。这部分圈数仅起支承作用，所以称为支承圈。支承圈数 n_z 有 1.5 圈、2 圈和 2.5 圈 3 种。2.5 圈用得较多，即两端各并紧 1/2 圈，磨平 3/4 圈。压缩弹簧除支承圈外，具有相同节距的圈数称有效圈数 n，有效圈数 n 与支承圈数 n_z 之和称总圈数 n_1，即 $n_1 = n + n_z$。

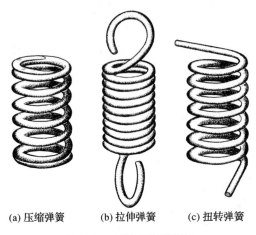

(a) 压缩弹簧　(b) 拉伸弹簧　(c) 扭转弹簧

图 8-20　圆柱螺旋弹簧图

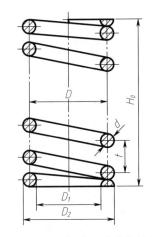

图 8-21　圆柱螺旋压缩弹簧的尺寸

（5）自由高度（或长度）H_0　弹簧在不受外力时的高度。

$$H_0 = nt + (n_z - 0.5)d$$

（6）弹簧展开长度 L　制造时弹簧丝的长度 $L \approx n_1 \sqrt{(\pi D)^2 + t^2}$。

二、普通圆柱螺旋压缩弹簧的标记

GB/T 2089—2009 规定了圆柱螺旋压缩弹簧的标记，由类型代号、规格、精度代号、旋向代号和标准编号组成，规定如下：

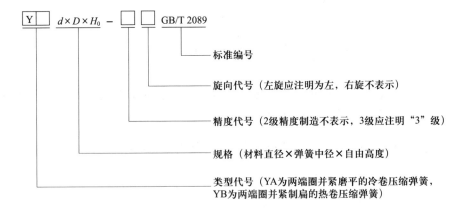

标准编号

旋向代号（左旋应注明为左，右旋不表示）

精度代号（2级精度制造不表示，3级应注明"3"级）

规格（材料直径×弹簧中径×自由高度）

类型代号（YA为两端圈并紧磨平的冷卷压缩弹簧，
YB为两端圈并紧制扁的热卷压缩弹簧）

例如，YB 型弹簧，材料直径为 30 mm，弹簧中径为 160 mm，自由高度 310 mm，精度等级为 3 级，右旋，两端圈并紧制扁的热卷压缩弹簧的标记应为：

YB 30×160×310-3　GB/T 2089

三、圆柱螺旋压缩弹簧的画法

（1）在平行于弹簧轴线的投影面上的视图中，其各圈的轮廓应画成直线，如图 8-22b 所示。常采用通过轴线的全剖视如图 8-22a 所示。

（2）表示四圈以上的螺旋弹簧时，允许每端只画两圈（不包括支承圈），中间各圈可省略不画，只画通过弹簧丝断面中心的两条细点画线。当中间部分省略后，也可适当地缩短图形的长度。

（3）在装配图中，弹簧中间各圈采取省略画法后，弹簧后面被挡住的零件轮廓不必画出，如图 8-23 所示。

（4）当弹簧被剖切，材料直径在图上小于 2 mm 时，其断面可以涂黑表示，如图 8-24a 所示，也可采用示意画法，如图 8-24b 所示。

（5）右旋弹簧或旋向不作规定的螺旋弹簧在图上均画成右旋，左旋弹簧允许画成右旋，但无论画成左旋或右旋，图纸上一律要注明"左"字样（弹簧旋向定义与螺纹旋向定义相同）。

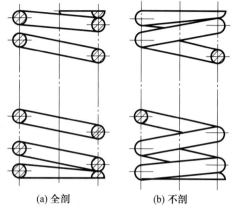

(a) 全剖　　　　(b) 不剖

图 8-22　圆柱螺旋压缩弹簧视图的画法

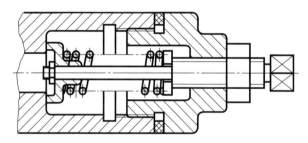

图 8-23　装配图中被弹簧遮蔽处的画法

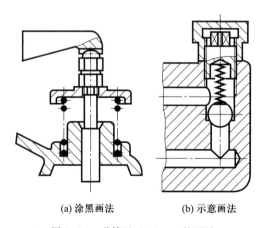

(a) 涂黑画法　　　　(b) 示意画法

图 8-24　弹簧丝 $d \leqslant 2$ mm 的画法

图 8-25 为弹簧零件图的格式。图形上方的机械性能线图是表达弹簧负荷与长度之间的变化关系。其中 F_1、F_2 为弹簧的工作负荷，F_j 为弹簧的工作极限负荷，f_1、f_2、f_j 分别为相应负荷下弹簧的轴向变形量。

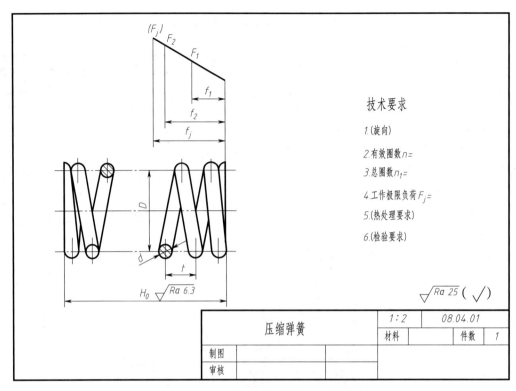

图 8-25　弹簧零件图

§8-6　滚 动 轴 承

　　滚动轴承是一种支承旋转轴的组件。它具有摩擦小、结构紧凑的优点，被广泛应用于机器或部件中。滚动轴承是标准件，在国家标准滚动轴承代号方法（GB/T 272—2017）中对它的结构形式和外形尺寸等均已规范化、系列化。

　　滚动轴承的结构一般由外圈、内圈、滚动体及保持架组成，按内部结构和承受载荷方向的不同分为三类，如表 8-7 所示：

　　（1）向心轴承——主要承受径向载荷。

　　（2）推力轴承——承受轴向载荷。

　　（3）向心推力轴承——同时承受径向和轴向载荷。

表 8-7　常用滚动轴承的类型

类别	向 心 轴 承	向 心 推 力 轴 承	推 力 轴 承
结构形式	60000 型	30000 型	51000 型

1. 滚动轴承表示法（GB/T 4459.7—2017）

　　滚动轴承在装配图中的表示方法，可以采用规定画法，亦可采用简化画法。简化画法分为特征画法和通用画法，在同一张图上一般只能采用其中的一种画法。表 8-8 为常用的几种滚动轴承的画法。

　　（1）规定画法　规定画法能较详细地表达滚动轴承的主要结构形状。用规定画法绘制装配图时，滚动轴承的保持架及倒角等均可省略不画。轴承的滚动体不画剖面线，各套圈的剖面线可画成方向一致、间隔相同。在不致引起误解时，还允许省略剖面线。一般只绘轴的一侧，另一侧可按简化画法绘制。

　　（2）通用画法　在装配图的剖视图中，若不必确切地表示滚动轴承的外形轮廓、载荷特性及结构特征，则可以采用通用画法；在轴的两侧用矩形线框（为粗实线）及位于线框中央正立的十字形符号（为粗实线）表示，十字形符号不应与矩形线框接触。

　　（3）特征画法　在装配图的剖视图中，若需要较形象地表示滚动轴承的结构特征，则可以采用特征画法，在轴的两侧矩形线框内，用粗线画出表示滚动轴承结构特征和载荷特性的要素符号组合。垂直于轴承轴线的投影面的视图，无论滚动体的形状及尺寸如何，均可按图 8-26 绘制。

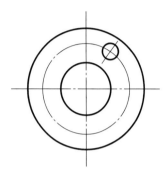

图 8-26　滚动轴承轴线垂直于投影面的特征画法

表 8-8　常用滚动轴承的画法及尺寸比例示例

类型、代号及标准号	规定画法	简化画法	
		通用画法	特征画法
深沟球轴承 GB/T 276—2013 6000			
圆锥滚子轴承 GB/T 297—2015 30000			

续表

类型、代号 及标准号	规 定 画 法	简 化 画 法	
		通 用 画 法	特 征 画 法
推力球轴承 GB/T 301—2015 51000	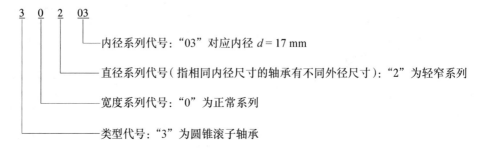		

2. 滚动轴承的代号

滚动轴承的代号是由前置代号、基本代号、后置代号构成，分别用字母和数字表示轴承的结构形式、特点、承载能力、类型和内径尺寸等。前置代号和后置代号是补充代号，其含义和标注见 GB/T 272—2017。基本代号是轴承代号的基础，基本代号由轴承类型代号、尺寸系列代号和内径代号构成，尺寸系列代号由轴承的宽（高）度系列代号和直径系列代号组合而成。例如：圆锥滚子轴承 30203 所代表的含义为：右起第一、二位数字表示轴承的内径代号，内径在 10~495 mm 以内的表示方法如表 8-9 所示；右起第三位数字表示直径系列，即在内径相同时，有各种不同的外径；右起第四位数字表示轴承的宽度系列，当宽度系列为 0 系列时，多数轴承可不注出宽度系列代号 0，但调心滚子轴承，宽度系列代号 0 应标出；右起第五位数字表示轴承的类型。

表 8-9   轴承的内径代号

内 径 代 号	00	01	02	03	04 以上
内径数值/mm	10	12	15	17	将代号数字乘以 5 为内径数值

轴承 30203 的各项含义是：

```
3  0  2  03
            └── 内径系列代号："03" 对应内径 d = 17 mm
         └───── 直径系列代号（指相同内径尺寸的轴承有不同外径尺寸）："2" 为轻窄系列
      └──────── 宽度系列代号："0" 为正常系列
   └─────────── 类型代号："3" 为圆锥滚子轴承
```

轴承 6206 的各项含义是：

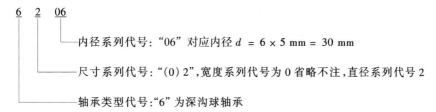

第九章 装 配 图

表示机器或部件工作原理、各组成部分的连接和装配关系以及结构形状的图样称为装配图。在装配图中，把表达一台完整机器的图样称为总装配图，表达机器中某个部件的图样称为部件装配图。在设计工作中，一般先按设计要求绘出装配图，然后再根据装配图拆画零件图。在产品装配工作中，亦是根据装配图把各零件装配成部件或机器。此外，在机器或部件的维修和使用过程中，也都需要使用装配图。因此，装配图是生产中的重要技术文件之一。本章介绍装配图的内容、表达方法，装配图的画法，看装配图以及由装配图拆画零件图的方法和步骤等。

§9-1 装配图的内容

如图 9-1 所示滑动轴承是由轴承座、轴承盖、上轴衬、下轴衬、油杯和螺栓连接等组成。图 9-2 为滑动轴承装配图，从该图可以看出，一张完整的装配图应有下列内容：

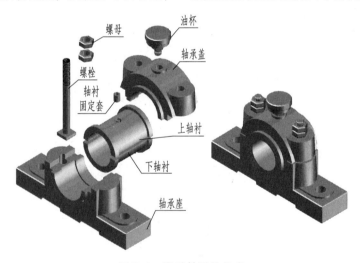

图 9-1 滑动轴承的组成

（1）一组图形 采用各种表达方法，正确、清晰地表达出机器或部件的工作原理，各零件间的装配关系、连接方式和主要零件的结构特点等。图 9-2 采用了主、俯两个基本视图，并作了剖视。

（2）必要的尺寸 表示机器或部件的规格、性能以及装配、检验、安装等一些必要的尺寸。

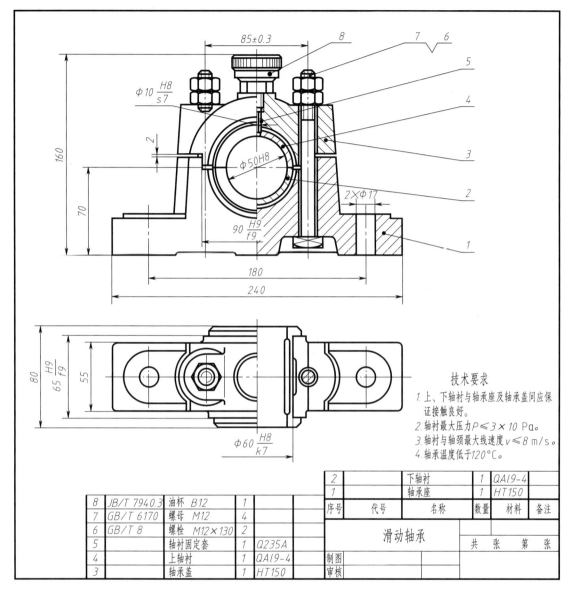

图 9-2　滑动轴承装配图

（3）技术要求　说明机器或部件在装配、调试、检验、安装以及维修和使用中应达到的要求。

（4）零件编号、明细栏和标题栏　装配图上必须对每种零件进行编号，并编制明细栏，说明每种零件的编号、名称、数量、材料等。标题栏说明机器或部件的名称、图号、比例等。

§9-2　装配图的表达方法

以前各章介绍的各种表达方法及其选用原则，在机器或部件的表达中都适用。装配图的表达重点是机器或部件的工作原理、传动路线、零件间的装配关系和技术要求，各零件的内、外形状不一定要求完全表达出来。根据装配图的特点，国家标准《机械制图》对装配图的绘制规定了一些表达方法。

1. 零件间接触面和配合面的画法

在装配图中，两相邻零件的接触面或配合面只画一条线，如图 9-3 所示轴承与轴承孔的配合面只画一条线分界。当两相邻零件的基本尺寸不相同或为非接触面时，即使间隙很小，也必须画出两条线，如图 9-3 中轴承盖的光孔与螺栓的公称尺寸不同，因此画两条线。

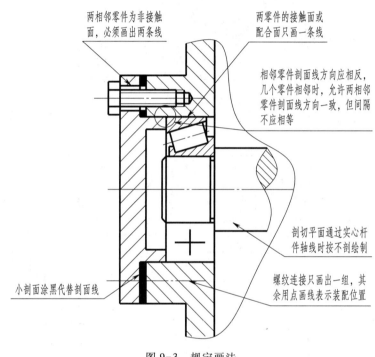

图 9-3   规定画法

2. 剖面符号的画法

为了区分不同零件，在装配图中，两相邻零件的剖面线方向应相反。当有几个零件相邻时，允许两相邻零件的剖面线方向一致，但间隔不应相等，如图 9-3 中轴承盖、轴承座和轴承的画法。同一零件的剖面线方向和间隔在装配图的各视图中应保持一致。剖面厚度小于或等于 2 mm 的图形，允许将剖面涂黑来代替剖面线，如图 9-3 中垫片的画法。

相邻辅助零件(或部件)一般不画剖面符号，如图 9-4 所示。当需要画剖面符号时，以相邻零件处理。

压合或塑铸在一起的结合件，一般仍按装配图的要求绘制剖面线，如图 9-5 所示。

3. 紧固件和实心杆件在剖视图中的画法

在装配图中，紧固件和实心轴、手柄、连杆、拉杆、球、钩子、键等零件，当剖切平面通过其基本轴线时，这些零件均按不剖绘制，如图 9-2 中螺栓、螺母的画法。

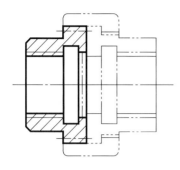

图 9-4　相邻辅助零件剖面线表达

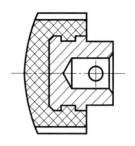

图 9-5　塑铸结合件剖面线表达

4. 简化画法

（1）沿零件的接合面剖切和拆卸画法　在装配图中，当某些零件遮住了需要表达的结构和装配关系时，可假想沿某些零件的接合面剖切或假想将某些零件拆卸后绘制。需要说明时，在相应视图上方加注"拆去××"等字样。如图 9-2 俯视图右半部分是沿轴承盖与轴承座接合面剖切的半剖视图，接合面上不画剖面线，被剖切到的螺栓按规定必须画出剖面线。如图 9-7 左视图所示，假想将轴承盖顶部的油杯拆卸后绘出，这种画法称为拆卸画法。

（2）装配图中对规格相同的零件组或螺纹连接等重复零件，可详细地画出一组或几组，其余只需表示装配位置。如图 9-3 中的螺栓连接只画出一组，其余用点画线表示其装配位置。

（3）装配图中滚动轴承允许采用图 9-3 的简化画法，即一边使用规定画法表示轴承的结构特征，一边使用通用画法简化作图。

（4）装配图中，零件的工艺结构如倒角、圆角、退刀槽等允许省略。

（5）装配图中，当剖切平面通过的某些部件为标准产品（如管接头、油杯、游标等）或该组件已由其他图形表示清楚时，可只画出外形轮廓，如图 9-2 主视图中的油杯。

（6）装配图中，可单独绘出某零件的视图，但必须在所画视图的上方注出该零件的视图名称，在装配图相应零件的附近用箭头指明投射方向，并标注相同字母。如图 9-16 折角阀装配图中 B 向所指的零件 2 阀瓣。

5. 假想画法　在装配图中，有时需要表示本部件与其他零部件的安装连接关系，或部件中某些零件的运动极限位置，可用细双点画线画出相邻部分或极限位置的轮廓线，如图 9-6 所示。

6. 夸大画法　装配图中，若绘制直径或厚度小于 2 mm 的孔、薄片以及较小的间隙、斜度和锥度，允许不按比例绘制，可适当夸大画出，如图 9-3 中垫片的画法。

7. 展开画法　为了表示传动机构的传动路线和零件间的装配关系，可假想按传动顺序沿轴线剖切，然后依次展开使其与选定的投影面平行，再画出剖视图。这种画法称为展开画法，如图 9-6 A—A 展开视图所示。

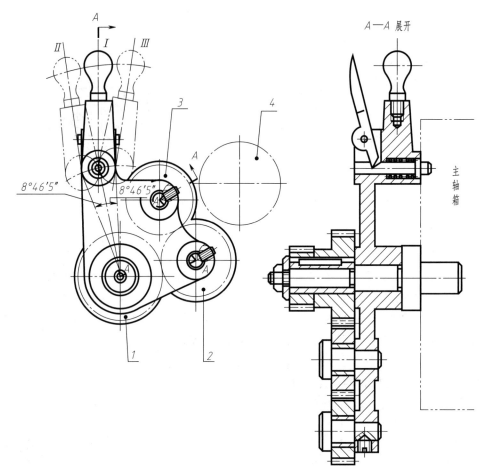

图 9-6 假想画法和展开画法

§9-3 装配图的尺寸标注和技术要求

一、装配图中的尺寸标注

装配图中尺寸作用是用来表达机器或部件的工作原理、性能规格以及指导装配与安装工作。主要应标注出部件的性能规格尺寸和表达零件之间配合、定位关系的尺寸，以及与其他部件之间的安装关系及包装运输用的外形尺寸。

1. 性能规格尺寸(特征尺寸)

表示机器或部件性能和规格的尺寸。如图 9-7 中的轴孔尺寸 ϕ50H8。

2. 装配尺寸

表示机器或部件中零件之间配合关系、连接关系和保证零件间相对位置等的尺寸。一般包括：

(1) 配合尺寸　表示零件间有配合要求的尺寸，如图 9-7 中 90H9/f9、ϕ60H8/k7 等。

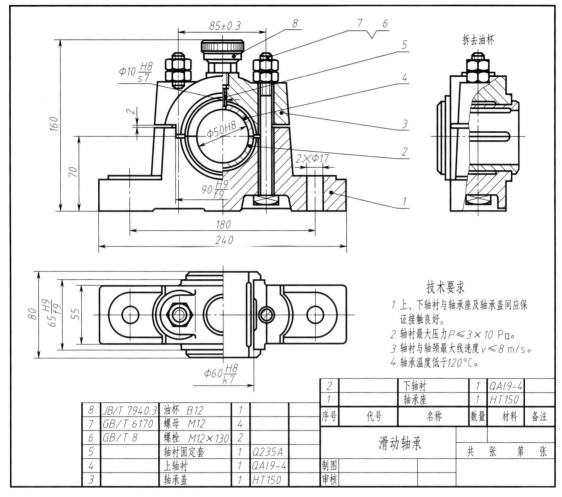

图 9-7　滑动轴承装配图

（2）相对位置尺寸　如图 9-7 中轴承盖与轴承座的相对距离 2。

（3）零件间连接尺寸　装配时应保证的零件间较重要的一些尺寸，以及非标准零件上的螺纹标记和代号等。如图 9-7 中两螺栓间距离 85±0.3。

3. 安装尺寸

将机器安装在基础上或将部件安装在机器上所需要的尺寸，如图 9-7 中轴承座的尺寸 180 和 2×φ17。

4. 外形尺寸

表示机器或部件总体长、宽、高的尺寸，是包装、运输和安装时所需的尺寸，如图 9-7 中的 240、80、160。

除以上四种尺寸外，有时还要标注其他有关尺寸，例如设计时经过计算确定的重要尺寸和主要零件的主要尺寸。

装配图上的尺寸应根据具体情况来标注，上述四种尺寸并不是每张装配图都要有，标注时应根据装配图的作用来确定。

二、装配图中的技术要求

技术要求是装配图中必不可少的重要组成部分。装配图所表达对象的技术要求包括装配、调试、检验、运输、安装、使用和维护过程中应达到的要求和指标。归纳起来分为以下几方面：

（1）加工、装配的工艺要求，是为保证产品质量而提出的工艺要求；

（2）对产品及零、部件的性能和质量的要求（如噪声、防振性、自动、制动及安全性）；

（3）对间隙、过盈及个别结构要素的特殊要求；

（4）对校准、调整及密封的要求；

（5）试验条件和使用方法的要求；

（6）其他说明。

装配图中的技术要求一般用文字注写在标题栏的上方或左方，也可以另编技术文件。如图 9-7 中技术要求所示。

§9-4 装配图的编号、明细栏和标题栏

为了便于图样的管理，以及方便阅读和查找零、部件之间的装配关系，需要对机器或部件中的每个不同的零件（或组件）按某种规律有序地进行编号（序号），并在标题栏的上方编制零件的明细栏或另附明细表。零、部件序号的编制方法见国标《机械制图　装配图中零、部件序号及其编排方法》（GB/T 4458.2—2003）。

一、编排序号的方法

常用的编号方式有两种：一种是对机器或部件中的所有零件（包括标准件和常用件）按一定顺序进行编号，如图 9-7 所示。另一种是将装配图中标准件的数量、标记按规定标注在图上，标准件不占编号，而将非标准件按顺序进行编号。

装配图中编排序号的一般规定如下：

（1）装配图中每种零件或部件只编一个序号，一般只标注一次，必要时，多处出现的相同零、部件也可用同一个序号在各处重复标注。

（2）装配图中，零、部件序号的编写方式有如下三种：

① 在指引线的水平线（细实线）上或圆（细实线圆）内注写序号，序号字高比该装配图中所注尺寸数字的字号大一号，如图 9-8a 所示。

② 在指引线的水平线（细实线）上或圆（细实线圆）内注写序号，序号字高比该装配图中所注尺寸数字的字号大两号，如图 9-8b 所示。

③ 在指引线附近注写序号，序号字高比该装配图上所注尺寸数字的字号大两号，如图 9-8c 所示。

（3）指引线应自所指部分的可见轮廓内引出，并在末端画一圆点，如图 9-9 所示。若所指部分（很薄的零件或涂黑的剖面）内不便画圆点时，可在指引线末端画出箭头，并指向该部分的轮廓，如图 9-9 序号 3 所示。

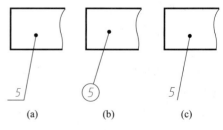

图 9-8　标注序号的方法

（4）指引线不能相交，当通过剖面线的区域时，指引线不能与剖面线平行。必要时允许指引线画成折线，但只允许转折一次，如图9-9所示。

（5）对一组紧固件或装配关系清楚的零件组，可以采用公共指引线，如图9-10所示。

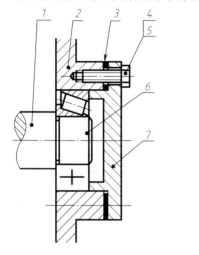

图 9-9 指引线末端画箭头

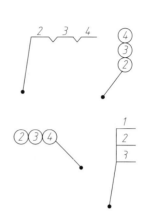

图 9-10 公共指引线

（6）同一装配图编排序号的形式应一致。

（7）序号应标注在视图的外面。装配图中序号应按水平或铅垂方向排列整齐，并按顺时针或逆时针方向顺序排列。在整个图上无法连续时，可只在水平或铅垂方向顺序排列。

二、标题栏和明细栏

装配图中的标题栏内容和格式详见国家标准《技术制图 标题栏》（GB/T 10609.1—2008）。制图作业中建议使用图9-11所示格式。

明细栏是机器或部件中全部零件的详细目录，其内容和格式详见国家标准《技术制图 明细栏》（GB/T 10609.2—2009）。明细栏画在装配图右下角标题栏的上方，栏内分格线及左边外框线为粗实线，栏中的编号与装配图中的零、部件序号必须一致。制图作业中建议使用图9-11所示格式。填写明细栏内容应遵守下列规定：

（1）零件序号应自下而上。如位置不够时，可将明细栏顺序画在标题栏的左方，如图9-2所示。当装配图中不能在标题栏的上方配置明细栏时，可作为装配图的续页按 A4 幅面单独给出，其顺序应由上而下（即序号1填写在最上面一行）。

（2）"代号"栏内应注出每种零件的图样代号或标准件的标准编号，如"GB/T 8"。

（3）"名称"栏内注出每种零件的名称，若为标准件应注出规定标记中除标准号以外的其余内容，如"螺栓 M12×130"。对齿轮、弹簧等具有重要参数的零件，还应注出其参数。

（4）"材料"栏内填写制造该零件所用的材料标记，如"HT150"。

（5）"备注"栏内可填写必要的附加说明或其他有关的重要内容，例如齿轮的齿数、模数等。

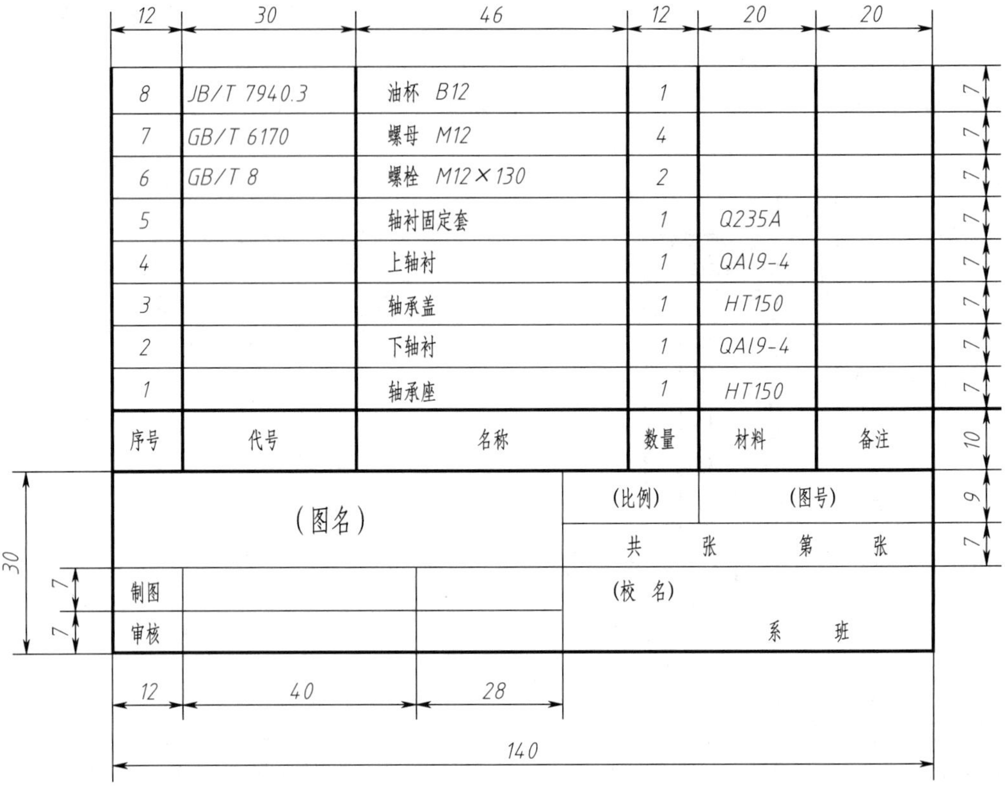

8	JB/T 7940.3	油杯 B12	1		
7	GB/T 6170	螺母 M12	4		
6	GB/T 8	螺栓 M12×130	2		
5		轴衬固定套	1	Q235A	
4		上轴衬	1	QAl9-4	
3		轴承盖	1	HT150	
2		下轴衬	1	QAl9-4	
1		轴承座	1	HT150	
序号	代号	名称	数量	材料	备注

(图名)		(比例)		(图号)	
		共　张　第　张			
制图		(校名)			
审核				系　班	

图 9-11　标题栏和明细栏的格式

§9-5　装配图的视图选择和绘制

一、装配图的视图选择

装配图是用来表达机器或部件的工作原理、零件间装配关系和相对位置的图样。针对其特点，在选择表达方案前必须仔细了解装配体的工作原理和结构情况，然后根据其工作位置、工作原理、形状特征、主要零件的装配连接关系选择主视图。再配合主视图选择其他视图。

1. 主视图的选择

与零件图一样，在装配图的视图选择中主视图是关键，它决定着整个装配图的视图数量、视图配置及表达效果。在选择主视图时，应从两方面来考虑：

（1）一般将机器或部件按工作位置放置。因为装配体的工作位置最能反映其总体外形。当工作位置倾斜时，应将其放正，使主要装配干线、主要安装面等处于水平或铅垂位置。

（2）选择能反映机器或部件的主要装配关系和工作原理以及主要零件的主要结构的视图作为主视图。当不能在同一视图中反映以上内容时，通常取反映零件间较多装配关系的视图作为主视图。

2. 其他视图的选择

（1）主视图确定后，应分析机器或部件中还有哪些结构、装配关系和主要零件的主要结构没有表达清楚，有针对性地选择其他视图和相应的表达方法。

（2）其他视图的选择应先考虑应用基本视图以及基本视图上的剖视图来表达有关内容。

图 9-12 所示的快换钻夹头，在钻床转速不高的情况下，不需停车可装换钻头、绞刀等刀具。它由夹头体、弹簧圈、可换套、钢球和外压环等零件组成。使用时，向上推外压环至上弹簧圈，钢球沿夹头体两侧的锥孔面向外滑至外压环下部的内壁处，可换套即可取出；另装一可换套，之后放松外压环，外压环就借助自重下滑，迫使钢球向轴心移动而陷入可换套的承窝中，这时换刀结束，刀具可进行切削。

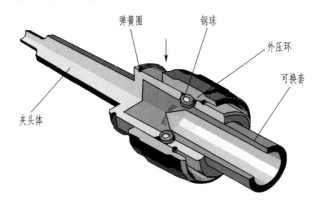

图 9-12　快换钻夹头结构图

快换钻夹头在工作时轴线垂直水平面。若以通过钻夹头轴线的铅垂面将钻夹头剖开，以箭头所示的方向作为主视图的投射方向，用全剖视图或半剖视图能较清晰地表达钻夹头的主要装配关系和工作原理，同时也符合它的工作位置。由于钻夹头中零件不多，所有零件均为回转体，形状较简单，主视图中已将各零件的主要结构表达清楚，因此不需其他视图。图 9-14 为快换钻夹头装配图，采用了主视图和一局部视图。

二、装配图的画法

选择好表达方案以后，根据所画部件的大小确定图样的比例和图幅。布置视图时，应考虑各视图间留有适当的空隙以及标注尺寸、序号、标题栏、明细栏和技术要求所需的位置。

画装配图的具体步骤如图 9-13 所示。

（1）画图框和标题栏、明细栏的外框。

（2）画出各基本视图的主要轴线（装配干线）、中心线和作图基线（某些零件的基面或端面），如图 9-13a 所示。

（3）按装配关系确定画图顺序，一般先画出主体零件或装配干线上的主要零件的主要轮廓。在画部件的主要结构时应每个视图分别作图，先画基本视图，后画非基本视图，但要注意各视图间的投影对应关系。画图时一般从主视图开始，若视图作剖视，则应采取由内向外画出各个零件，即首先画出装配干线上最内部的零件，再逐一画出与该零件有关的其他零件。若视图不作剖视，则应采取由外向内的画法，这样内部的零件由于不可见，可免去作图，如图 9-13b、c 所示。

（4）画出部件的次要结构和细部结构，如图 9-13d 所示。

（5）标注尺寸、画剖面线。

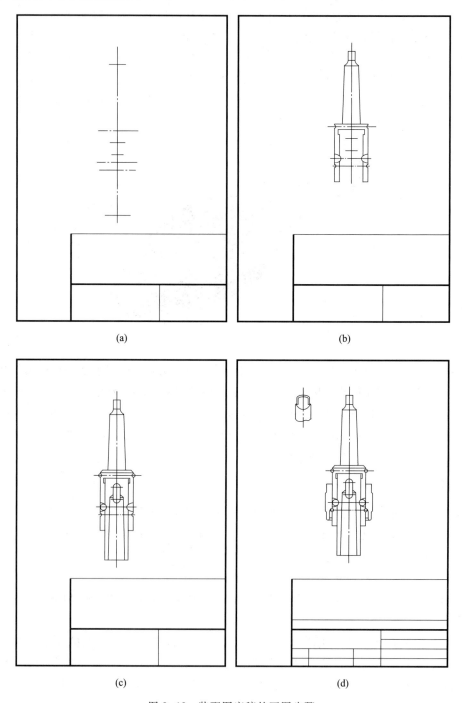

(a)

(b)

(c)

(d)

图 9-13　装配图底稿的画图步骤

（6）检查无误后，编序号、加深图线。最后填写标题栏和明细栏，注写技术要求。

图9-14为完成的快换钻夹头装配图。

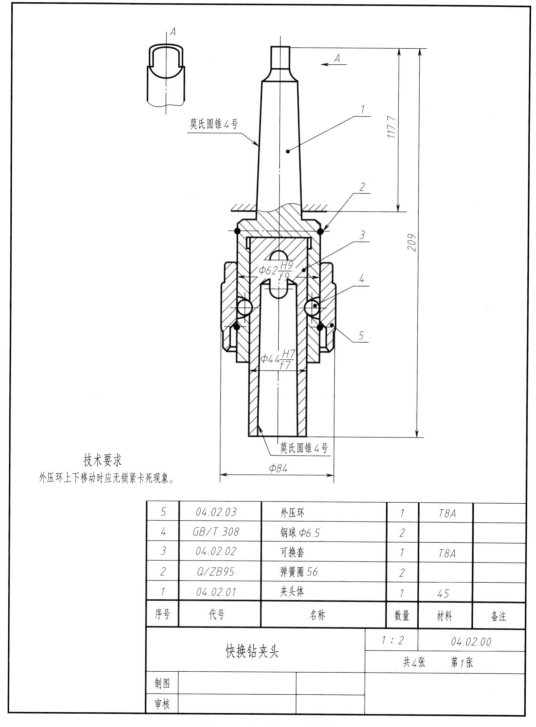

5	04.02.03	外压环	1	T8A	
4	GB/T 308	钢球 φ6.5	2		
3	04.02.02	可换套	1	T8A	
2	Q/ZB95	弹簧圈56	2		
1	04.02.01	夹头体	1	45	
序号	代号	名称	数量	材料	备注

快换钻夹头		1：2	04.02.00	
		共4张	第1张	
制图				
审核				

图9-14 快换钻夹头装配图

§9-6 装配结构的合理性

　　为保证机器或部件的性能要求，便于零件的加工和装拆，还必须考虑装配结构的合理性以及装配工艺要求。表9-1给出了几种常见的装配结构，以对比的方式介绍装配工艺对零件结构的一些基本要求，供绘制装配图时参考。

表 9-1　装配工艺对零件结构的要求

内　　容	合　　理	不　合　理	说　　明
接触面处的结构			两零件在同一方向的接触面只能有一对，这样既可满足安装要求，又可降低加工精度
轴和轴肩、孔和孔端面接触的结构			两配合零件接触面的转角处应做成圆角、倒角或凹槽，以保证接触面配合良好
圆锥面配合处的结构			圆锥面接触应有足够的长度，锥体顶部与锥孔底部之间应留有间隙，以保证配合的可靠性
销钉孔的结构			为了便于拆装，销钉孔应做成通孔，或者选用上端制有螺孔的"内螺纹圆柱销"，若销孔较深，应作出排气孔
滚动轴承与轴、轴承孔安装结构			滚动轴承以轴肩或孔肩定位时，轴肩或孔肩的高度应小于轴承内圈或外圈的厚度，便于拆卸

§9-7　读装配图及拆画零件图

一、读装配图的方法及要求

在设计、制造、装配、检验、使用和维修以及技术交流等生产活动中，都要用到装配图。读装配图的目的是从装配图了解机器或部件的工作原理、各零件的相互位置和装配关系以及主要零件的结构。读装配图的要求是：

（1）了解机器或部件的用途、结构和工作原理。

（2）了解零件间的相对位置、装配关系以及装拆顺序。

（3）了解各零件的主要结构形状和作用，以及名称、数量和材料。

下面以图 9-15 机用虎钳为例，说明读装配图的方法与步骤。

1. 概括了解

（1）从标题栏和有关资料中，可以了解机器或部件的名称和大致用途。

（2）从明细栏和图上的零件编号中，可以了解各零件的名称、数量、材料和它们所在的位置。

（3）分析表达方法。根据图样上的视图、剖视图等的配置和标注，找出投射方向、剖切位置、各视图间的投影关系，了解每个视图的表达重点。

如图 9-15 所示部件名称是机用虎钳，可知它是用于机床加工零件时夹持工件的夹具。对照明细栏和序号可以看出，该虎钳是由 8 种一般零件，6 种标准件组成。机用虎钳装配图采用了 3 个基本视图表达。主视图选择了工作位置，投射方向垂直于螺杆轴线，并采用全剖视图，表达了钳身 1、虎钳螺杆 10、螺母 8、活动钳身 9 等主要零件的位置和装配关系。左视图采用半剖视图，并有一处局部剖视图，表达了钳身 1、活动钳身 9、压板 13 的主要结构和装配关系，以及钳身 1 和钳座 4 等的外形轮廓。俯视图主要表达钳座 4、钳身 1 和活动钳身 9 等的外形。

2. 了解装配关系和工作原理

在概括了解的基础上，分析各零件间的定位、密封、连接方式和配合要求，从而搞清运动零件与非运动零件的相对运动关系。一般从动力输入件（手轮、把手、带轮、齿轮和主动轴等）开始，沿着各个传动系统按次序了解每个零件的作用，零件间的连接关系。通过分析可知，机用虎钳的主视图表达了各主要零件的装配关系。虎钳螺杆 10 安装在钳身 1 右端的 ϕ26H7 安装孔中，虎钳螺杆 10 左端用圆锥销 3 和挡圈 2 固定在钳身上，保证螺杆转动灵活。螺母 8 安装在活动钳身 9 的 ϕ36H7 孔中，由紧定螺钉 7 固定。钳身下部凸出的 ϕ50g6 圆台安装在钳座 4 的 ϕ50H7 孔中，由螺栓 11 和螺母 12 固定，可根据加工需要调整钳身转角，转动的角度可以通过刻度盘来确定。整个机用虎钳由螺纹连接件固定在机床工作台上。左视图中，压板 13 被螺栓 14 固定在活动钳身上，用以保证活动钳身 9 与钳身导轨运动的直线性。

机用虎钳工作原理为：将扳手套在虎钳螺杆 10 端部方头处，转动螺杆时，螺母 8 带动活动钳身 9 左右移动，夹紧或松开工件。

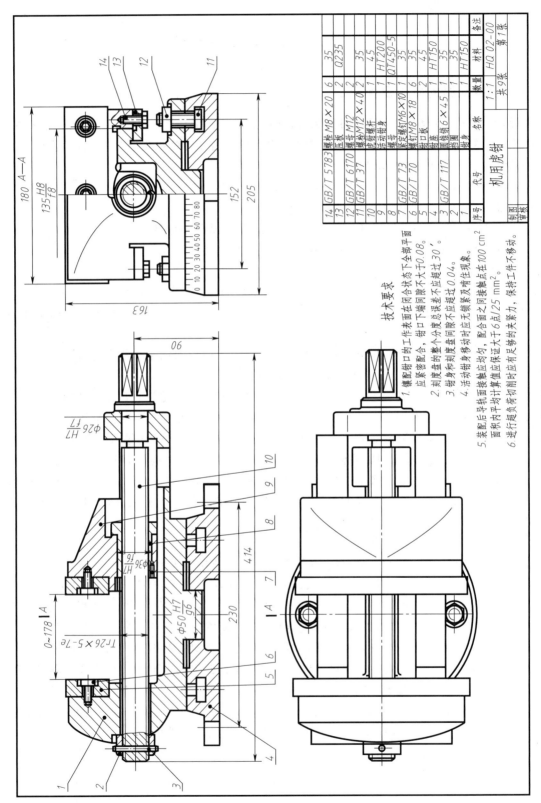

序号	代号	名称	数量	材料	备注
14	GB/T 5783	螺栓 M8×20	6	35	
13		压板	2	Q235	
12	GB/T 6170	螺母 M12	2	35	
11	GB/T 37	螺栓 M12×40	2	45	
10		活动钳身	1	HT200	
9		活动钳身	1	QT450-5	
8		装卡螺钉 M6×10	1	35	
7	GB/T 73	螺母	6	35	
6	GB/T 70	螺钉 M8×18	2	45	
5		钳口板	1	HT150	
4		钳座	1	35	
3	GB/T 117	圆锥销 6×45	1	35	
2		挡圈	1	35	
1		钳身	1	HT150	

机用虎钳

比例 1:1 HQ 02-00

共9张 第1张

制图
审核

技术要求

1. 镶配钳口的工作表面在闭合状态下全部平面应紧密配合,钳口下端间隙不大于0.08。
2. 刻度盘的整个分度总误差不应超过30′。
3. 钳身和刻度盘移动时应无阻滞,锁紧及背间隙不应超过0.04。
4. 活动钳身移动时应无晃动现象。
5. 装配后导平钳面接触应均匀,配合面之间接触点在100 cm²面积内平均值应保证不大于6点/25 mm²。
6. 进行最大切削时应有足够的夹紧力,保持工件不移动。

图 9-15 机用虎钳装配图

3. 分析零件的作用及结构形状

由装配图了解到机用虎钳的工作原理和装配关系后，应进一步分析各零件在部件中的作用以及各零件的相互关系和结构形状。通过看各零件的序号和明细栏，以及投影关系和剖面线的区别来区分装配图中的各个零件。

例如钳身 1，从主、左、俯视图可知其底盘为扁圆柱，为使其在钳座中转动灵活并保证精度，底部有一凸圆柱与钳座的孔保证间隙配合 $\phi50H7/g6$，为减少与钳座的接触面，底盘上加工出一环形凹槽。钳身上部左端凸出部分是钳口，钳口上分布着三个螺钉孔，用以固定钳口板，钳口下部钳身上有一通孔用以支承螺杆。钳身中部是前后两条左右走向的导轨，两导轨右端中部有一上下相通的槽，便于清除铁屑。钳身右端凸出部分有一 $\phi26H7$ 通孔，用于支承螺杆。

从俯视图中可以看出钳身各部分的结构形状和宽度。从左视图中可以看出钳身左端外形轮廓以及钳身中部导轨的内部结构形状。

4. 尺寸分析

分析装配图中所注各种尺寸，可以进一步了解各零件间的配合性质和装配关系。例如，配合尺寸 $\phi50H7/g6$、$\phi36H7/f6$、$\phi26H7/f7$、$135H8/f8$；规格尺寸 $0\sim178$、90、180；外形尺寸 414、205、163；安装尺寸 230 等。

5. 总结归纳

为了对装配图有一全面认识，还应根据机器或部件的工作原理从部件的装拆顺序、安装方法和技术要求进行综合分析，从而获得对整台机器或部件的认识。

二、由装配图拆画零件图

在设计过程中，一般是根据装配图画出零件图。拆画零件图是在看懂装配图的基础上进行的。由于装配图主要表达部件的工作原理和零件间的装配关系，不一定把每个零件的结构形状完全表达清楚，因此，在拆画零件图时，就需要根据零件的作用要求进行设计，使其符合设计和工艺要求。由装配图拆画零件图的步骤如下。

1. 构思零件形状

根据装配图的装配关系，利用投影关系和剖面线的区别来分离零件，并分析所拆零件的作用及结构形状。对装配图中未表达完全的结构，要根据零件的作用和装配关系重新设计。对装配图中未画出的工艺结构，如铸造圆角、起模斜度、倒角和退刀槽等，都应在零件图中表达清楚，使零件的结构形状表达得更为完整。

2. 确定表达方案

由于装配图和零件图的作用不同，在拆图时，零件的视图选择和表达方法不能盲目地照抄装配图，而应根据第七章中"零件的视图选择"中的要求重新考虑。例如：轴套类零件应按加工位置安放，箱体类零件、叉架类零件应按工作位置安放，从而来选取主视图的投射方向。

3. 零件图的尺寸

拆图时，零件图的尺寸应从以下几方面考虑：

（1）装配图上注出的尺寸除某些外形尺寸和装配时需要调整的尺寸外，可以直接用到相关零件图上。凡注有配合代号的尺寸，应该根据配合类别、公差等级注出上、下极限偏差。

（2）一些标准结构的尺寸，如沉孔、螺栓通孔的直径，键槽尺寸，螺纹、倒角的尺寸等，应查阅有关标准。齿轮应根据模数、齿数，通过计算确定其参数和尺寸。

（3）在装配图中未标出的零件各部分尺寸，可以从装配图上按比例直接量取。

在注写零件图上的尺寸时，对有装配关系的尺寸要注意相互协调，不要出现矛盾。

4. 零件的技术要求

表面结构、几何公差以及热处理和表面处理等技术要求，应根据零件的作用、装配关系和装配图上提出的要求来确定，或参考同类型产品的图样确定。

现以折角阀装配图（图 9-16）为例，读装配图并拆画阀体 1 的零件图。

（1）概括了解 折角阀是安装在管路中控制流体流通的开关。从标题栏和明细栏可知，该部件由 14 种一般零件和一种标准件组成。采用三个基本视图、一个局部视图以及一个移出断面表达。主视图采用全剖视图，表达了零件间的装配关系和工作原理。左视图采用了半剖视图，表达了折角阀的外形轮廓和内部结构。俯视图采用了拆卸画法，主要表达折角阀的外形轮廓。A—A 移出断面补充了接套 5 的部分结构。B 向视图表达了阀瓣 2 端部的形状。

（2）了解装配关系和工作原理 由主视图可知，折角阀在管路中有关闭和开启两种状态。当手轮 11 逆时针旋转时，由于阀盖 7 固定不动，使阀杆 4 向上运动，阀杆 4 通过接套 5 将阀瓣 2 带动上升，阀门打开，流体通过主要零件阀体 1 下部管路进入其空腔并从左侧出口流出。反之，则关闭管路。

为防止流体沿阀杆 4 与阀盖 7 之间的间隙泄出，采用填料密封装置，它是由填料 8、填料压盖 9 和压盖螺母 10 组成。

为保证阀瓣 2 和阀杆 4 运动的直线性，接套 5 和阀杆 4 采用了间隙配合 $\phi20H8/f9$。阀瓣 2 下部做成圆锥面与阀体 1 内圆锥面配合，起到密封作用，同时可以减小加工难度。

（3）分离零件，画出零件图 由装配图可知，阀体是三通式的壳体零件，主要部分由球和圆柱同轴组成。阀体中部为一球形空腔，其上、下、左方分别有一圆柱通孔与球形空腔相贯。三圆柱通孔外轮廓均有螺纹，分别与两个接头螺母 13 和一个阀盖螺母 6 旋合。

在装配图中分离出阀体的轮廓。按壳体零件的表达要求，选择工作位置来确定主视图的投射方向（装配图所示位置），按零件图的要求选择其他视图。完成的阀体零件图如图 9-17 所示。

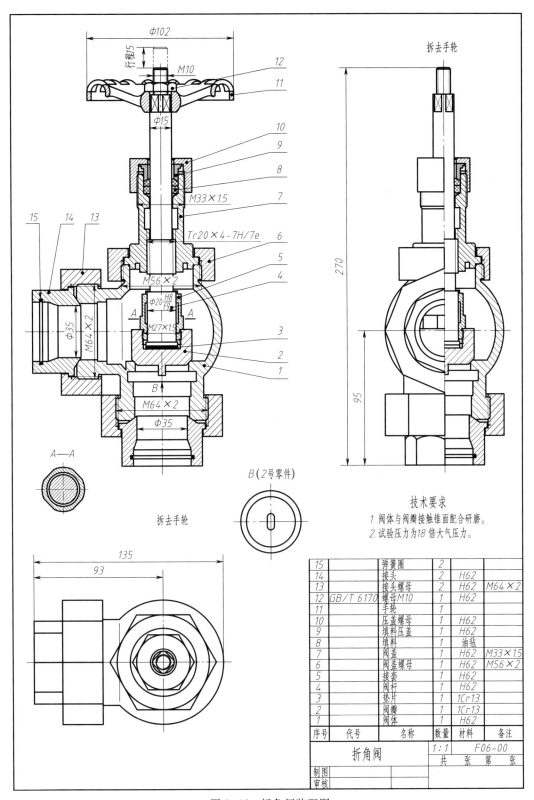

图 9-16 折角阀装配图

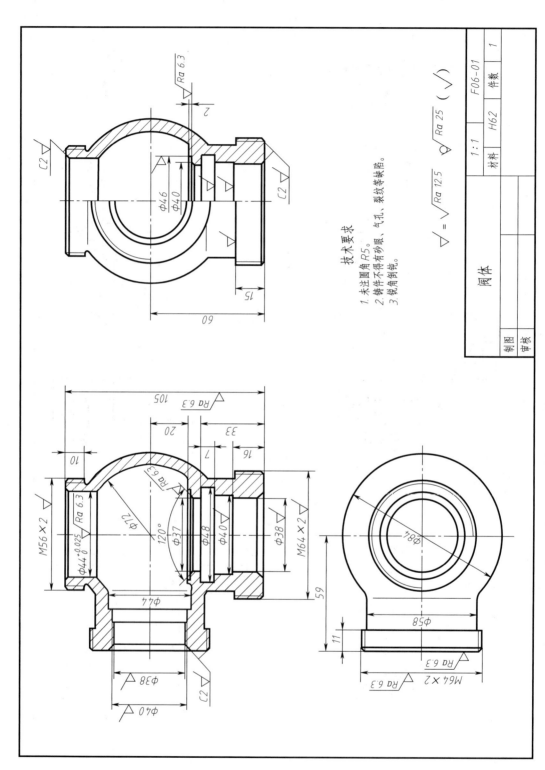

技术要求

1. 未注圆角 R5。
2. 铸件不得有砂眼、气孔、裂纹等缺陷。
3. 锐角倒钝。

$\nabla = \sqrt{Ra\ 12.5}$ $\diagdown\sqrt{Ra\ 25}$ ($\sqrt{}$)

			1:1	H62		F06-01	1
			材料			件数	
				阀体			
制图							
审核							

图 9-17 阀体零件图

第十章 化 工 图

化工图样一般分为化工设备图和化工工艺图两种。本章将按化工设备图、化工工艺图的顺序，分节介绍化工专业图样的主要内容和图示方法。

§10-1 化工设备图

化工设备是指用于化工产品生产过程中合成、分离、干燥、结晶、过滤、吸收、澄清等生产单元的装置和设备。常用的典型化工设备有反应罐(釜)、塔器、换热器、贮罐(槽)等。

化工设备图是设计、制造、安装、维修及使用化工设备的依据。一套完整的化工设备图通常包括零件图、部件装配图、设备装配图和总装配图。零件图及部件装配图的内容、表达、画法等与一般机械图样类同，这里不再讨论。

化工设备的装配图，除了具有一般机械装配图相同的内容(一组视图、必要的尺寸、技术要求、明细栏和标题栏)外，还应有技术特性表、接管表、修改表、选用表以及图纸目录等内容，以满足化工设备图样特定的技术要求和图样管理的需要，如图10-1(见书末插页)所示反应罐装配图。

一、化工设备的基本特点

常见的化工设备虽然结构形状、尺寸大小以及安装形式各不相同，但构成设备的基本形体，以及采用的许多通用零部件却有共同的特点。常见化工设备的结构特点如下：

(1) 基本形体以回转体为主　化工设备多为壳体容器，要求承压性能好，因此，其主体结构如筒体、封头、接管等多由圆柱、圆锥、球、椭圆等构成。

(2) 各部分尺寸相差悬殊　设备的总体尺寸与壳体的壁厚或其他细部结构尺寸大小相差悬殊。

(3) 壳体上开孔和接管多　根据化工工艺的需要，在设备壳体上有较多的开孔和接管，如进(出)料口、清理孔、观察孔、人(手)孔，以及观察液面、温度、压力、取样等的检测口。

(4) 广泛采用标准化零部件　化工设备中的大部分零部件已经标准化、系列化，如封头、支座、管法兰、人(手)孔、视镜、液面计等，设计时可以根据需要直接选用。因此，熟悉和快速查阅各种标准是设计和阅读化工图样的一项重要技能。化工设备常用的标准有我国的GB/T 150.1~GB/T 150.4、GB/T 151，美国的 ASME Ⅷ，以及欧盟的 EN 13445 等。

(5) 焊接结构多　化工设备中零部件间的连接，如筒体与封头、壳体与支座等大多采用焊接结构，这也是化工设备的突出特点。

（6）对材料有特殊要求　为适应化学腐蚀和特殊的温度、压力等条件，化工设备的材料常使用碳钢、有色金属、稀有金属、非金属材料作为结构材料或衬里材料。

（7）防泄漏安全要求高　在处理有毒、易燃、易爆介质时，要求密封结构好，安全装置可靠。因此，除对焊缝进行严格的检验外，对各连接面的密封结构也有较高的要求。

二、化工设备图的图示方法和内容

1. 视图及其配置

由于化工设备的主体结构多为回转体，其基本视图常采用两个视图。立式设备常采用主、俯视图，如图 10-1 所示；卧式设备常采用主、左视图，如图 10-13 所示。为表达设备的内部结构，主视图常采用全剖或局部剖的画法。

当设备的垂直和水平方向尺寸相差悬殊时，由于图幅有限，俯、左（右）视图难以安排在应配置的位置上，可将其配置在图中的空白处，并注明视图名称；或将其画在另一张图纸上，并分别在两张图样上注明视图的依属关系。

过长或过高的化工设备，可采用断开画法，即用双折线（或双点画线）将设备中过长或过高的结构断开，使图形缩短，如图 10-11（见书末插页）中的主视图所示。

有些结构简单的设备，其非标准零件的零件图可以直接画在装配图中适当位置，并注明件号。至于有些形状简单，而不需切削加工的简单零件，可不画零件图，只需在装配图的明细栏中注明其材料、直径、厚度和长度等特征尺寸即可。

2. 局部放大图和夸大画法

由于化工设备各部分尺寸大小悬殊，基本视图一般都采用缩小比例绘制，设备中某些细部结构很难表达清楚，因此常采用局部放大图和夸大画法。

（1）在化工制图中，局部放大图也称为局部详图或节点详图。用局部放大的方法表达细部结构时，可以画成局部视图、剖视或断面等形式，如图 10-1 中的各局部放大图。局部放大图应按国家标准规定选用放大比例。

（2）对化工设备中的管板、壳体、垫片以及各种管壁的厚度，在按总体比例缩小后难以表达，可用适当的夸大画法画出。

3. 旋转视图和旋转剖视图

化工设备壳体上的各种接管和其他零部件一般分布在不同的周向方位上，为了在主视图上表达它们的结构形状及高度位置，常假想将这些接管和零部件围绕设备壳体的轴线旋转一定的角度，使它们的轴线与设备壳体的轴线处在同一平面，并与正立投影面平行，再以视图或剖视图的形式在主视图上画出它们的投影，如图 10-1 所示。为了避免混乱，在不同的视图中同一接管或附件应用相同的小写拉丁字母编号。视图中规格、用途相同的接管或附件可共用同一字母。

4. 接管方位的表达和接管表

化工设备壳体上众多的管口和附件方位的确定，在安装、制造等方面都是至关重要的。接管的周向方位可以在设备的俯视图或左、右视图上表达出来，同时"技术要求"注明"管口方位按×视图"；有些化工设备仅用一个基本视图和一些辅助视图就可以将其基本结构形状表达清楚，此时往往用管口方位图来表达设备的管口及其他附件的分布情况。图 10-2 为饱和热水塔的管口方位图，它代替了俯视图，反映各管口及地脚螺栓的分布情况。

为了便于查对，不论在基本视图、辅助视图或管口方位图上，都必须用小写字母 a、b、c……作为接管代号，在图中相应的接管和代表接管方位的点画线上标注。除此之外，还应在明细栏的上方或其他适当的位置编列接管表，按代号顺序逐一填明各个接管的规格、管法兰的紧密面形式和标准号以及接管用途等。接管表可按图 10-1 上的格式编写。

5. 技术特性表和技术要求

技术特性表是表明设备的主要技术性能的一种表格，主要填写设备的设计和工作压力、设计和工作温度、物料名称等通用特性，以及设计所依据的标准、规范和法规。除此之外，对于不同的设备，依据工艺要求和用途等因素，需增补填写相关的内容，如带搅拌器的反应罐需填写公称容积、搅拌转速、电机功率等（图 10-1），换热器需填写换热面积、腐蚀厚度等（图 10-11，见书末插页）。

化工设备图的技术要求一般以容器类设备的技术要求为基本内容，再按各类设备特点作适当补充。例如，钢制焊接金属容器图样技术要求简述如下：

（1）本设备按 GB/T 150.4—2011《压力容器　第 4 部分：制造、检验和验收》，并接受劳动部颁布的《压力容器安全技术监察规程》的监督。

（2）焊缝坡口形式及尺寸除图中注明外，均按 GB/T 985.1—2008 中的规定执行；角焊缝腰高按薄板厚度；法兰焊接按相应标准规定。

（3）筒体、封头及相连接的对接焊缝应进行无损探伤。

（4）设备制造完成后，必须以一定压力的液体进行液压试验，合格后再以一定压力的压缩空气进行致密性试验。

（5）设备防腐按相关规定执行。

（6）本设备如需包装、运输，应按 NB/T 10558—2021《压力容器涂敷与运输包装》的规定执行。

各类设备技术要求内容可详阅《化工设备技术图样要求》（TCED 41002—2012）。

6. 简化画法

为了减少不必要的绘图工作量，提高绘图效率，绘制化工设备图时大量采用各种简化画法。

（1）化工设备装配图中的标准零部件已有标准图，它们在化工设备图中不必详细画出，常采用简单的示意图形或符号来表达它们同设备本体的装配关系，和它们在本体上所处的位置，如图 10-3a~c。但这些零部件都应编序号，并在明细栏内注明其标准号或规定标记。

（2）外购部件，可以只画出其外形轮廓简图，如图 10-3d~f，但要求在明细栏中注明名称、规格、主要性能参数和"外购"字样。

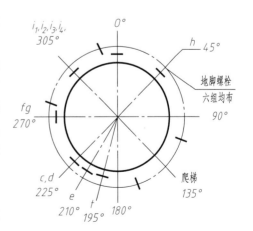

图 10-2　管口方位图

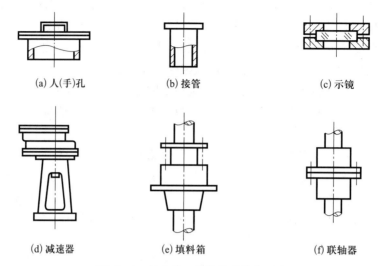

(a) 人(手)孔　　　(b) 接管　　　(c) 示镜

(d) 减速器　　　(e) 填料箱　　　(f) 联轴器

图 10-3　标准件、外构件的简化画法

（3）对于设备上的重复结构，可采用省略画法。例如：螺纹连接件只用细点画线表示连接位置；按一定规律排列的管束，可只画一根，其余用细点画线表示其安装位置；孔按一定规律排列，且孔径相同的孔板，如换热气中的管板、折流板，塔器中的塔板等，可按图 10-4 中的画法表达。

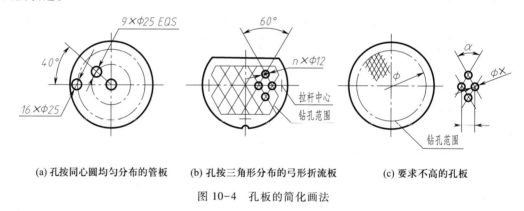

(a) 孔按同心圆均匀分布的管板　　(b) 孔按三角形分布的弓形折流板　　(c) 要求不高的孔板

图 10-4　孔板的简化画法

（4）在塔器设备中规格、材质和堆放方法相同的填料，如各类环（玻璃环、瓷环、铸石环、钢环及塑料环等）、卵石、塑料球、波纹瓷盘及木格子等，均可在堆放范围内，用交叉细实线及有关尺寸和文字示意表达，如图 10-5 所示。其中 50×50×4 表示瓷环的外径、高度和厚度，必要时可用局部剖视图表达其细部结构。

7. 化工设备镀涂层、衬里剖面的画法

（1）薄镀涂层。表达喷镀耐腐蚀金属材料或塑料、涂漆、搪瓷等薄镀涂层时，仅需在镀涂层表面绘制与表面平行的粗点画线，并标注镀涂层内容，详细内容可在技术要求中注出，如图 10-6a 所示。

（2）薄衬层。衬金属薄板、橡胶板、聚氯乙烯薄膜、石棉板的表达如图 10-6b 所示。无论衬里是一层或是多层，只在需衬板的表面绘制与表面平行的细实线即可。当衬里是多层且

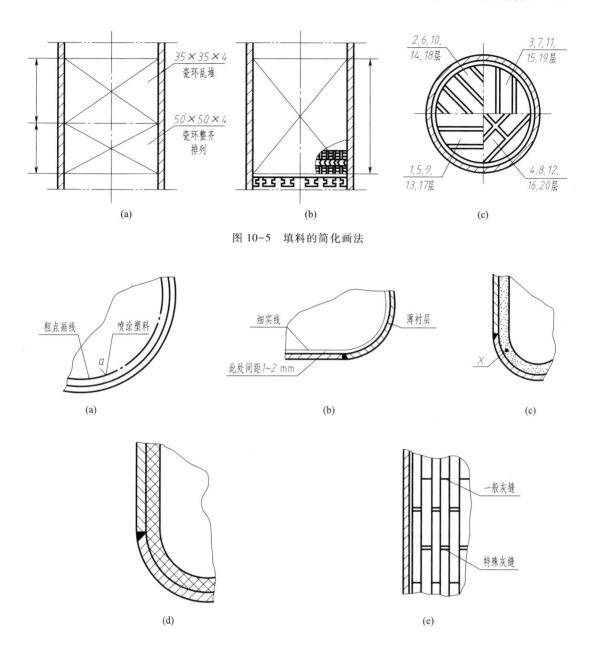

图 10-5 填料的简化画法

图 10-6 镀涂层、衬里剖面的画法

材料相同时，可只编一个件号，但在明细栏的"备注"栏里注明厚度和层数。当衬里是多层且材料不同时，应分别编号，在局部放大图中表示层次结构，在明细栏的"备注"栏里注明每层的厚度和层数。

（3）厚涂层。各种胶泥、混凝土等的厚涂层应编件号，如图 10-6c，并在明细栏里注明材料和涂层厚度。

（4）厚衬层。塑料板、耐火砖、辉绿岩板之类的厚衬层的画法如图 10-6d 所示。一般需用局部放大图详细表示其结构尺寸，图中一般灰缝以一条粗实线表示，特殊要求时用双线表示，如图 10-6e 所示。

8. 化工设备中焊缝的表示方法

焊接是将需要连接的零件，通过在连接处加热熔化金属从而结合的一种加工方法。它是一种不可拆卸的连接形式，具有工艺简单，连接强度高、可靠、结构重量轻等优点，被广泛应用于化工设备制造行业中。

（1）焊缝的结构形式。常见的焊缝形式有对接焊缝和角接焊缝等。焊接接头形式有对接、搭接、角接、T形接头四种，如图 10-7 所示。

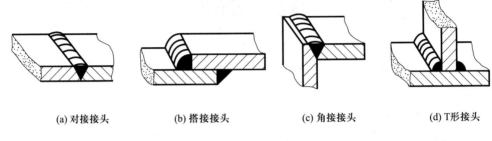

(a) 对接接头　　　　(b) 搭接接头　　　　(c) 角接接头　　　　(d) T形接头

图 10-7　焊缝的接头形式

（2）焊缝的简化画法。画焊接图时，焊缝的可见面用波纹线表示，焊缝的不可见面用粗实线表示；焊缝的断面涂黑，如图 10-8 所示。

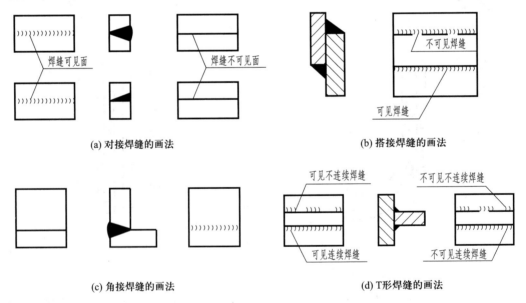

(a) 对接焊缝的画法　　　　　　　　　　(b) 搭接焊缝的画法

(c) 角接焊缝的画法　　　　　　　　　　(d) T形焊缝的画法

图 10-8　焊缝的画法

当焊接件上的焊缝比较简单时，焊缝的画法可以简化，如图 10-9a 所示。当焊缝分布简单或图样比较小时，允许不画出焊缝结构形式，仅在焊缝处标注代号加以说明，如图 10-9b 所示。

（3）焊缝的标注。图样上，焊缝应按规定的格式和符号进行标注。一般由基本符号与指引线组成，必要时可以加上补充符号、焊接方法的数字代号和焊缝的尺寸符号。

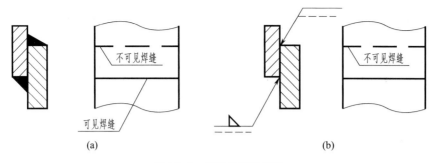

图 10-9 焊缝的简化画法

① 焊缝的基本符号 基本符号是表示焊缝横断面基本形式或特征的符号，近似于焊缝横断面的形状，基本符号用粗实线绘制。表 10-1 列出了常见焊缝的基本符号。

表 10-1 常见焊缝的基本符号（摘自 GB/T 324—2008）

序号	名称	示意图	符号	序号	名称	示意图	符号
1	卷边焊缝（卷边完全熔化）		八	9	封底焊缝		⌣
2	I形焊缝		‖	10	角焊缝		◺
3	V形焊缝		V	11	塞焊缝或槽焊缝		⊓
4	单边V形焊缝		⊬	12	点焊缝		○
5	带钝边V形焊缝		Y	13	缝焊缝		⊖
6	带钝边V形单边焊缝		Ⱶ	14	陡边V形焊缝		⋁
7	带钝边U形焊缝		⋃	15	陡边单V形焊缝		⊬
8	带钝边J形焊缝		Ⱶ	16	端焊缝		‖‖

② 焊缝的指引线   焊缝指引线用细实线绘制,其构成如图 10-10a 所示。箭头指向焊缝;两条基准线,一条为细实线,另一条为细虚线,基准线一般与主标题栏平行;实线基准线的左端(或右端)为箭头线,当位置受限时,允许将箭头线折弯一次,如图 10-10b 所示;焊缝符号注在基准线的上方或下方,如有必要,可在实基准线的另一端画出尾部,如图 10-10c 所示,以注明其他附加内容(如说明焊接方法等)。

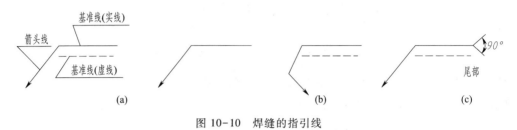

图 10-10   焊缝的指引线

③ 焊缝的补充符号   补充符号是为了补充说明有关焊缝或接头的某些特征而采用的符号,见表 10-2。

表 10-2   焊缝的补充符号(摘自 GB/T 324—2008)

序号	名称	符号	说明
1	平面	——	焊缝表面通常经过加工后平整
2	凹面	⌣	焊缝表面凹陷
3	凸面	⌢	焊缝表面凸起
4	圆滑过渡	⌣	焊趾处过渡圆滑
5	永久衬垫	M	衬垫永久保留
6	临时衬垫	MR	衬垫在焊接完成后拆除
7	三面焊缝	⊏	三面带有焊缝
8	周围焊缝	○	沿着工件周边施焊的焊缝 标注位置为基准线与箭头线的交点处
9	现场焊缝	⚑	在现场焊接的焊缝
10	尾部	<	可以表示所需的信息

三、化工设备图的阅读

阅读化工设备图的目的是了解设备的用途、构造、工作原理和操作性能。通过对化工设备图样的阅读，应达到以下几方面的基本要求：

（1）了解设备的性能、作用和工作原理。

（2）了解各零件之间的装配关系和各零部件之间的拆卸顺序。

（3）了解设备各零部件的主要形状、结构、作用，进而了解整个设备的结构。

（4）了解设备在设计、制造、检验和安装等方面的技术要求。

1. 阅读化工设备图的方法和步骤

（1）概括了解　通过看标题栏，了解设备名称、规格、绘图比例等内容。看明细栏、接管表、技术特性表及技术要求等，可以了解各零部件和接管的名称、数量、所在位置。对视图进行分析可以了解表达设备所采用的视图数量和表达方法，找出各视图、剖视等的位置及表达的重点。

（2）视图分析　从主视图入手，结合其他基本视图，详细了解设备的装配关系、形状、结构、各接管及零部件的方位；结合辅助视图，了解各局部部位的形状、结构的细节。

（3）零部件分析　按明细栏中的序号，将零部件逐一从视图中找出，了解其主要结构、尺寸、形状、与主体或其他零部件的装配关系等。

（4）设备分析　通过对视图和零部件的分析，对设备的总体结构全面了解，并结合有关技术资料，进一步了解设备的结构特点、工作原理和操作过程等内容。

2. 化工设备图阅读举例

［**例10-1**］　读反应罐装配图（图10-1，见书末插页）。

解：

① 概括了解。

从标题栏、明细栏、接管表、技术特性表和技术要求中，可以概括了解该图样所表达的设备为带夹套的反应罐，其公称容积为 $2.5 \mathrm{~m}^3$。组成该设备的零部件共有 51 种，其中一部分为机电产品，一部分为非标准零部件，大部分为标准零部件。该设备装接了 10 种规格和用途不同的接管，采用了机械传动的搅拌装置和机械密封装置。有关该设备的技术性能，包括搅拌轴的转速和功率，以及设备的工作压力、工作温度等，在图中都有说明。

② 视图分析。

图样中采用了主视图和俯视图以及 5 个局部放大图。主视图采用了全剖视图和旋转画法，表达了设备内、外的主要结构；俯视图采用了拆卸画法，表达了各种接管和支座的位置；5 个局部放大图分别表达了几个接管和压料管及其管夹的尺寸细节，以及它们与设备本体的装配关系。

③ 零部件分析。

该设备采用的电动机、减速器和机械密封装置等都是定型产品，图样上只画出了它们的大致轮廓。对于一些非标准零部件和大量标准零部件，可以分别通过零部件图和有关标准查阅它们的形状、结构，然后从装配图中将其分离。

有些简单零部件，例如管夹 12，属于非标准零件，但 A—A 局部放大图和明细栏中已将材料的规格、结构、形状、尺寸，以及它们同相邻零部件的连接方式表达清楚，因而未另附图纸。又如 b、d、e、f 四个接管的管段也是简单的非标准零件，而且未在基本视图中表达清楚，但 B—B、D—D、E—E、C—C 四个局部放大图已将它们补充表达出来，接管表中又注明了它们的管材规格，因此也不需要另附零件图。再如连接设备法兰的 48 组螺栓连接件 16、17、18，其规格、数量以及它们的分布情况完全可以根据明细栏中有关内容和设备法兰的技术标准来确定，因此仅在主视图和俯视图上画出了细点画线以表示其位置。

④ 设备分析。

通过以上分析可知，图样中的反应罐可以用在密封、搅拌以及加热或冷却条件下，用若干种液体原料进行对普通碳素钢无严重腐蚀作用的化工操作。

反应罐的加料管 b、e 适当伸入罐内，可以避免液体原料沿封头内壁渗入设备法兰连接处侵蚀垫片而造成渗漏。压料管 11 设计成可抽出或插入的形式，便于在不拆卸设备大盖的情况下进行拆换。人孔 c 的设置是为了安装压料管和搅拌器，检查搅拌器的摆动量以及在不打开大盖的情况下对罐内进行检查和清扫。

此外，在对设备进行全面分析的过程中应该注意，反应罐本身虽然不是精密设备，但所采用的机械密封装置则属于比较精密的部件。因此搅拌轴的安装必须符合图中技术要求第 3 条关于搅拌轴摆动量的要求，否则将影响机械密封装置的密封性能和使用寿命。

[例 10-2] 读浮头式冷却器装配图(图 10-11，见书末插页)。

解:

① 概括了解。

从标题栏中了解到该"浮头式冷却器"换热面积为 17 m^2，图样采用 1:5 的比例缩小绘制，整套图纸共 6 张另有部件装配图 5 张。

从明细栏、接管表中了解到该设备有 18 种零部件，其中 11 个组合件(另有部件装配图详细表达)，有 6 个接管口。从技术特性表中可以了解到设备的设计压力、设计温度、焊缝系数、腐蚀厚度、容器类别等指标；设备壳程内物料为热油，管程内物料为水。在技术要求中，对焊接方法、焊缝接头形式、焊缝检验要求、管板与列管连接等都有相应的要求。

② 视图分析。

该装配图采用了主、左两个基本视图和一个辅助视图。两个基本视图表达了主体结构。主视图用以表达设备总体的外形轮廓、圆柱形管壳及椭圆球形封头等的主要形状。主视图的局部剖视用以表达设备各处壁厚、法兰连接、隔板和管束位置、管束与浮头盖的连接及各管接口与设备主体的连接等情况。

左视图表示设备左端外形，同时表达了油进、出口处管口布置。左视图用向视图的方式配置在主视图的下方。

辅助视图是自 B—B 处剖切后再放大绘制的剖视图，用以表达两个鞍式支座的结构及其上安装孔的位置。

③ 零部件分析。

设备主体由管壳(件 6)、管箱(件 1)、管束(14)和外头盖(件 10)组成。管壳是组合件，由部件装配图(图 10-12)可知是圆筒形，壳体内径为 400 mm，壁厚 10 mm，材料为 16MnR。壳体左端的(凸面对焊)法兰(件 6-1)与管箱的(凹面对焊)法兰连接。管箱也是组合件，其部件装配图(图 10-13)表示管箱由一段圆筒形短壳(件 1-2)和(椭圆球形)封头(件1-1)组成。管壳右端用法兰与外头盖(件 10)连接。

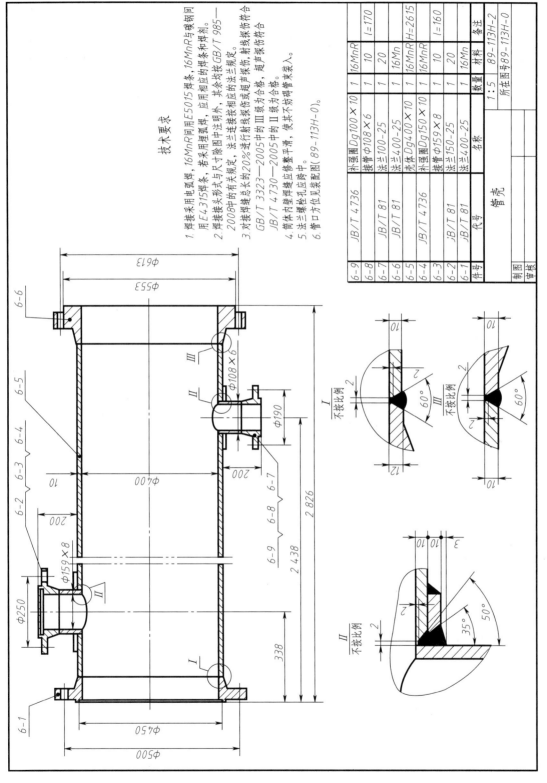

图 10-12 管壳部件图

技术要求

1. 焊接采用电弧焊,16MnR间用E5015焊条,16MnR与碳钢间用E4315焊条,若采用埋弧焊,应用相应的焊条和焊剂。
2. 焊接接头形式与尺寸除图中注明外,其余均按GB/T 985—2008中的有关规定。法兰连接按相应的法兰规定。
3. 对接焊缝总长的20%进行射线探伤或超声波探伤,射线探伤符合GB/T 3323—2005中的Ⅲ级为合格,超声探伤符合JB/T 4730—2005中的Ⅱ级为合格。
4. 筒体内壁焊缝应修整平滑,使其不妨碍管束装入。
5. 法兰螺栓孔应跨中。
6. 管口方位见装配图(89-113H-0)。

件号	代号	名称	数量	材料	备注
6-9	JB/T 4736	补强圈Dg100×10	1	16MnR	
6-8		接管φ108×6	1	10	l=170
6-7	JB/T 81	法兰100-25	1	20	
6-6	JB/T 81	法兰400-25	1	16Mn	
6-5		壳体Dg400×10	1	16MnR	H=2615
6-4	JB/T 4736	补强圈Dg150×10	1	16MnR	
6-3		接管φ159×8	1	10	l=160
6-2	JB/T 81	法兰150-25	1	20	
6-1	JB/T 81	法兰400-25	1	16Mn	

管壳   1:5   所在图号89-113H-0

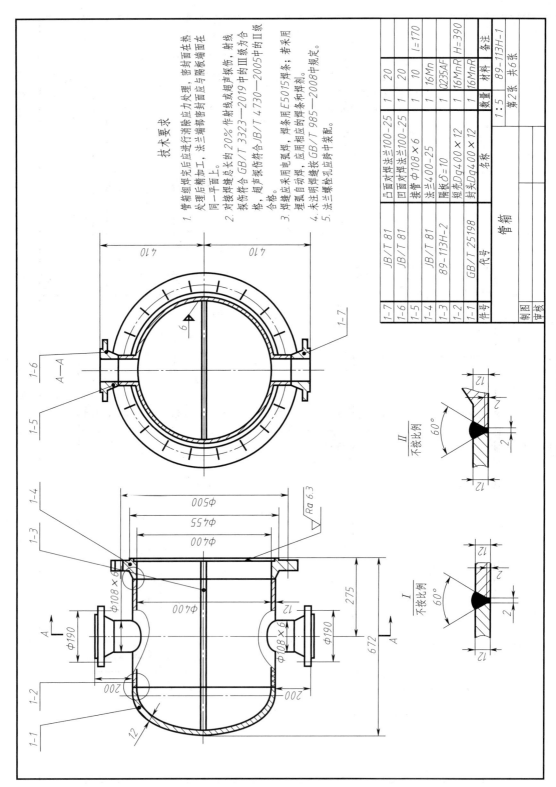

技术要求

1. 管箱组焊完毕后应进行消除应力处理，密封面在热处理后精加工，法兰端部密封面应与隔板端面在同一平面上。
2. 对接焊缝总长的20%作射线或超声探伤，射线探伤符合GB/T 3323—2019中的Ⅲ级为合格，超声探伤符合JB/T 4730—2005中的Ⅱ级合格。
3. 焊缝应采用电弧焊，焊条用E5015焊条；若采用埋弧自动焊，应用相应的焊条和焊剂。
4. 未注明焊缝按GB/T 985—2008中规定。
5. 法兰螺栓孔应跨中装配。

件号	代号	名称	数量	材料	备注
1-7	JB/T 81	凸面对焊法兰100-25	1	20	
1-6	JB/T 81	凹面对焊法兰100-25	1	20	
1-5		接管Φ108×6	1	10	l=170
1-4	JB/T 81	法兰400-25	1	16Mn	
1-3	89-113H-2	隔板δ=10	1	Q235AF	
1-2		筒壳Dg400×12	1	16MnR	H=390
1-1	GB/T 25198	封头Dg400×12	1	16MnR	
		管箱			89-113H-1
制图			1:5	第2张 共6张	
审核					

图 10-13 管箱部件图

　　换热管束(件14)由部件图表达,换热管共76根,图中画出一根,其余采用简化画法用中心线表示其位置。换热管两端分别固定在左管板和右管板上,左管板为固定管板,固定在连接管箱和管壳的法兰之间,右管板为活动管板,与浮头盖(件15)连接。管束可以随温度变化而自由浮动,形成"浮头"。

　　冷却器筒体内有环形折流板三块,弓形折流板三块。折流板之间由定距管保持距离。所有折流板用拉杆连接,左端固定在左管板上,右端用螺母锁紧。

　　④ 设备分析。

　　浮头式冷却器是化工厂常见的一种冷却器,这类冷却器一端管板由法兰夹持固定,另一端管板可在壳内自由浮动,壳体和管束对热膨胀是自由的。浮头端设计成可拆卸结构,为检修和清洗提供方便。

　　设备工作时,物料热油由接管 f 进入壳程,与管程内的水进行热交换后,冷油由接管 a 流出。水由接管 b 进入管程内,由接管 e 将热量带出。

　　设备图上直接注出各处壁厚、管壳筒体直径400、各接管管径和壁厚($\phi108\times6$ 、 $\phi159\times8$ 、 $\phi108\times6$ 、 $\phi108\times6$)、换热管尺寸($\phi25\times2.5$ 、 $L=3\ 000$)等的定形尺寸,图中注出各接管的相对位置尺寸:635、2 100及各零部件之间定位尺寸 $1\ 700\pm3$ 、 410_{0}^{+5} 等供设备装配使用;鞍式支座安装孔的定位尺寸在 $B—B$ 视图中给出,供设备安装使用;另外给出设备的总长度尺寸(3 903)。

§10-2　化工工艺图

　　化工工艺图是化工工艺人员进行工艺设计的主要依据,同时也是进行工艺安装和指导生产的重要技术文件。

　　化工工艺图主要包括化工工艺流程图、设备布置图和管路布置图。本节主要介绍化工工艺流程图。

　　化工工艺流程图用于表述生产过程中物料的流动程序和生产操作顺序。由于使用要求不同,化工工艺流程图的内容也不尽相同,较常用的有总工艺流程图、方案流程图和施工流程图。

一、总工艺流程图

　　总工艺流程图是用于表述全厂各生产单位之间主要物料的流动路线和物料衡算结果,因此也称为物料平衡图。表达的内容根据工程规模和对图样的使用要求不同而异。图10-14为某石化工厂生产系统中某一工区的物料平衡图,图中各车间名称注写在细实线方框内,物料流动路线和方向用带箭头的粗实线表示,称为流程线,流程线上注明原料、半成品及成品的名称和衡算数据,以及这些物料的来源和去向,这类流程图通常是在对开发或设计方案进行可行性论证时的重要资料,也是成套图样总说明部分的主要内容。

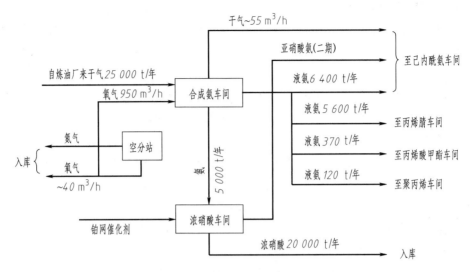

说明：所有气体物料体积均按标准状态计量

图 10-14 物料平衡图

二、方案流程图

方案流程图又称为流程示意图，是用来表达整个工厂和车间生产流程的图样。如图10-15所示，该流程图是一种示意性的展开图，即按照工艺流程的顺序，将设备和工艺流程线自左至右地展开画在同一平面上，并加以必要的标注和说明。

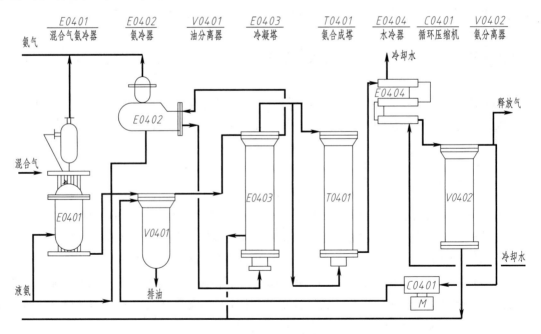

图 10-15 合成氨工艺流程图

1. 方案流程图的画法

（1）在图中用细实线画出设备的大致轮廓或示意图（一般不按比例）。各设备之间的高低位置及设备上重要的管口位置应大致符合实际情况。各台设备之间应保留适当距离，用以布置流程线。

（2）用粗实线画出主要物料的工艺流程线，在流程线的端部用箭头标明物料流向，并在流程线的起始和终了位置注明物料的名称、来源和去向。如遇流程线之间或流程线与设备之间发生交错或重叠而实际并不相连时，应将其中一线断开或曲折绕过。

（3）在流程图的上方或下方或靠近设备图形的显著位置列出设备的位号和名称，或将设备依次编号，并在图纸空白处按编号顺序集中列出设备名称。对于流程简单、设备较少的方案流程图，图中的设备也可不编号，而将名称直接注写在设备的图形上。

方案流程图的图幅一般不作规定，图框和标题栏亦可省略。

2. 读合成氨工艺流程图（图 10-15）

氨是三份氢和一份氮在高压、高温和有触媒存在的条件下生成的，其化学反应式为

$$3H_2+N_2=2NH_3+热量$$

由上一工段来的氢氮混合气经混合气氨冷器与由循环压缩机来的循环气在油分离器中混合并除去其中油水等杂质后，进入冷凝塔上部的热交换器的管内。在此处，被从冷凝塔下部升上来的气体冷却，然后进入氨冷器中，被管外的液氨（由液氨贮槽来）进一步冷却，此时气体中的部分氨气冷凝为液氨。管外的液氨冷却了气体，本身被蒸发为氨气，送往外管。

带有液氨并被冷却了的气体，自氨冷器来，进入冷凝塔下部氨分离套筒内，分出其中的液氨（送往液氨贮槽）后，上升到塔上部并被从油分离器来的气体加热后，大部分由氨合成塔上部导入，小部分作为冷气由塔下部导入，用以调节塔内温度。

从合成塔内出来的气体（氨含量为 12%～20%），进入水冷器中。此时气体中大部分氨气冷凝为液氨，经氨分离器分出，减压后，送往液氨贮槽。从氨分离器出来，含氨的混合气体经循环压缩机提高压力后，进入油分离器继续下一循环。为了防止氢、氮混合气中甲烷在系统内积累，应定期将进入循环压缩机前的少量气体放空。

由图 10-15 可以看出，合成氨生产过程中所采用的各种设备，以及物料由原料变成半成品或成品的运行工艺流程线。

三、施工流程图

施工流程图又称带控制点工艺流程图，它是在方案流程图的基础上设计绘制的内容较为详尽的一种工艺流程图，用以表达工艺过程顺序和设备、管路布置，是设备布置和管路布置设计的依据。

施工流程图一般包括：

（1）带设备位号、名称和接管口的各种设备示意图。

（2）带管道号、规格和阀门等管件以及仪表控制点（测温、测压、测流量及分析点等）的各种管道流程线。

（3）对阀门等管件和仪表控制点图例符号的说明。

1. 施工流程图的画法

（1）根据流程自左至右用细实线画出设备的简略外形，设备的外形应按一定的比例绘制，对于外形过大或过小的设备，可以适当地缩小或放大。

（2）图中设备的位置应考虑便于连接管线，对于有物料从上自下并与其他设备的位置有密切关系时，设备间相对高度应与设备布置的实际情况相似，对有位差要求的还应标注限位尺寸。

（3）图中每个工艺设备都应编写设备位号及注写设备名称，如图 10-16 所示。其中设备分类代号是以汉语拼音字母，例如 B 表示各类泵，F 表示各类反应器，H 表示各类换热设备，R、T、L 依次表示各种容器、塔器和炉窑等，主项代号采用两位数字，从 01 开始编号，由工程总负责人定，设备顺序号采用两位数字 01、02、03……表示，相同设备的尾号则用大写英文字母 A、B、C……表示，以区别同一位号的相同设备。

设备位号应在两个地方标注，第一在图的上方或下方，要求标注的位号排列整齐，并尽可能正对设备，在设备位号线的下方标注设备的名称。第二是在设备内或其近旁，仅注位号，不注名称。

（4）当一个流程中包括有两个或两个以上完全相同的局部系统（如聚合釜、气流干燥、后处理等）时，可以只绘出一个系统的流程，其他系统以细双点画线的方框表示，框内注明系统的名称及其编号。

（5）施工流程图中的工艺管道流程线均用粗实线绘制。辅助管道和系统管道只绘出与设备相连接的一小段，并在此管段上标注物料代号及该辅助管道或公用系统管道所在流程图的图号。各流程图间相衔接的管道，应在始或末端注明其连接图的图号（写在 30 mm×6 mm 的矩形框内）及所来自（或去）的设备位号或管段号，如图 10-17 所示。

图 10-16 设备位号编法   图 10-17 流程图间衔接管道的标注

管道流程线上除应画出流向箭头及文字标注其来源或去向外，还应对每条管道进行标注。施工流程图上的管道应标注三个部分，即管道号、管径和管道等级，前两部分为一组，管道等级为另一组，组与组间留适当空隙，一般标注在管道的上方，如图 10-18 所示。其中物料代号见表 10-3；主项代号用两位数 01、02、03……表示；管道分段顺序号按工艺生产流向依次用两位数字 01、02、03……编号，管

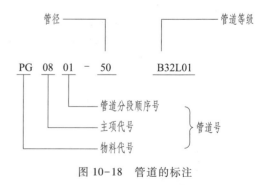

图 10-18 管道的标注

径注公称直径，公制管以 mm 为单位，只注数字，不注单位。英制管以英寸为单位，需标注符号；管道等级在标注公制管管径时应标注外径×厚度，如 PG0801-50×2.5。

表 10-3 管道及仪表流程图上的物料代号

物料代号	物料名称		物料代号	物料名称	
A	空气	Air	LO	润滑油	Lubricating Oil
AM	氨	Ammonia	LS	低压蒸汽	Low Pressure Steam
BD	排污	Blow Down	MS	中压蒸汽	Medium Pressure Steam
BF	锅炉给水	Botler Feed Water	NG	天然气	Natural Gas
BR	盐水	Brine	N	氮	Nitrogen
CS	化学污水	Chemical Sewage	O	氧	Oxygen
CW	循环冷却水上水	Cooling Water	PA	工艺空气	Process Air
DM	脱盐水	Demineralized Water	PG	工艺气体	Process Gas
DR	排液、排水	Drain	PL	工艺液体	Process Liquid
DW	饮用水	Drinking Water	PW	工艺水	Process Water
F	火炬排放水	Flare	R	冷冻剂	Refrigerant
FG	燃料气	Fuel Gas	RO	原料油	Oil
FO	燃料油	Fuel Oil	RW	原水	Raw Water
FS	熔盐	Fused Salt	SC	蒸汽冷凝水	Steam Condensate
GO	填料油	Gland Oil	SL	泥浆	Slurry
H	氢	Hgdrogen	SO	密封油	Sealing Oil
HM	载热体	Heat Transter Material	SW	软水	Soft Water
HS	高压蒸汽	High Pressure Steam	TS	伴热蒸汽	Tracing Steam
HW	循环冷却水回水	Cooling Water Return	VE	真空排放气	Vacuum Exhaust
IA	仪表空气	Instrument Air	VT	放空气	Vent

（6）管道上的阀门及其他管件应用细实线按标准规定的符号在相应处画出，并标注其规格代号，详见表10-4、表10-5中管路系统的图形符号（GB/T 6567.4—2008）。

表 10-4　表示连接线的图形符号

序号	类别	图形符号	备注	序号	类别	图形符号	备注
1	仪表与工艺设备，管道上测量点的连接线或机械联动线	——（细实线，下同）		4	连接线相接		
2	通用的仪表信号线			5	表示信号的方向		有必要时用
3	连接线交叉						

表 10-5　常用阀体的图形符号

序号	形式	图形符号	备注	序号	形式	图形符号	备注
1	球阀			5	蝶阀		
2	角阀			6	截止阀		
3	三通阀			7	闸阀		
4	四通阀			8	没有分类的特殊阀门		在图纸的图例中应说明具体形式

（7）仪表控制点以细实线在相应的管道上用符号画出，符号包括图形符号和字母代号，仪表的图形符号是一个直径为 10 mm 的细实线圆，详见标准（HG 7—1987）。

（8）管道和仪表流程图一般采用 A1 图幅，较简单的采用 A2 图幅。并对流程图上所采用的所有图例、符号、代号做出说明。

2. 读施工流程图

请按上述介绍阅读图10-19所示的带控制点的工艺流程图。

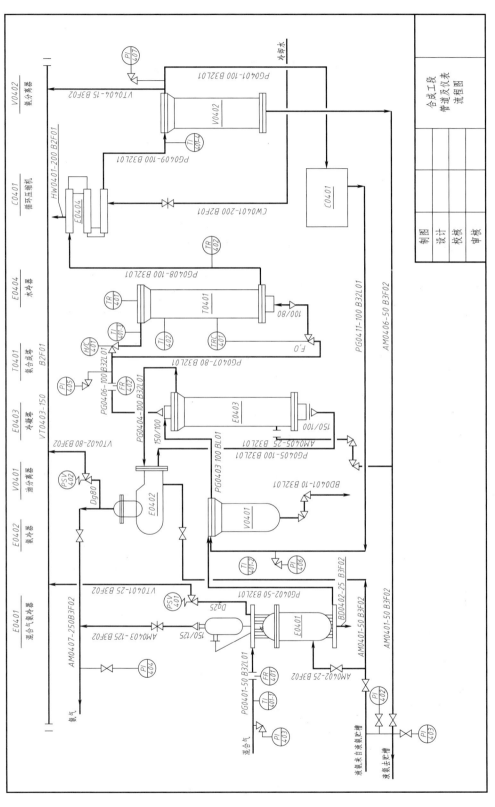

图 10-19　带控制点的工艺流程图

第十一章 展 开 图

讲解立体表面展开的基本知识,根据立体表面的特点展开不同立体表面的方法。通过本章学习,掌握生产和生活中薄板制品在制造时绘制制品表面展开(放样)图的原理和方法。

在电子、机械、冶金、化工和纺织等工业中,经常用到金属薄板制品。在制造时需将其展开图画在金属板上,经过切割和弯卷后成形,然后再进行焊接或铆接加工成产品。

将金属薄板制品的表面依次、连续摊平在一个平面上,称为立体表面展开,展开所得到的图形可称为立体表面的展开图。图 11-1 为圆柱和三棱柱表面的展开示意图。

平面立体的表面是可以展开的,曲面立体的表面有的为可展开曲面,有的为不可展开曲面,它们的展开方法也是有所区别的。

在画展开图时经常会遇到求直线实长的问题,一般用旋转法求实长比较方便,下面介绍用旋转法求直线实长的方法。

如图 11-2a 所示的一段一般位置线段 AB,其水平投影和正面投影都不反映实长。过点 A 作一铅

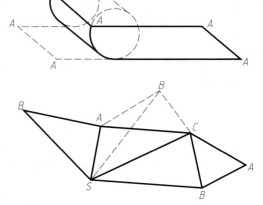

图 11-1 表面的展开示意图

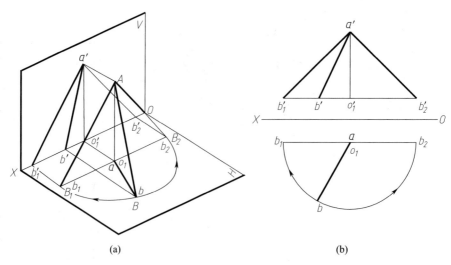

(a)   (b)

图 11-2 一般位置线段实长的作法

垂线 AO_1，将直线 AB 绕 AO_1 旋转，当 AB 沿顺时针方向旋转至平行于 V 面的 AB_1 位置时，AB_1 即成为正平线，AB_1 的正面投影 $a'b_1'$ 的长度就等于 AB 实长。同样，将 AB 沿逆时针方向旋转至平行于正立投影面的 AB_2 位置，其正面投影 $a'b_2'$ 也反映实长。

当 AB 绕铅垂线 AO_1 旋转时，其轨迹为一轴线垂直于 H 面的正圆锥面。此时，由于 AB 和 H 面的夹角旋转前后不变，故其水平投影在 AB 转至任何位置时都是相等的，如 $ab=ab_1$。在旋转时点 B 的运动轨迹为一水平圆，其水平投影沿圆周运动，正面投影沿水平圆正面投影直线运动。

图 11-2b 为求一般位置直线实长的作法。取铅垂线 AO_1 为轴，将 AB 旋转至平行于 V 面的 AB_1 位置。即以 a 为圆心，以 ab 为半径将 ab 转至平行于 x 轴的 ab_1 位置，这时正面投影 b' 沿投影直线移至 b_1'，连接 $a'b_1'$ 即为 AB 的实长，如图 11-3 左图所示。

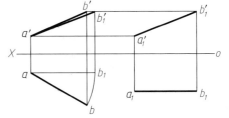

作图时可不指明旋转轴，如图 11-3 所示。可在任意适当位置作直线 a_1b_1 平行于 OX 轴，并使 $a_1b_1=ab$，由 a_1 和 b_1 作 OX 轴垂线，与过正面投影 a'、b' 且平行于 OX 轴的直线交于 a_1' 和 b_1'，$a_1'b_1'$ 的长度即为 AB 的实长。

图 11-3　直线 AB 绕不指明轴旋转

§11-1　平面立体表面的展开

平面立体的表面是由若干个多边形组成的，只需求出这些多边形的实形，并将其依次、连续摊平在同一平面上，即得到了平面立体表面的展开图。画平面立体表面的展开图可归结为求平面立体表面上各多边形的实形。由于知道三边实长即可唯一确定三角形的实形，故在作立体表面展开图时，将立体表面分解为三角形是解决立体表面展开的基本思路。

一、棱锥表面的展开

图 11-4a 所示三棱锥，它的表面是由四个三角形围成的。只要求出每个三角形三条边的实长，各三角形的实形就可以作出来了，依次画出各三角形的实形就得到三棱锥表面的展开图。其作图步骤如图 11-4b 所示。

（1）四个三角形共有六条边，其中底面 ABC 平行于水平投影面，AB、BC 和 CA 的水平投影都反映实长，SC 棱为正平线，其正面投影反映实长。用图 11-4a 方法求出 SA、SB 实长，$SA=s'a_1'$，$SB=s'b_1'$。

（2）在适当的地方画出 SA，以点 A 为圆心，以 ab 为半径画弧，和以点 S 为圆心，以 SB 的实长 $s'b_1'$ 为半径所画的弧相交于点 B，即求得棱面 SAB 的实形。用同样的方法连续作出棱面 SBC、SCA 以及底面 ABC 之实形。此三棱锥的展开图如图 11-4b 所示。

若平面 P 将锥顶截去，其截交线为 △ Ⅰ Ⅱ Ⅲ。为了在图 11-4b 的展开图中定出它们的位置，需求出 A Ⅰ、B Ⅱ 和 C Ⅲ 的实长。在图 11-4a 中，$c'3'=C$ Ⅲ，用旋转法求得 $a_1'1_1'=A$ Ⅰ 和 $b_1'2_1'=B$ Ⅱ。利用实长在展开图中求得点 Ⅰ、Ⅱ、Ⅲ，连接 Ⅰ Ⅱ、Ⅱ Ⅲ 和 Ⅰ Ⅲ，即为截交线在展开图上的位置，从而求得截头三棱锥的表面展开图。

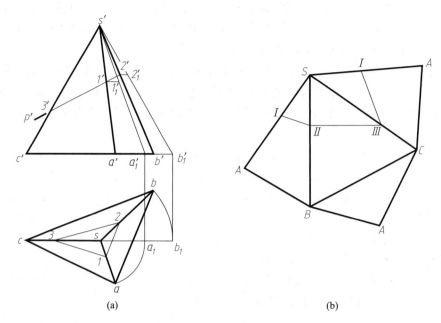

(a)   (b)

图 11-4 三棱锥表面展开图

二、棱柱的表面展开

1. 正棱柱的表面展开

图 11-5 所示正三棱柱的棱线相互平行，且垂直于底面，正面投影反映实长；底面平行 H 面，水平投影反映实形；其展开图作图步骤如图 11-5a、b 所示。

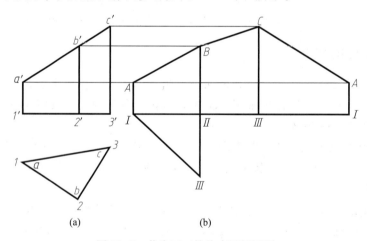

(a)   (b)

图 11-5 截头正三棱柱表面展开图

（1）将三棱柱底面的周边展成一直线 ⅠⅡⅢⅠ。

（2）过点 Ⅰ、Ⅱ、Ⅲ 作棱线垂直于线 ⅠⅠ。

（3）量 AⅠ $=a'1'$、BⅡ $=b'2'$、CⅢ $=c'3'$。连线 AB、BC 和 CA 即得到截头三棱柱表面的展开图。

2. 斜棱柱表面的展开

求图 11-6a 所示斜三棱柱表面展开图，其作图步骤如图 11-6a、b 所示。

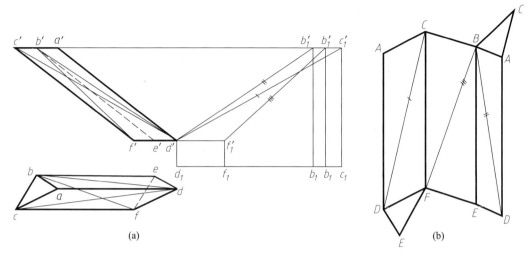

图 11-6 用三角形法画出的斜三棱柱表面的展开图

（1）斜三棱柱的三个棱面都是平行四边形。连接各四边形的对角线，可将各四边形分成两个三角形，如将 *ADFC* 分成 *ADC* 和 *CFD*。

（2）各棱线的正面投影都反映实长，只要用旋转法求出三条对角线的实长，这样每一三角形的实形就可画出来了。

（3）按三角形法依次作出斜棱柱各棱面的展开图。

§ 11-2 可展曲面立体表面的展开

能够无折皱或无撕裂地全部摊平在一个平面上的曲面称为可展曲面。柱面和锥面的素线都是直线，柱面的相邻两素线相互平行，锥面的相邻两素线相交，即它们的相邻两素线可构成一个平面，所以柱面和锥面是可展的。圆柱面和圆锥面可以认为是棱柱和棱锥的棱无限多的结果，故可按展开棱柱和棱锥的方法展开圆柱和圆锥。

一、圆锥面的展开

图 11-7 所示为正圆锥面的展开图画法。正圆锥面展开为一扇形，扇形的半径为圆锥的素线长度 l，扇形角 $\alpha = 180° d/l$，扇形的弧长等于圆锥底圆的周长 πd，其展开图如 11-7b 所示。

图 11-8 为截头正圆锥面的展开图画法。圆锥被截切后截交线为椭圆。要将这条截交线在展开图上确定下来，可过锥顶等间距地作出若干条素线，求出各素线被截后的实长，再将其移至展开图上，光滑的连接所作出的各点，即得到截头正圆锥面的展开图。其作图步骤如下：

（1）将圆锥面分成 12 等份：$S\,\mathrm{I}\,\mathrm{II}$、$S\,\mathrm{II}\,\mathrm{III}$、$S\,\mathrm{III}\,\mathrm{IV}$……$S\,\mathrm{XII}\,\mathrm{I}$。

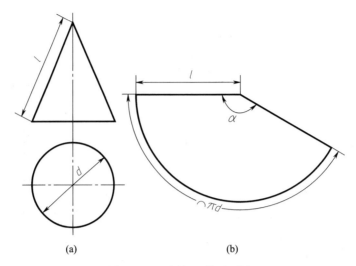

(a)   (b)

图 11-7 正圆锥面的展开图

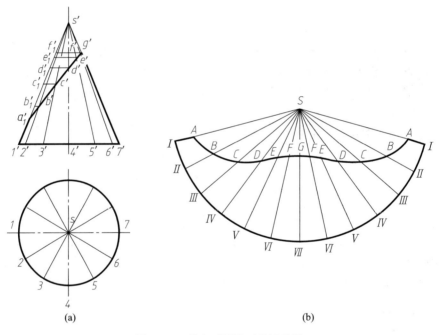

(a)   (b)

图 11-8 截头正圆锥面的展开图

（2）求出 $ⅡB$、$ⅢC$、$ⅣD$……的实长 $1'b_1'$、$1'c_1'$、$1'd_1'$……

（3）在适当的地方以 S 为圆心以 $s'1'$ 为半径画弧长为 πd 的弧。在弧上截取 $\overset{\frown}{ⅠⅡ} = \overset{\frown}{ⅡⅢ} = \overset{\frown}{ⅢⅣ} = \cdots\cdots = \overset{\frown}{12}$。也可将弧长 πd 分 12 等份定出点 Ⅰ 、Ⅱ 、Ⅲ……

（4）连接 $SⅠ$、$SⅡ$、$SⅢ$……并在相应的素线上截取 $ⅠA = 1'a_1'$、$ⅡB = 1'b_1'$、$ⅢC = 1'c_1'$……得到点 A、B、C……

（5）连接各点 A、B、C、D……即作出截头正圆锥面的展开图。

图 11-9 为斜圆锥面的展开图画法。其作图步骤如下：

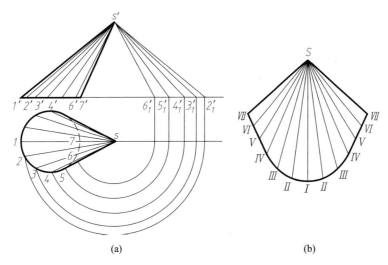

| (a) | (b) |

图 11-9　斜圆锥面的展开图画法

（1）将圆锥面 12 等分，得 $S\ \mathrm{I}\ \mathrm{II}$、$S\ \mathrm{II}\ \mathrm{III}$、$S\ \mathrm{III}\ \mathrm{IV}$……小三角形。

（2）用旋转法求出各素线的实长 $s'2'_1$、$s'3'_1$、$s'4'_1$……

（3）在适当的地方作 $S\ \mathrm{I}$，分别以 S 和 I 为圆心，以 $s'2'_1$ 和 12 长为半径画弧交于 II 点，再分别以 S 和 II 为圆心，以 $s'3'_1$ 和 23 长为半径画弧交于 III 点，按此法展开其余的小三角形求出点 IV、V……

（4）依次光滑的连接各点 I、II、III……即得到斜圆锥面的展开图。

二、圆柱面的展开

图 11-10 表达了正圆柱面展开图的画法。正圆柱面展开后为矩形，矩形一边的长度等于底圆的周长 πd，另一边的长度等于圆柱的高 l。

图 11-11 为斜截正圆柱面展开图的画法。

斜截正圆柱的截交线为一椭圆，为了作出展开图，可在圆柱面上作出若干等间距的素线，

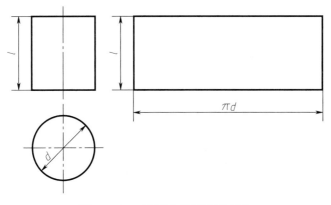

图 11-10　正圆柱面展开图的画法

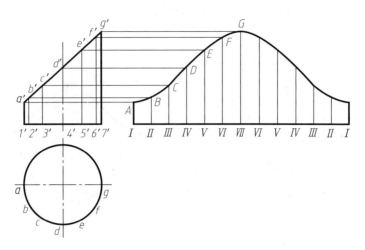

图 11-11   斜截正圆柱面展开图的画法

各素线上都含有椭圆上的点,当这些素线随圆柱面展开时,即可得到截交线的展开图。其作图步骤如下:

(1)将圆柱面分 12 等份,各素线的正面投影都反映实长。

(2)将圆柱面的底圆周长展开为一直线,使其与底圆的正面投影对应,长度等于 πd。

(3)将该直线 12 等分得点Ⅰ、Ⅱ、Ⅲ……由各点作直线ⅠⅠ的垂线,并在各垂线上截取相应素线的长度得点 A、B、C……再依次光滑连接即得到斜截圆柱的展开图。

图 11-12 表示等径直角弯头的展开图画法。直角弯头用于连接两个垂直的圆管,该弯头有

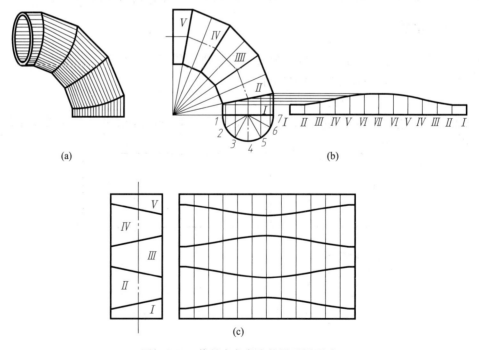

图 11-12   等径直角弯头的展开图画法

5个斜截圆柱管组成,两端的圆柱管恰好等于中间斜截圆柱管的一半,将中间的圆柱管分成两相等的部分即得到8个与管Ⅰ全等的斜截圆管,管Ⅰ的展开和上例相同。得到管Ⅰ的展开图即得到其他斜截圆管的展开图,如图11-12b所示。

在实际加工生产中,为节省材料,画展开图时可在同一轴线上将各节圆管一正一反依次叠合,恰好构成一个完整的圆管,将圆管展成矩形,再定出截交线的位置,如图11-12c所示。

图11-13表示了两相交圆柱的展开图画法,其作图步骤如下:

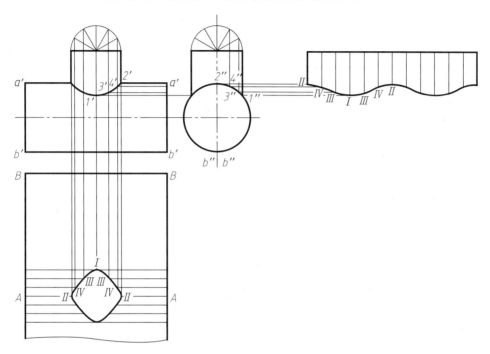

图 11-13 两相交圆柱展开图

(1)按 πd 展开小圆柱的圆周,并将其分12等份,从各等分点作垂线,在各垂线上截取相应素线的实长得点Ⅰ、Ⅲ、Ⅳ、Ⅱ等,依次光滑连接它们即可得到小圆柱表面的展开图。

(2)将直径为 D 的大圆柱展开为矩形,过大圆柱相贯线上的点Ⅰ、Ⅲ、Ⅳ和Ⅱ等作素线,并将其移至展开图上,再根据正面投影确定它们的长度,这样即可将相贯线画在大圆柱展开图上。

三、圆接方变形接头的展开

图11-14a为一上圆下方的变形接头,它由四个全等的等腰三角形和四个全等的圆锥面组成,只要将上述平面和圆锥面依次展开即得到变形接头的展开图。其作图步骤如下:

(1)将圆锥面等分成三个三角形,即△BⅡⅤ、△BⅤⅥ和△BⅥⅢ。其中△BⅡⅤ和△BⅥⅢ是全等的。

(2)用旋转法求出 B ⅥⅢ中的边 B Ⅲ和 B Ⅵ的实长 $b'3'_1$ 和 $b'6'_1$。

(3)在适当的地方作出 $AB=ab$,分别以 A、B 为圆心、$b'3'_1$ 长度为半径画弧交于Ⅱ点,这样就画出了三角形 AB Ⅱ的实形。

（4）以 II 和 B 分别为圆心以 25 和 b'6'₁ 为半径画弧交于 V 点，再以 B 和 V 点分别为圆心以 25 和 b'6'₁ 为半径画弧交于 VI 点，然后分别以 B、VI 为圆心以 63 和 b'3'₁ 为半径画弧交于 III 点。依次连接各点就得到了斜圆锥面 S II III 的展开图，如图 11-14b 所示。

（5）再依次画出三个平面和圆锥面的展开图，就完成了变形接头的展开图，如图 11-14c 所示。

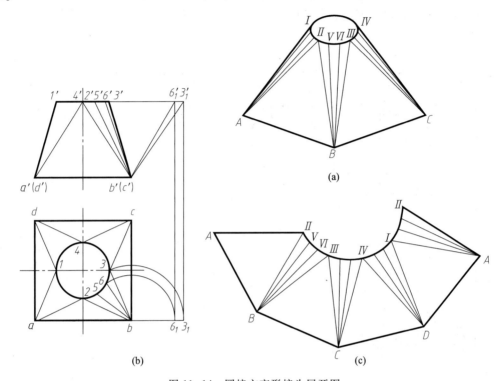

图 11-14　圆接方变形接头展开图

第十二章　计算机绘图基础

计算机绘图是指应用绘图软件及计算机硬件（主机、图形输入输出设备），实现图形显示、辅助绘图与设计的一项技术。常用的图形输入设备有鼠标、键盘、扫描仪、数字化仪及图形输入板。常用的图形输出设备有显示器、打印机及绘图仪。

与手工绘图比较，计算机绘图具有如下优点：

(1) 图形可保存在硬盘或 U 盘上，管理方便，不会污损，携带方便。

(2) 图形修改容易，方便快捷。

(3) 绘图速度快、精度高，可提供良好的资源共享，提高工作效率。

(4) 促进设计工作的规范化、系列化和标准化。

计算机绘图技术已广泛应用于设计、生产、科研等各领域。随着计算机硬件技术的提高，计算机绘图软件也得到了突飞猛进的发展，在航空、汽车、造船、建筑、电子、机械、气象、测绘、服装等各行各业，都已成功地研制出了相应的绘图应用软件。其中 AutoCAD 是一个通用的交互式绘图系统，它是美国 Autodesk 公司于 1982 年推出的计算机辅助设计软件，在目前的工程设计、绘图中应用非常广泛。

本章以 AutoCAD 的基本功能为基础，以 AutoCAD 2020 中文版为工具，介绍在不编程情况下进行计算机绘图的基本方法。

§12-1　基　本　知　识

一、AutoCAD 2020 用户界面

启动软件，进入如图 12-1 所示的 AutoCAD 2020（后面简称 AutoCAD）用户界面。

在该界面中，各部分功能如下：

工具选项卡：对应若干个工具选项面板。

选项面板：由一系列图标按钮构成，可以运行常用命令，可以代替下拉菜单中的大部分命令，为常用命令提供了快捷的操作方式。

标题栏：在应用程序窗口的最上部，显示当前正在运行的程序名及所载入的文件名称。

快速访问工具栏：为最常用的命令提供了快捷的图标按钮。

绘图区域（即图形窗口）：用于绘制、编辑并显示图形的空白区域，默认背景为黑色。

命令窗口：显示当前命令状态，其大小可自由控制。

状态栏：控制"栅格""正交""极轴追踪""对象捕捉""对象捕捉追踪"等模式的开/关状态。

工具选项卡　　快速访问工具栏　　选项面板　　　　　标题栏

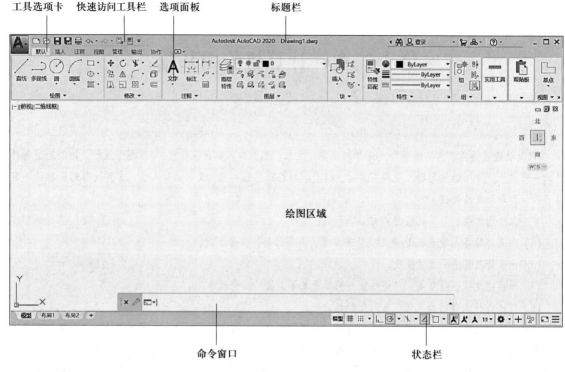

命令窗口　　　　　　　　　　　　　状态栏

图 12-1　AutoCAD 2020 用户界面

　　为了使操作更加方便，可以设置显示菜单栏。单击（未说明均为单击鼠标左键）快速访问工具栏最右侧三角按钮，在弹出的菜单中选择"显示菜单栏"，即可在选项卡上方显示出如图 12-2 所示的菜单栏。菜单栏中包含了通常状况下控制 AutoCAD 运行的命令，按功能分为文件、编辑、视图等 12 组。

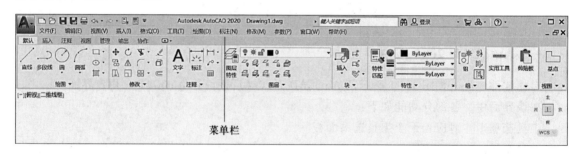

菜单栏

图 12-2　显示菜单栏的用户界面

二、命令输入方式

　　AutoCAD 命令的输入方式有三种：

　　（1）通过命令图标输入。直接单击选项面板中的命令图标，方便、快捷，大多数命令都可通过命令图标运行。

　　（2）通过下拉菜单输入。单击下拉菜单中的相应条目，即可启动命令或控制操作。

（3）在命令窗口直接输入。所有命令均可用键盘在命令窗口直接输入（所有参数、文本等也需用键盘输入）。

AutoCAD 中定义的一些方便操作的功能键和控制键如下：

F1——使用帮助；

F2——图形窗口与文本窗口切换；

F3——也可单击状态栏中的"对象捕捉"按钮，控制对象捕捉模式的开/关；

F4——开/关三维对象捕捉；

F5——也可使用 Ctrl+e，控制当前等轴测图表面；

F6——也可使用 Ctrl+d，开/关动态 UCS；

F7——也可使用 Ctrl+g 或单击状态栏中的"栅格显示"按钮，控制背景网格的开/关；

F8——也可单击状态栏中的"正交"按钮，开/关正交模式；

F9——也可使用 Ctrl+b 或单击状态栏中的"对象捕捉"按钮，开/关捕捉对象模式；

F10——也可单击状态栏中的"极轴追踪"按钮，开/关极轴追踪模式；

F11——也可单击状态栏中的"对象捕捉追踪"按钮，开/关对象捕捉追踪模式。

三、坐标输入方式

AutoCAD 中坐标点的输入方式见表 12-1。

表 12-1　点的坐标输入方式

方式	表示方法		输入方式	说明
鼠标直接拾取	一般位置点		直接拾取点	不需准确定位时按下鼠标左键直接拾取
	特殊位置点或具有某种几何特征的点		利用对象捕捉功能	需精确捕捉某特殊位置点时
键盘输入	相对坐标	直角坐标	$@x，y，z$	@ 表示相对坐标，即当前点相对于前一作图点的坐标增量；l 表示当前点与前一作图点的（坐标原点）的距离；α 表示当前点与前一作图点的（坐标原点）连线同 X 轴的夹角
		极坐标	$@l<\alpha$	
	绝对坐标（较少使用）	直角坐标	$x，y，z$	当前点相对于坐标原点的位置
		极坐标	$l<\alpha$	

四、文件管理

1. 创建新图

单击快速访问工具栏的图标按钮 ，或在命令窗口输入 new，即可打开图 12-3 所示对话框，选择所需样板创建新图。

2. 打开旧图

单击快速访问工具栏的图标按钮 ⌷，或在命令窗口输入 open，即可打开"选择文件"对话框，用以打开一个已有的图形。

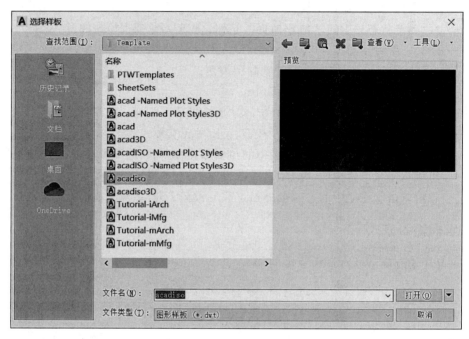

图 12-3 "选择样板"对话框

3. 存储图形

图形的存储有两种方式：

（1）直接存储。单击快速访问工具栏的图标按钮 🖫，或在命令窗口输入 qsave，可对所绘图形以当前文件名进行快速存储。

（2）另存为。单击快速访问工具栏的图标按钮 🖫，或在命令窗口输入 save，可以用另外的图名和路径对所绘图形进行存储。

§12-2　常用绘图命令

一、二维绘图环境设置

在开始绘制一个新图时，通常需要对绘图环境进行设置，以使所绘图形符合 CAD 工程制图国家标准及行业标准的要求。

1. 设置绘图单位

命令输入方式：下拉菜单"格式"→"单位"，或在命令窗口输入 units。

功能：设置绘图时长度及角度的单位和精度，以及角度的方向。

2. 设置图幅尺寸

命令输入方式：下拉菜单"格式"→"图形界限"，或在命令窗口输入 limits。

功能：设置绘图所需的幅面尺寸，以便按比例绘图。

说明：单击下拉菜单"视图"→"缩放"→"全部"，即可将所设图幅全部显示在当前绘图区域。

二、常用绘图命令

常用的绘图命令图标在"默认"选项卡中的"绘图"面板中，如图 12-4 所示。

1. 直线命令

（1）命令输入方式：单击"绘图"面板按钮 ⬛，或下拉菜单"绘图"→"直线"，或在命令窗口输入 line（也可输入命令缩写"l"）。

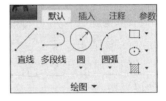

图 12-4　"绘图"面板

（2）功能：绘制直线，每一线段为一个独立对象。

（3）操作过程：

命令：line

指定第一点：（指定线段的起点）

指定下一点或［放弃（U）］：（指定线段的终点，输入所需线段长度，并按极轴追踪方向画线）

选项说明：

a. 在"指定下一点或［闭合（C）/放弃（U）］"提示后输入 c，可构成一封闭图形；输入 u，则取消最近一次画的图线。

b. 在使用 AutoCAD 绘图时，开启极轴追踪、对象捕捉和对象捕捉追踪可使作图简单。如将鼠标指向画线方向，直接输入长度值，即可画出所需线段。

c. 结束命令可按 Esc 键或空格键或 Enter（回车）键，或单击鼠标右键后选择"确认"。

2. 多段线命令

（1）命令输入方式：单击"绘图"面板按钮 ⬛，或下拉菜单"绘图"→"多段线"，或在命令窗口输入 pline。

（2）功能：绘制二维多段线，使多条线段或者圆弧段为一个整体对象。

（3）操作过程：

命令：pline

指定起点：（指定多段线的起点）

指定下一个点或［圆弧（A）/半宽（H）/长度（L）/放弃（U）/宽度（W）］：（指定第二点，或输入选项）

选项说明：

a. 圆弧（A）——由绘制直线切换到绘制圆弧，如图 12-5 所示。

b. 半宽（H）——指定多段线线宽的一半，即所绘制的多段线线宽为指定半宽值的两倍。

c. 长度（L）——指定线段的长度。

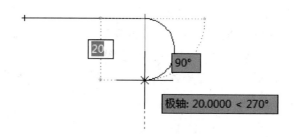

图 12-5 画多段线

d. 放弃（U）——删除最近一次添加到多段线上的线段。

e. 宽度（W）——指定下一段线段的宽度。

3. 圆命令

（1）命令输入方式：单击"绘图"面板按钮 ⊘，或下拉菜单"绘图"→"圆"，或在命令窗口输入 circle。

（2）功能：在指定位置画圆。

（3）操作过程：

命令：circle

指定圆的圆心或［三点（3P）/两点（2P）/切点、切点、半径（T）］：（指定圆心位置或输入选项）

指定圆的半径或［直径（D）］：（输入圆的半径，或键入 d 来输入圆的直径）

选项说明：

a. 三点（3P）——用三点方式画圆。

b. 两点（2P）——以直径上两端点画圆。

c. 切点、切点、半径（T）——以指定半径画出与两图形元素（直线、圆或圆弧）相切的圆。

d. 通过下拉菜单还可用"相切、相切、相切（A）"方式画出与三个图形元素相切的圆。

4. 圆弧命令

（1）命令输入方式：单击"绘图"面板按钮 ⌒，或下拉菜单"绘图"→"圆弧"，或在命令窗口输入 arc。

（2）功能：在指定位置画圆弧。

（3）操作过程：

命令：arc

指定圆弧的起点或［圆心（C）］：（指定圆弧的起点位置或输入 c 来指定圆心位置）

指定圆弧的第二个点或［圆心（C）端点（E）］：（指定圆弧的第二点或输入选项）

选项说明：

a. 圆心（C）——指定圆弧的圆心，然后以"起点、圆心、端点"方式，或者"起点、圆心、角度"方式，或者"起点、圆心、弦长"方式画圆弧。

b. 端点（E）——指定圆弧的端点，然后以"起点、端点、角度"方式，或者"起点、端点、方向"方式，或者"起点、端点、半径"方式画圆弧。

5. 矩形命令

（1）命令输入方式：单击"绘图"面板按钮 ▢，或下拉菜单"绘图"→"矩形"，或在命令窗口输入 rectang。

（2）功能：通过指定两个对角点绘制矩形多段线，可指定角的类型为圆角、倒角或直角。

（3）操作过程：

命令：rectang

指定第一个角点或［倒角（C）/标高（E）/圆角（F）/厚度（T）/宽度（W）］：（指定矩形的一个对角点或输入选项）

指定另一个角点或［面积（A）/尺寸（D）/旋转（R）］：（指定矩形的另一个对角点或输入选项）

部分选项说明：

a. 倒角（C）——指定矩形的倒角距离，绘制有倒角的矩形。倒角距离为 0 时绘制直角矩形。

b. 圆角（F）——指定矩形的圆角半径，绘制有圆角的矩形。圆角半径为 0 时绘制直角矩形。

6. 多线命令

（1）命令输入方式：下拉菜单"绘图"→"多线"，或在命令窗口输入 mline。

（2）功能：画互相平行的多条线段。

（3）操作过程：

命令：mline

当前设置：对正＝上，比例＝20.00，样式＝STANDARD

指定起点或［对正（J）/比例（S）/样式（ST）］：（指定多线的起点或输入选项）

选项说明：

a. 对正（J）——调整多重平行线与指定点的对齐方式。对齐方式有三种：上对齐（T）、零点对齐（Z）、下对齐（B）。

b. 比例（S）——设置多线中两条平行线间的距离，不影响线型比例。

c. 样式（ST）——用于选择多线的线型格式。

多线样式可控制平行线的数目和特性，其设置可通过下拉菜单"格式"→"多线样式"来进行，如图 12-6 所示。

单击"新建"按钮，为新的多线样式命名，弹出如图 12-7 所示对话框。在该对话框中，可定义多线的形式、偏移距离、平行线数量、颜色等特性。

7. 图案填充命令

图案填充是用指定的图案填充封闭区域。在"绘图"面板中单击按钮 ▨，或下拉菜单"绘图"→"图案填充"，或在命令窗口输入 hatch，打开如图 12-8 所示的对话框。

该对话框中，"图案"区域提供了不同的填充图案，"特性"区中"角度"和"比例"可分别调整填充图案的倾斜角度和间距。选择好图案、角度及比例后，单击左侧"边界"区中的"拾取点"按钮，在图形需要填充的区域内任意单击一点，该点所在最小封闭区域即被填充。注意，填充区域的边界必须是封闭的才能被填充。

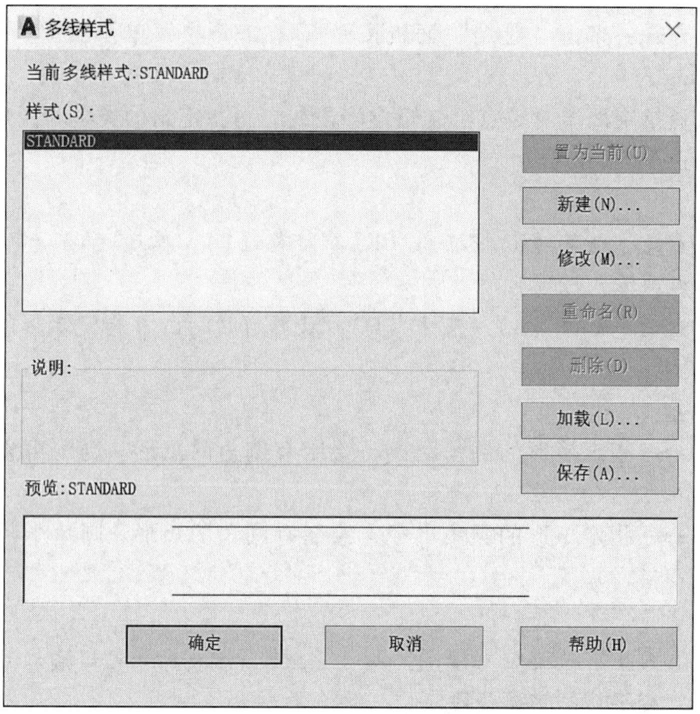

图 12-6　“多线样式”对话框

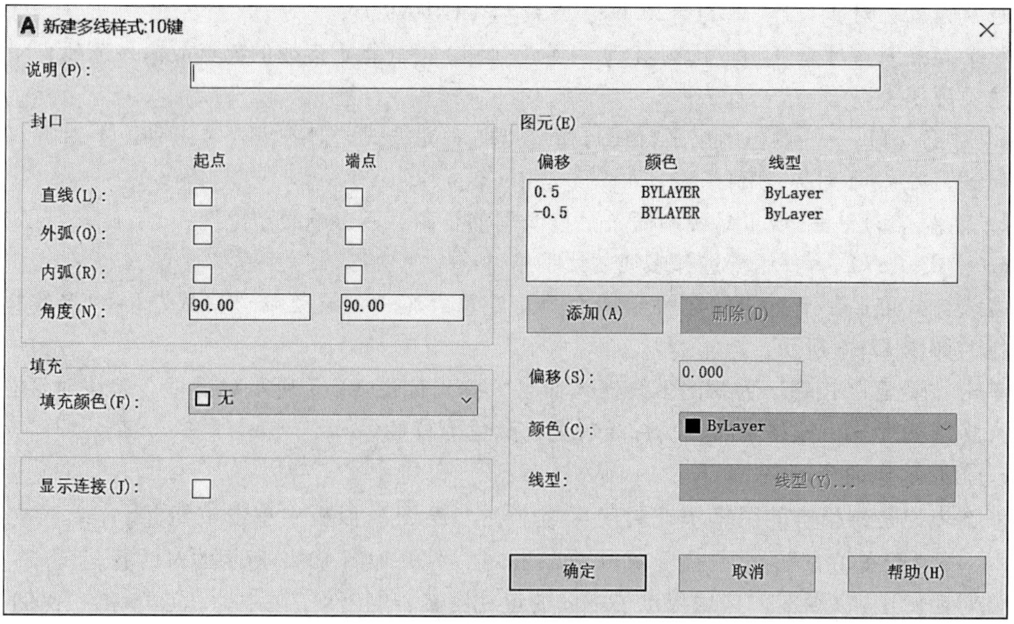

图 12-7　“新建多线样式”对话框

图 12-8 "图案填充创建"对话框

其他常用绘图命令见表 12-2。

表 12-2 其他常用绘图命令

按钮	名称	功 能
⬠	画正多边形	以内接于圆或外切于圆的方式画 3~1024 条边的正多边形
⬯	画椭圆	画椭圆或椭圆弧，第一条轴的方向确定整个椭圆的方向
∿	画样条曲线	根据一系列输入点拟合出一条光滑的不规则曲线
⁖	画多点	以指定点样式画出多个点

§12-3　常用修改命令

使用 AutoCAD 绘图优于手工绘图，很大程度上是因为其编辑与修改功能十分强大。本节将介绍常用的修改命令。

一、对象选取

在对图形执行某种修改时，通常需选取相应的图形对象，此时十字光标变为活动小方框，提示"选择对象"，而被选中对象则以虚线高亮显示。常用的对象选取方法有以下几种：

（1）直接选取（默认）。当命令窗口提示"选择对象"时，直接将拾取框对准对象，单击鼠标左键即可。

（2）窗选。当命令窗口提示"选择对象"时，用鼠标从左向右拉出一个实线显示的矩形框，框内对象被选中。

（3）交叉窗选。当命令窗口提示"选择对象"时，用鼠标从右向左拉出一个虚线显示的矩形框，框内以及被矩形框穿过的所有对象均被选中。

二、对象捕捉

利用 AutoCAD 中的对象捕捉功能可以快速、准确地绘图和修改。当命令窗口提示输入一个点时，移动鼠标便可智能地捕捉到对象上的某些特征点，如端点、中点、交点、圆心、垂直点等等。打开对象捕捉有三种方式：

（1）单击状态栏中的"对象捕捉"按钮或按 F3 键，可切换开关对象捕捉。单击对象捕捉按钮右侧的三角按钮，在弹出的菜单中可以勾选需要自动捕捉的特征点。

（2）单击下拉菜单"工具"→"工具栏"→"AutoCAD"→"对象捕捉"，即可打开如图 12-9 所示的对象捕捉工具栏。

（3）利用快捷键：Ctrl 或 Shift+鼠标右键。

图 12-9   对象捕捉工具栏

在对象捕捉工具栏里，各图标按钮的名称及功能见表 12-3。

表 12-3   对象捕捉图标按钮介绍

按钮	名称	命令缩写	功 能
	临时追踪点	TT	创建对象捕捉所使用的临时点
	捕捉自	FROM	从临时参照点偏移一个距离进行捕捉
	端点	END	捕捉到对象（如直线或圆弧等）的端点
	中点	MID	捕捉到对象（如直线或圆弧等）的中点
	交点	INT	捕捉到对象（如直线或圆、圆弧等）的交点
	外观交点	APP	捕捉到对象（如直线或圆、圆弧等）的外观交点，也可捕捉到两个对象沿实际路径延伸后的假想交点
	延伸	EXT	捕捉到对象的延伸点
	圆心	CEN	捕捉到圆弧、圆、椭圆、椭圆弧的圆心
	象限点	QUA	捕捉到圆弧、圆、椭圆的象限点
	切点	TAN	捕捉到圆弧、圆、椭圆、椭圆弧上的切点
	垂足	PER	捕捉到对象（如直线等）的垂足
	平行线	PAR	捕捉到与对象平行的延长线
	插入点	INS	捕捉到一个属性、块、形或文字的插入点
	节点	NOD	捕捉到一个点对象
	最近点	NEA	捕捉到对象（如直线、圆弧等）的最近点

三、常用修改命令

AutoCAD 中常用的修改命令图标在"默认"选项卡中的"修改"面板中，如图 12-10 所示。

1. 移动命令

（1）命令输入方式：单击"修改"面板按钮 ，或下拉菜单"修改"→"移动"，或在命令窗口输入 move。

（2）功能：将对象在指定方向上移动指定距离。

（3）操作过程：

图 12-10 "修改"面板

命令：move

选择对象：（选取需移动的对象，并以回车结束选择）

指定基点或［位移（D）］＜位移＞：（指定对象移动的起点位置）

指定第二个点或＜使用第一个点作为位移＞：（指定对象移动的终点位置，或按回车键将第一个点的坐标用作位移值；可采用对象捕捉、坐标输入等进行精确定位）

2. 旋转命令

（1）命令输入方式：单击"修改"面板按钮 ，或下拉菜单"修改"→"旋转"，或在命令窗口输入 rotate。

（2）功能：将对象绕指定基点旋转。

（3）操作过程：

命令：rotate

选择对象：（选取需旋转的对象，并以回车结束选择）

指定基点：（指定对象旋转的参考基点）

指定旋转角度，或［复制（C）／参照（R）］＜0＞：（输入对象绕基点旋转的角度，默认逆时针为正，右侧水平位置为 0°，或输入相应选项）

选项说明：

a. 复制（C）——旋转对象的同时创建一个副本。

b. 参照（R）——将对象从指定的角度旋转到新的角度。

3. 修剪命令

（1）命令输入方式："修改"面板按钮 ，或下拉菜单"修改"→"修剪"，或在命令窗口输入 trim。

（2）功能：以指定对象为修剪边，将线段或圆弧的指定部分切断并删除，如图 12-11 所示。

（3）操作过程：

命令：trim

选择对象：（选择修剪边界，并以回车结束选择）

选择要修剪的对象或按住 Shift 键选择要延伸的对象，或［栏选（F）／窗交（C）／投影（P）／边（E）／删除（R）］：（选择需要修剪的对象边，回车）

选项说明：

a. 按住 Shift 键选择要延伸的对象——延伸选定对象而不是修剪。此选项提供了一种在修剪和延伸之间切换的简便方法。

b. 栏选（F）——选择与选择栏相交的所有对象。

c. 窗交（C）——选择由两点确定的矩形区域内部或与之相交的对象。

d. 投影（P）——在切割三维图形时确定投影模式。

e. 边（E）——用于确定当修剪对象与待修剪对象不相交时是否进行修剪，即设定延伸模式或者不延伸模式。

4. 延伸命令

（1）命令输入方式：单击"修改"面板中"修剪"命令右侧的三角按钮，在打开菜单中选择"延伸"图标 ⟶| ，或下拉菜单"修改"→"延伸"，或在命令窗口输入 extend。

（2）功能：将线段或圆弧延伸到指定边界，如图 12-12 所示。

（3）操作过程：

命令：extend

选择对象：（选择延伸边界，并以回车结束选择）

选择要延伸的对象或按住 Shift 键选择要修剪的对象，或〔栏选（F）/窗交（C）/投影（P）/边（E）/放弃（U）〕：（选择需延伸的线段，回车）

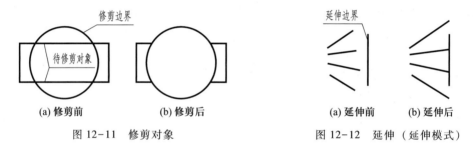

| (a) 修剪前 | (b) 修剪后 | | (a) 延伸前 | (b) 延伸后 |

图 12-11　修剪对象　　　　　图 12-12　延伸（延伸模式）

5. 复制命令

（1）命令输入方式：单击"修改"面板按钮 ⚏ ，或下拉菜单"修改"→"复制"，或在命令窗口输入 copy。

（2）功能：将指定对象复制到指定位置处。

（3）操作过程：

命令：copy

选择对象：（选取需复制的对象，并以回车结束选择）；

指定基点或〔位移（D）/模式（O）〕<位移>：（指定对象复制的起点位置）。

指定第二个点或〔阵列（A）〕<使用第一个点作为位移>：（指定对象复制后的位置）；

6. 镜像命令

（1）命令输入方式：单击"修改"面板按钮 ⚠ ，或下拉菜单"修改"→"镜像"，或在命令窗口输入 mirror。

（2）功能：将指定对象按指定镜像线（对称线）作镜像图形。

（3）操作过程：

命令：mirror

选择对象：（选取要作镜像的对象，如图 12-13a 所示）

指定镜像线的第一点：（指定第一点）

指定镜像线的第二点：（指定第二点）

要删除源对象吗？［是（Y）/否（N）］<否>：（回车不删除，镜像结果如图 12-13b 所示）

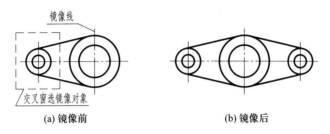

(a) 镜像前 　　　　　　 (b) 镜像后

图 12-13　作镜像物体

7. 圆角命令

（1）命令输入方式：单击"修改"面板按钮 ，或下拉菜单"修改"→"圆角"，或在命令窗口输入 fillet。

（2）功能：给对象添加圆角。

（3）操作过程：

命令：fillet

选择第一个对象或［放弃（U）/多段线（P）/半径（R）/修剪（T）/多个（M）］：（选择要倒圆角的第一条边或输入选项）

选择第二个对象，或按住 Shift 键选择对象以应用角点或［半径（R）］：（选择要倒圆角的第二条边，系统将按当前的圆角半径倒圆角，如图 12-14 所示）

选项说明：

a. 多段线（P）——对整个多段线进行倒角。

b. 半径（R）——重新指定圆角半径。系统在默认状态下圆角半径为 0。

c. 修剪（T）——设置在倒角后是否对选定边进行修剪。

8. 倒角命令

（1）命令输入方式：单击"修改"面板按钮 ，或下拉菜单"修改"→"倒角"，或在命令窗口输入 chamfer。

（2）功能：在两条不平行的线段间生成倒角。

（3）操作过程：

命令：chamfer

选择第一条直线或［放弃（U）/多段线（P）/距离（D）/角度（A）/修剪（T）/方式（E）/多个（M）］：（选择需倒角的第一条边或输入选项）

选择第二条直线，或按住 Shift 键选择直线以应用角点或［距离（D）/角度（A）/方法

（M）]：（选择需倒角的第二条边，系统将按当前的倒角距离进行倒角，如图 12-15 所示）

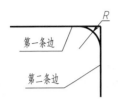

图 12-14 圆角（不修剪模式）

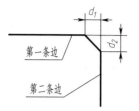

图 12-15 倒角（修剪模式）

选项说明：

a. 距离（D）——重新指定两个倒角距离。系统在默认状态下倒角距离 d_1、d_2 均为 0。

b. 角度（A）——指定第一条边的倒角距离和第二条边的倒角角度。

c. 方法（M）——选择用距离模式或角度模式进行倒角。

9. 阵列命令

阵列有矩形阵列、路径阵列和环形阵列三种方式。

（1）命令输入方式：单击"修改"面板按钮 ⊞▾，或下拉菜单"修改"→"阵列"，或在命令窗口输入 array。

（2）功能：按指定方式对对象进行多重复制，所复制对象与原对象成为一个整体对象。

（3）操作过程：

命令：array

① 矩形阵列：指定阵列的行数、列数以及间距等进行矩形阵列，也可以直接选择夹点来编辑阵列，如图 12-16a 所示。

注意：间距值为正时，向右向上阵列；为负时，向左向下阵列。

② 路径阵列：沿指定路径进行阵列，路径可以是直线、多段线、样条曲线以及圆弧等如图 12-16b 所示。

③ 环形阵列：指定阵列的中心点、项目的数目以及填充角度等进行环形阵列，同样可以直接选择夹点来编辑阵列，如图 12-16c 所示。

(a) 矩形阵列　　　　(b) 路径阵列　　　　(c) 环形阵列

图 12-16 阵列

10. 偏移命令

（1）命令输入方式："修改"面板按钮 ⊂，或下拉菜单"修改"→"偏移"，或在命令窗口输入 offset。

（2）功能：在指定距离处作指定对象的等距线或同心圆。

（3）操作过程：

命令：offset

指定偏移距离或［通过（T）删除（E）图层（L）］<通过>：（输入距离值或输入选项）

选择要偏移的对象，或［退出（E）／放弃（U）］<退出>：（选择偏移对象）

指定要偏移的那一侧上的点，或［退出（E）／多个（M）／放弃（U）］<退出>：（在需要做等距线或同心圆的一侧拾取一点）

选项说明：

a. 通过（T）——使偏移对象通过一个点。

b. 删除（E）——偏移后是否删除源对象，默认为不删除。

其他常用修改命令如表 12-4 所示。

表 12-4　其他常用修改命令

按钮	名称	功　　能
✎	删除	从图形中将指定对象删除
🗇	分解	将组合对象分解为单一对象
▯	拉伸	将图形中指定部分进行拉伸，以改变其形状
🔲	缩放	将指定对象按比例放大或缩小
🔲	打断	将对象部分删除或将对象分解为两部分

四、利用关键点进行自动编辑

这是一种很方便的图形编辑手段。在命令状态下，直接选中图形对象，对象变为虚线高亮显示，由蓝色小方框表示的关键点（夹点）定义了图形对象的位置和几何形状，如线段的端点和中点，圆的圆心和象限点等。单击需编辑的关键点，该点处的蓝色小方框变成红色，即进入关键点的编辑状态。可编辑的方式有五种：拉伸、移动、旋转、比例缩放和镜像。按回车键可使五种方式循环出现，或单击鼠标右键，在快捷菜单中选择所需命令。

五、显示控制

为便于作图，在 AutoCAD 中还有一些用于改变屏幕上图形显示效果的命令，主要有以下几种。

1. 缩放命令

（1）命令方式：滚动鼠标中键滚轮（向上放大，向下缩小），或下拉菜单"视图"→"缩放"，或在命令窗口输入 zoom。

（2）功能：放大或缩小当前视口对象的外观尺寸，但不改变其真实大小。

（3）操作过程：

命令：zoom（或 'zoom 透明运行）

指定窗口的角点，输入比例因子（nX 或 nXP），或者［全部（A）/中心（C）/动态（D）/范围（E）/上一个（P）/比例（S）/窗口（W）/对象（O）］<实时>：

选项说明：

a. 全部（A）——将当前图形界限显示出来，若图形超出了界限，则将图形全部显示。

b. 中心（C）——缩放显示由中心点和缩放比例（或高度）所定义的窗口。

c. 动态（D）——动态显示方框中的图形。

d. 范围（E）——将所绘图形全部显示出来。

e. 上一个（P）——恢复显示前一个视图。

f. 比例（S）——以指定的比例值缩放显示。

g. 窗口（W）——缩放显示由矩形窗口确定的区域。

h. 对象（O）——指定某一对象，使其在当前绘图区域最大化显示。

2. 实时平移命令

（1）命令输入方式：按住鼠标中键，或下拉菜单"视图"→"平移"→"实时平移"，或在命令窗口输入 pan。

（2）功能：选中该选项时，光标将变成手状，即可平移图形，以便读图或修改。按 Esc 键或回车键退出平移。

§12-4 图 层 控 制

图层可看成是一系列透明的平台，运用它可以很好地组织不同类型的图形信息。各层之间完全对齐，重叠起来就是一幅完整的图形，如图 12-17 所示。对象可以直接使用其所在图层定义的特性，如颜色、线型和线宽等，也可以专门给各个对象指定特性，这样便提高了图形的表达能力和可读性，使得处理图形中的信息更加容易。

图层具有如下特殊特性：

（1）可关闭：被关闭图层上的对象不可见，重新生成图形时需刷新时间。

（2）可冻结：被冻结图层上的对象既不可见也不能被选择，重新生成图形时不需刷新时间。

（3）可锁定：被锁定图层上的对象可见但不可选取，重新生成图形时需刷新时间，可用对象捕捉。

图层的操作主要通过"图层"面板进行控制，如图 12-18 所示。

一、创建图层

单击"图层特性"按钮，打开"图层特性管理器"对话框，在对话框中可设置当前图层，新建或删除图层，同时可控制图层的特性，如开/关、冻结/解冻、锁定/解锁、颜色、线型、线宽等。

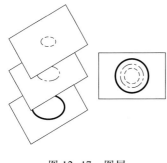

图 12-17 图层

图 12-18 "图层"面板

AutoCAD 的默认图层为 "0" 层。0 层不可删除，也不可改变名称，但可以改变颜色、线型和线宽等。

单击 "新建图层" 按钮 ，系统将自动建立一个名为 "图层 1" 的新图层，如图 12-19 所示。在 "名称" 处直接键入所需图层名即可。

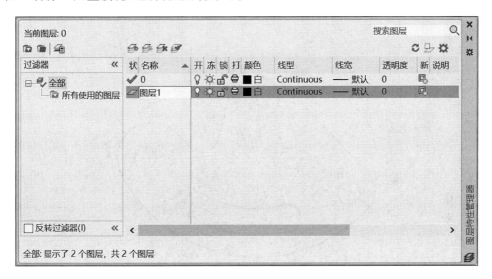

图 12-19 "图层特性管理器"对话框

二、设置颜色

在图 12-19 所示对话框中，选中需设置颜色的图层（高亮显示），单击颜色小方框或颜色名，打开 "选择颜色" 对话框，选择所需颜色后单击 "确定"，回到 "图层特性管理器" 对话框。

三、载入线型

在默认状态下，系统为每个图层分配的线型均为 "Continuous（实线）"。要改变线型可单击线型名称，在出现的 "选择线型" 对话框中选择所需线型。若该对话框中没有所需线型，可单击 "加载" 按钮，出现如图 12-20 所示 "加载或重载线型" 对话框，选中相应线型，单击 "确定" 即可。

载入线型还可采用如下命令方式：下拉菜单"格式"→"线型"，或在命令窗口输入 lt，在"线型管理器"对话框中单击"加载"按钮。

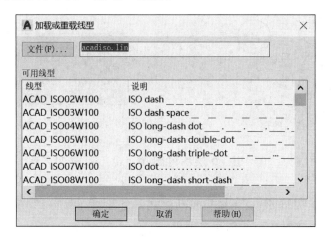

图 12-20 "加载或重载线型"对话框

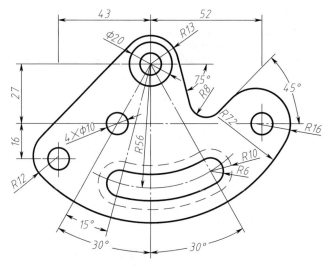

图 12-21 平面图形

[**例 12-1**] 在 A4 图幅上绘制图 12-21 所示的平面图形。

作图：

① 设置图幅。先用 limits 命令设置图纸左下角为（0，0），右上角为（297，210），再用 Zoom→All 将图幅充满整个绘图区域。

② 设置图层、颜色、线型及线宽。

粗实线：黑/白色，Continuous，0.5；

细实线：蓝色，Continuous，0.25；

点画线：红色，CENTER，0.25；

虚线：洋红，HIDDEN，0.25；

文字及标注：蓝色，Continuous，0.25。

③ 绘图。

启用对象捕捉，在点画线层用"直线"命令、"圆"命令画作图基准线和定位线，并用"打断"命令将定位圆弧多余部分去除，如图 12-22a 所示；

分别在粗实线层和虚线层用"圆"命令画已知线段，并去除多余部分，如图 12-22b 所示；

分别在粗实线层和虚线层用"直线"命令、"圆"命令、"圆角"命令、"偏移"命令、"修剪"命令画中间线段和连接线段，注意使用"捕捉到切点"，如图 12-22c 所示；

检查整理，用"修剪"命令和"打断"命令去除多余图线，如图 12-22d 所示。

④ 完成标题栏（图中未示出）。

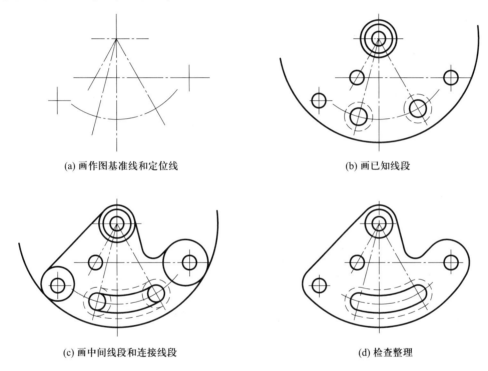

(a) 画作图基准线和定位线　　　　　　　　　　(b) 画已知线段

(c) 画中间线段和连接线段　　　　　　　　　　(d) 检查整理

图 12-22 平面图形的画图步骤

[**例 12-2**] 根据图 12-23a 所示轴测图，绘制组合体的三视图。

分析：用计算机绘制组合体三视图前，通常先徒手画出组合体的草图，然后再在计算机上进行绘制，对于初学者尤其要养成先绘草图的好习惯。绘图的方法并不唯一，取决于绘图者个人的习惯，但应充分利用正交、极轴追踪、对象捕捉和对象捕捉追踪等功能绘图，既简便快捷，又可以保证视图之间投影关系正确。

作图：

① 根据组合体的尺寸，确定绘图比例和图幅。

② 设置图层并为每一图层设置线型、颜色和线宽。

③ 用"直线"命令和"偏移"命令绘制出组合体三视图的主要轮廓，如图 12-23b 所示。

④ 画竖板上的三棱柱槽，先画左视图，再投影作出主、俯视图，如图 12-23c 所示。

⑤ 画底板上的半圆柱槽，用"圆"命令和"修剪"命令画出俯视图，再利用"极轴追踪"和"对象捕捉追踪"作出主视图；为了实现俯、左视图宽相等，可以利用45°辅助斜线完成左视图，也可以直接使用尺寸作图，如图 12-23d 所示。

⑥ 删除辅助线，完成的图样如图 12-23e 所示。

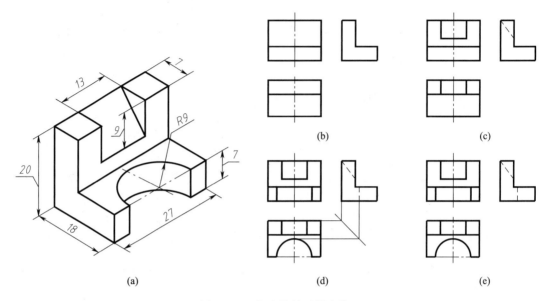

图 12-23　组合体的画图步骤

§12-5　文字注释及尺寸标注

一张完整的工程图样除了具备一组视图外，还必须标注尺寸，以确定各部分形状大小，同时对加工中的某些技术要求加以必要的文字说明，另外标题栏和明细栏中也有大量文字。为使书写的文字及标注的尺寸符合国家标准规定，在注写之前应先定义恰当的文字样式和标注样式，对字体及尺寸的每一要素做必要的设置。

一、定义文字样式

展开"注释"面板，如图 12-24 所示，选择"文字样式"；或下拉菜单"格式"→"文字样式"；或在命令窗口输入 st，打开"文字样式"对话框。

该对话框中一次可定义多种文字样式，最后一次定义的文字样式为当前样式。单击对话框中的"新建"按钮，为新建的文字样式命名为"工程图汉字"；然后在"字体"区域中选择字体名"仿宋"，"宽度因子"设为 0.707（小数点后位数由系统设置决定），其余用默认值。单击"应用"按钮，"关闭"对话框后即可用所设的文字类型书写汉字，如图 12-25 所示。

图样中的数字和字母应单独定义文字样式如"数字及字母"，字体名为 gbeitc. shx（直体用 gbenor. shx），选中"使用大字体"，"宽度因子"为 1，其余按默认设置即可。

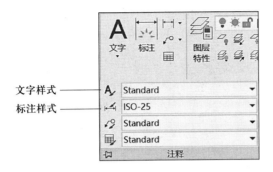

图 12-24　"注释"面板

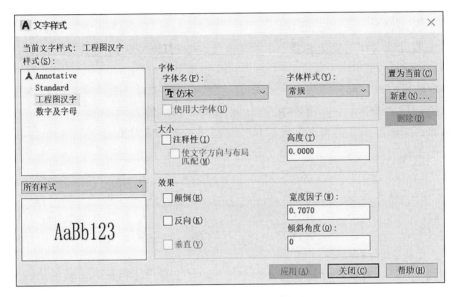

图 12-25　"文字样式"对话框

二、书写文字

AutoCAD 中设置了两种文字的书写方式，即多行文字（mtext）和单行文字（text）。

1. 多行文字命令

（1）命令输入方式：单击"注释"面板按钮 🅰，或下拉菜单"绘图"→"文字"→"多行文字"，或在命令窗口输入 mtext。

（2）功能：在指定的矩形区域内书写段落文字。

（3）操作过程：

命令：mtext

指定第一角点：（指定文字区域的第一个对角点）

指定对角点或 ［高度（H）/对正（J）/行距（L）/旋转（R）/样式（S）/宽度（W）/栏（C）］：（指定矩形区域的另一个对角点，出现如图 12-26 所示的"文字编辑器"，在该编辑器里书写文字或设置段落格式）

图 12-26 文字编辑器

绘图中使用的一些特殊字符，不能由键盘直接输入。为此，AutoCAD 提供了特殊字符的输入方法。常用的特殊字符的输入方法如下：

%%c——直径符号"φ"   %%d——角度符号"°"

%%p——公差符号"±"   %%%——百分号"%"

%%o——打开或关闭文字上划线   %%u——打开或关闭文字下划线

2. 单行文字命令

（1）命令输入方式：展开"注释"面板中的"文字"选项，选择单行文字按钮 **A**，或下拉菜单"绘图"→"文字"→"单行文字"，或在命令窗口输入 text。

（2）功能：在图形中多处书写文字，每行文字是一个独立对象。

（3）操作过程：

命令：text

指定文字的起点或［对正（J）/样式（S）］：（指定单行文字的书写起点或输入选项）

选项说明：

a. 指定文字的起点——直接在图形中指定文字的起始位置、文字高度和旋转角度后，开始书写文字，按回车键结束。

b. 对正（J）——用于控制文字的对齐方式，默认条件下为左下角点对齐。

c. 样式（S）——用于改变当前的文字样式。

三、定义标注样式

在图 12-24 所示窗口中选择"标注样式"，或单击下拉菜单"格式"→"标注样式"，打开如图 12-27 所示的"标注样式管理器"对话框。在该对话框中，"置为当前"按钮用于将已有的尺寸标注样式设置为当前标注样式，"新建"按钮用于建立新的标注样式，"修改"按钮用于修改已有标注样式。

单击"新建"，在图 12-28 所示的"创建新标注样式"对话框中对新样式命名为"机械"，单击"继续"，弹出"新建标注样式：机械"对话框，按国家标准规定对尺寸标注时的参数进行设置。

在"线"选项卡中设置尺寸线和尺寸界线的形式，如图 12-29 所示；在"符号和箭头"选项卡中按默认设置箭头为"实心闭合"，箭头大小为 3.5；在"文字"选项卡中选择已设好的"数字及字母"样式，文字高度为 3.5mm；在"调整"选项卡中可控制标注文字、箭头、尺寸线和尺寸界线的放置，还可控制标注的比例；在"主单位"选项卡中设置尺寸数字的小数位数、比例因子等；在"公差"选项卡中设置公差格式和大小，此处使用默认设置。

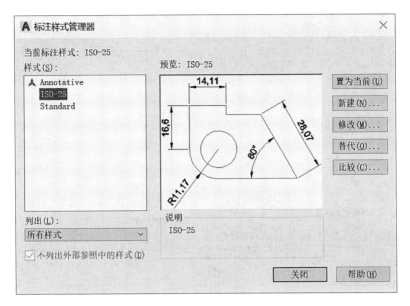

图 12-27　"标注样式管理器"对话框

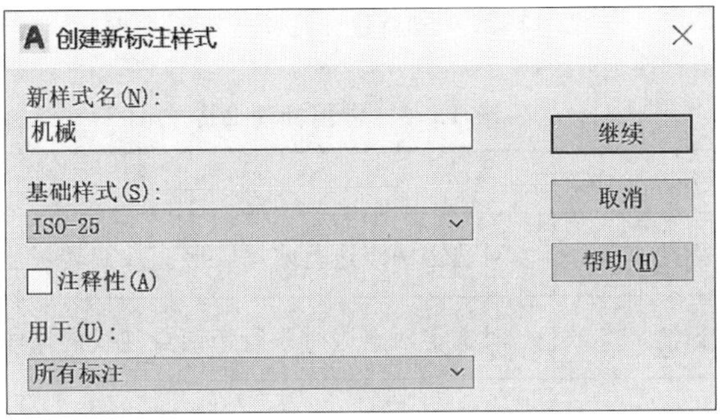

图 12-28　"创建新标注样式"对话框

　　单击"确定"回到"标注样式管理器"对话框，再次单击"新建"，在"创建新标注样式"对话框中选择"基础样式"为"机械"，"用于"下拉列表中选择"角度标注"，单击"继续"，在"文字"选项卡中选择"文字对齐"方式为"水平"，即可设置用于角度标注的样式。

四、尺寸标注

　　AutoCAD 提供了一套完整、快捷的尺寸标注命令，可在"注释"面板或"注释"选项卡的"标注"面板中选择所需的标注方式，也可使用下拉菜单"标注"进行选择。常用的标注命令功能如表 12-5 所示。

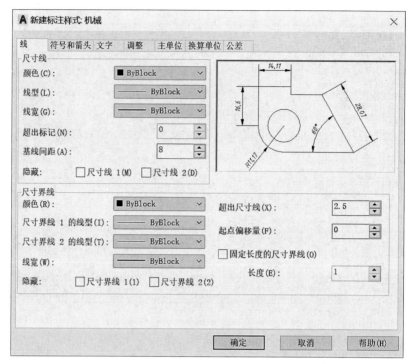

图 12-29 "新建标注样式"对话框

表 12-5 常用标注命令

图标	名称	功 能
	线性标注	对选定两点进行水平、竖直或旋转标注
	对齐标注	对选定两点进行平行于两点连线的标注
	角度标注	标注两直线的角度，或圆弧的圆心角
	弧长标注	用于测量圆弧或多段线的弧线段的弧长
	半径标注	标注圆或圆弧的半径
	直径标注	标注圆或圆弧的直径
	坐标点标注	用于测量点到原点的垂直距离
	折弯标注	重新指定大圆弧半径标注的原点位置
	快速标注	快速创建一系列基线或连续标注，或同时标注一系列圆或圆弧
	基线标注	标注具有共同基线的多个尺寸
	连续标注	将同一方向尺寸连续标注在一条直线上

图标	名称	功　　能
⬚	调整间距	调整线性标注或角度标注之间的距离
⬚	形位公差标注	标注带有或不带引线的几何公差
⊕	圆心标记	根据标注样式创建圆和圆弧的圆心标记或中心线

五、尺寸标注的编辑

尺寸的编辑有以下四种方式：

（1）使用夹点编辑的模式直接修改尺寸标注的位置；

（2）使用特性管理器，可对尺寸进行全面修改与编辑；

（3）使用倾斜按钮 ⬚ ，可将线性标注的尺寸界线进行倾斜；

（4）使用文字角度按钮 ⬚ ，可对尺寸数字旋转；

[**例 12-3**]　对例 12-1 中所绘平面图形进行尺寸标注。

作图：

① 打开例 12-1 所绘平面图形。

② 定义线性尺寸标注样式和角度尺寸标注样式。

③ 参照图 12-21，逐个标注平面图形的尺寸。

[**例 12-4**]　设置 A3 图幅样板文件。

分析：AutoCAD 提供了许多样板文件，但与国家标准不完全吻合。为了保证设计图纸的规范，提高绘图效率，通常将图纸中的固定格式设置在样板文件中，绘图时只需调用样板即可。本例设置 A3 图幅样板，其余幅面的样板文件设置方法相同。

作图：

① 设置绘图单位和图形界限（420，297）。

② 设置图层及其颜色、线型和线宽。

③ 用细实线画图幅界线，粗实线画图框线。

④ 设置文字样式"工程图汉字"和"数字及字母"。

⑤ 设置标注样式。

⑥ 保存样板文件：单击"保存"按钮，在"图形另存为"对话框中选择文件类型为 AutoCAD 图形样板（＊.dwt），以"A3 横幅"命名，即可将样板文件保存至计算机或者 U 盘中。

§ 12-6　块及其属性

"块"是把一组图形或文本作为一个实体的总称。在块中，每个图形实体仍可有其独立的图层、线型和颜色特征，但块中所有实体是作为一个整体来处理，可以根据需要将块按一定比例缩放、旋转，插入到指定的位置，也可以插入块后对其进行阵列、复制、删除、镜像等编辑操作。块具有如下优点：提高绘图速度、节省存储空间、便于修改、可加入属性等。

块有两种，内部块和外部块。内部块只能在块所在的图形中重复使用，外部块是以图形文件的形式存储，可应用于不同文件。

一、块的创建

1. 创建内部块

命令输入方式：单击"默认"选项卡"块"选项面板按钮 ，或"插入"选项卡"块定义"选项面板"创建块"按钮，或下拉菜单"绘图"→"块"→"创建"，或在命令窗口输入 b。

功能：将现有图形的部分或全部建成内部块。适用于在同一图形中重复使用的图形。

操作过程：画出需定义为内部块的图形→输入命令→输入块名→选择插入基点→选择对象。

说明：内部块若在 0 层建立，插入时块的属性将自动与当前层匹配；若在其他层创建，插入后块仍保留在原图层上。

操作举例："粗糙度"块的创建

（1）绘制图 12-30 所示的表面结构符号。

（2）单击"创建块"按钮，弹出"块定义"对话框，如图 12-31 所示。

（3）输入块名称"粗糙度"，在"基点"区域单击"拾取点"按钮，选取表面结构符号的尖端点为块的插入基点。

（4）在"对象"区域单击"选择对象"按钮，全选该符号，确定后退出，即定义了该"粗糙度"块。

图 12-30 表面结构符号

图 12-31 "块定义"对话框

2. 创建外部块

命令方式：在"插入"选项卡"块定义"面板中展开"创建块"，单击写块按钮 ，或在命令窗口输入 wblock。

功能：将现有图形的部分或全部以图形文件的形式建成外部块，用于插入到其他图形中。

操作过程：画出需定义为外部块的图形→输入命令→指定插入基点→选择对象→输入块名和保存路径。

仍以"粗糙度"块的创建为例：

（1）绘制图 12-30 所示的表面结构符号。

（2）单击"写块"图标，打开图 12-32 所示的"写块"对话框。

（3）在"写块"对话框中指定块的插入基点，选择表面结构符号作为块图像，输入外部块的名称和存储路径，单击"确定"，即可定义完成外部块"粗糙度"。

图 12-32 "写块"对话框

3. 属性定义

属性是数据附着到块上的标签或标记，属性中可能包含的数据包括零件编号、价格、注释和物主的名称等等。将对象定义为有属性的外部块，可在插入块时直接添加标记等属性值。

操作举例，有属性的"粗糙度"块的创建：

（1）绘制图 12-30 所示的表面结构符号。

（2）单击"插入"选项卡"块定义"面板中的定义属性按钮 ，或下拉菜单"绘图"→"块"→"定义属性"，打开图 12-33 所示的"属性定义"对话框。在该框中，输入标记"ccd"，指定属性文字的对正方式、文字样式和文字高度等，在屏幕上指定粗糙度数值的插入位置，单击"确定"。

（3）输入 wblock 命令，在"写块"对话框中，选择表面结构符号和其属性作为块图像，单击"确定"，即可定义带有属性值的"粗糙度"外部块。

二、块的插入

单击"默认"选项卡或者"插入"选项卡中"块"面板中的插入按钮 ，或下拉菜单"插入"→"块选项板"或输入 insert 命令，打开如图 12-34 所示的"块"对话框。选择要插入的当前图形中的块（内部块），或者其他图形中的块（外部块），指定插入比例，在图样中指定块的插入点，对于有属性的块，根据提示输入属性值，如 Ra 3.2，即可将该值的表面结构符号插入到当前图形中，如图 12-35 所示。

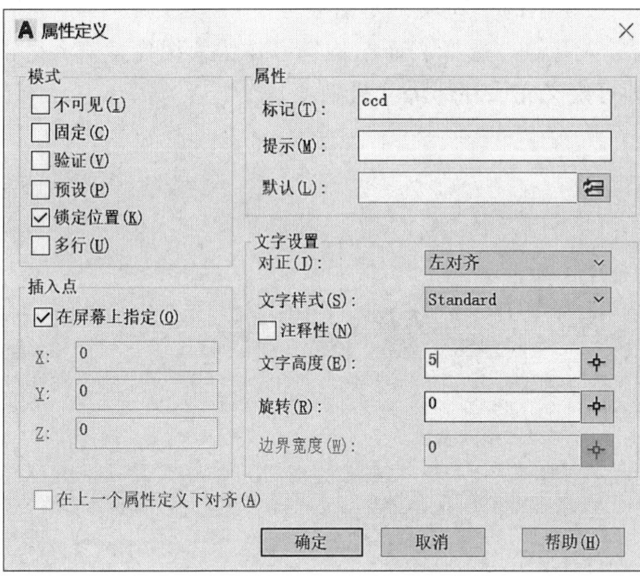

图 12-33　"属性定义"对话框

图 12-34　"块"对话框

三、块的修改

块作为一个整体对象，可以被删除、复制、移动、旋转、比例缩放等。对插入的个别块进行修改，可将其分解后直接修改。若要修改插入的所有同一块，应对该块重新定义。具体做法是：

图 12-35　插入的块

（1）将某一块分解后修改；

（2）以同样的块名和路径重新定义该块；

（3）系统提示该块已存在，替换原有块，则块被重新定义。

四、属性的修改

1. 单个属性值的修改

双击插入的块，弹出如图 12-36 所示对话框。在该对话框中可对属性值、属性的文字样式及大小、属性所在图层及颜色等进行修改。

2. 属性参数的全面修改

单击下拉菜单"修改"→"对象"→"属性"→"块属性管理器",在打开的对话框中单击"编辑"按钮,弹出图 12-37 所示的"编辑属性"对话框,即可对块的属性进行全面修改。

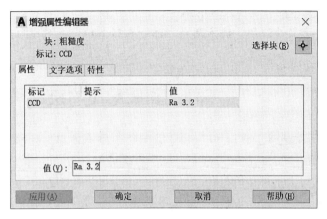

图 12-36 单个属性值的修改

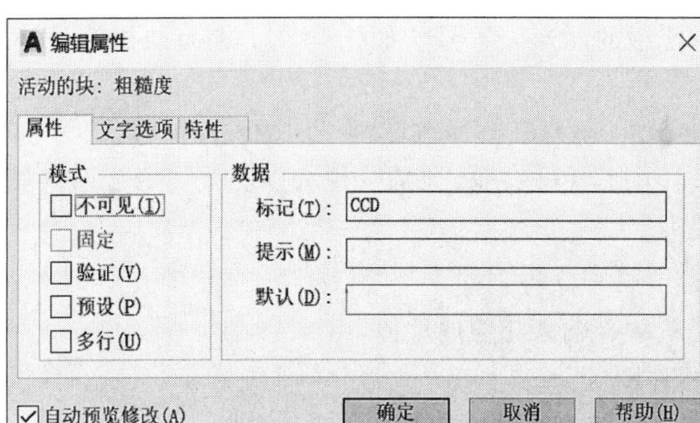

图 12-37 "编辑属性"对话框

[**例 12-5**] 定义如图 12-38 所示的有属性的"标题栏"块。

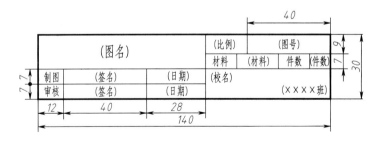

图 12-38 标题栏参考格式

分析:国标规定每张图纸上都必须有标题栏,标题栏中的文字用以记录图纸上的非图形信息。若将标题栏定义成外部块,其中的文字定义为属性,便可以在绘图时直接插入标题栏,大大提高工作效率。

作图：

① 新建图形文件，使用样板"A3 横幅"，删除图幅界线和图框线。

② 根据图 12-38 绘出标题栏，并书写没有圆括号的文字（5 号字）。

③ 将有圆括号的文字内容定义成块的属性，对正方式为"中间"对正。

④ 用 wblock 命令定义外部块：插入基点为标题栏右下角点，对象为标题栏及其所有内容，名称"标题栏"。

§12-7　零件图和装配图的绘制

零件图和装配图的绘制除了应用 AutoCAD 的绘图和修改命令外，还会大量使用块和外部参照。

一、零件图的绘制

零件图与组合体三视图相比，内容更加丰富，图形更加复杂。除了具有一组完整清晰的视图外，还有详尽的尺寸、技术要求和标题栏。使用 AutoCAD 软件绘制零件图应注意以下几点：

（1）对于多次重复使用的图形、符号，如标题栏、表面结构符号等，可插入块或图形文件，以提高绘图效率。

（2）绘图中使用的线型、字体、标注等要符合国家标准的规定。

[**例 12-6**]　绘制如图 12-39 所示的"轴"零件图。

作图：

（1）调用"A4 横幅"样板文件。

（2）插入"标题栏"块，输入相应属性值。

（3）按 1：1 绘制零件图。

① 开启"正交""对象捕捉"和"对象追踪"模式，先绘制轴线，再依次绘制各轴段，如图 12-40a 所示。

② 用"倒角"命令绘制各倒角，如图 12-40b 所示。

③ 开启"极轴追踪"模式，将"极轴追踪"的增量角设为 15°，绘制 $\phi 38$（长度 44）轴段上的锥度；采用"偏移"命令和"修剪"命令绘制退刀槽、砂轮越程槽和螺纹牙底细实线，如图 12-40c 所示。

④ 绘制键槽。采用"矩形"命令，设置矩形圆角为 5（右键槽设为 4），然后绘制圆角矩形；采用"修剪"命令将键槽内的直线修剪掉，如图 12-40d 所示。

⑤ 绘制移出断面图，填充名为 ANSI31 的图案，如图 12-40e 所示。

（4）标注尺寸。

① 当前标注样式设为"机械"，用线性标注、连续标注和基线标注的方式标注轴段长度尺寸。

② 退刀槽、砂轮越程槽的尺寸标注：使用"线性标注"命令，在命令窗口提示"指定尺寸线位置"时输入字母 t，即可按要求重新输入尺寸文字；无公差的直径、螺纹的标注同样如此；

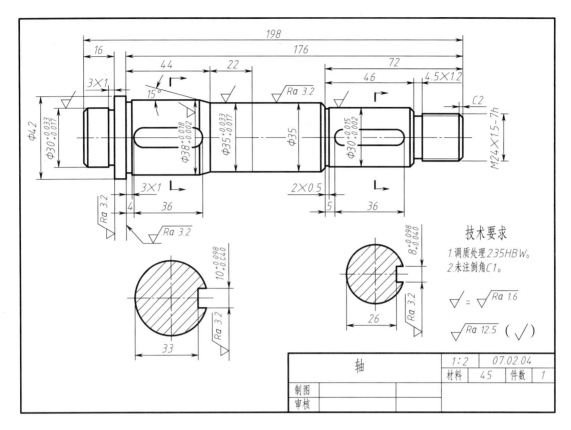

图 12-39　轴零件图

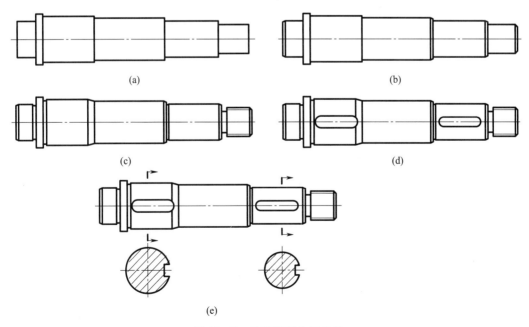

图 12-40　轴零件图作图步骤

③ 有公差的尺寸标注。以 $\varnothing30^{+0.033}_{+0.017}$ 为例，使用"线性标注"命令，在命令窗口提示"指定尺寸线位置"时输入字母 m，在"文字编辑器"中删除原有内容，输入%%c30+0.033^+0.017，选中+0.033^+0.017，单击编辑器中的堆叠按钮" $\dfrac{b}{a}$ "，并设置其字体比 $\phi30$ 小一号字，单击"确定"，指定尺寸线位置即可完成标注。

（5）逐个插入带属性的"粗糙度"块，修改其属性值。

（6）输入文字。设置"工程图汉字"为当前文字样式，执行"多行文字"命令，书写相关文字。

最终结果如图 12-39 所示。

当然，绘制本零件图只使用了 AutoCAD 的部分命令，对有些具体操作还可以采用一些更为简洁的方法（如使用工具按钮）。作为初学，可按本节叙述完成本零件图，然后再试着练习其他零件图，以逐步巩固、熟练和提高。

二、装配图的绘制

由 AutoCAD 绘制装配图的方法很多，这里仅介绍其中一种方法，即采用插入块或外部参照的方式，由零件图拼画装配图。这样可以简化相同或类似结构的绘制，提高绘图效率和速度。

1. 装配图中标准件和常用组合图形的处理

在绘制装配图时，一些标准件或组合图形会重复出现。对这些常用的图形，可以做成块插入，或利用 AutoCAD 的"外部参照"功能附着，即利用一组子图形构造装配图。将图形作为外部参照附着时，会将该参照图形链接到当前图形，不改变当前图形文件的大小；打开或重载外部参照时，对参照图形所做的任何修改都会显示在当前图形中。如图 12-41 所示装配图，可由图 12-42 中的各子图形以外部参照的形式组合完成。

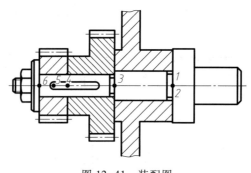

图 12-41 装配图

具体方法：

（1）将组成部件图的各结构元素做成子图形保存在图库中；

（2）建立一张新图；

（3）单击下拉菜单"插入"→"DWG 参照"，选择参照文件并单击"打开"按钮，打开如图 12-43 所示的"外部参照"对话框；

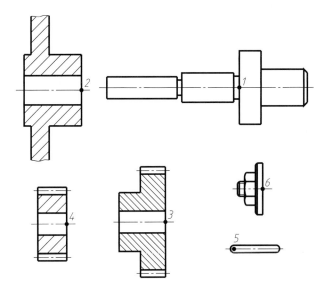

图 12-42 子图形

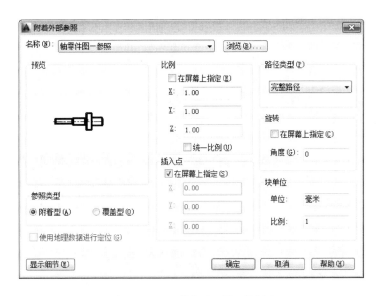

图 12-43 "外部参照"对话框

（4）输入外部参照的零件图在装配图中的比例、旋转角度，在屏幕上指定参照图形的插入点，即可将图形插入到当前装配图中。这里，分别指定图 12-42 中的 1~6 点为各子图形的插入点，利用对象捕捉，将子图形插入到装配图的相应位置，如图 12-41 所示。

2. 装配图中非标准零件的处理

对在装配图中的非标准零件，一般应先画出规范的零件图。由于装配图和零件图的表达不尽相同，因此在拼画装配图前应对零件图进行一些处理：

（1）按装配图的表达方案，取出零件图中所需的视图；统一零件的表达比例；根据需要改变视图的表达，例如改变视图的剖视、剖面等；对零件被遮挡部分进行裁减处理等。

（2）处理后的各零件图可以制作为图形块。若以此种方式拼图，在给块命名时，应考虑与该零件图有关且使用方便的名字。在拾取插入点时，应选择一个在插入块时能准确确定块位置的特殊点。

（3）也可直接采用复制的方法将零件图粘贴至装配图中，再进行编辑、修改完成装配图。

§12-8   正等轴测图的绘制

AutoCAD 软件为我们提供了可方便绘制正等轴测图的工具。所绘制的正等轴测图是一种在二维空间下表达的三维形体，非真正的三维图形。本节将介绍在 AutoCAD 系统下，利用"直线""椭圆""偏移"和"修剪"等已有命令绘制正等轴测图，以及协助正等轴测图绘制的各种辅助工具，如网格、捕捉模式和轴测轴等。

一、建立轴测投影模式

当轴测投影模式被激活时，系统将网格、捕捉显示由标准正交模式改为正等轴测模式，随着网格显示的改变，标准 AutoCAD 十字光标的形式也随之变化。光标的显示与三个正等轴测平面相对应，这是构造正等轴测图的主要辅助工具。

具体操作过程如下：

单击下拉菜单"工具"→"绘图设置"，打开"草图设置"对话框。在"捕捉和栅格"选项卡中，将"捕捉类型"选为"等轴测捕捉"，如图 12-44 所示。关闭对话框，即可打开等轴测模式。注意：打开等轴测模式后，捕捉与网格的间距由 Y 间距值控制，X 间距值不起作用。

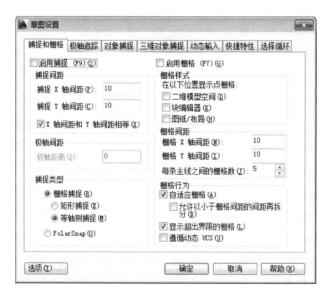

图 12-44   "草图设置"对话框

二、在轴测投影模式下绘图

1. 绘制正等轴测图的三种轴测轴

在等轴测捕捉模式下，AutoCAD 支持三种用来辅助正等轴测图绘制的轴测轴。如图 12-45 所示，第一种轴测轴称为左模式轴，用于表达物体的侧面形状；第二种轴测轴称为顶模式轴，用于表达物体水平面的形状；第三种轴测轴称为右模式轴，用于表达物体的正面形状。默认方式下为左模式轴，按 Ctrl+e 快捷键或 F5，可在三种模式中切换。

(a) 左模式轴　　(b) 顶模式轴　　(c) 右模式轴

图 12-45　绘制正等轴测图的三种轴测轴

2. 绘图方法

（1）画直线。

绘制平行于轴测轴的直线时，最简单的方法是启用正交模式，线段长度直接用键盘输入。对于不平行于轴测轴的直线，首先确定线段的端点位置，然后使用对象捕捉进行连接。

（2）画圆和圆弧。

标准模式下的圆在轴测投影模式下变为椭圆，椭圆的轴在轴测平面内。在轴测投影模式下绘制椭圆时，需使用"椭圆"命令的"等轴测圆（I）"选项。输入该选项后，系统将提示输入圆心位置、半径或直径。随后，椭圆就自动生成在当前轴测平面内。

圆弧在轴测投影中为椭圆弧。画此轴测椭圆弧时，可以先画一个完整椭圆，然后修剪掉不需要的部分。也可以选择"椭圆弧"命令的"等轴测圆（I）"选项，输入圆心、半径或直径，以及圆弧的起始角和终止角来画出轴测椭圆弧。

注意：在轴测投影模式下，不能随意使用镜像、偏移、倒圆角等操作。

3. 添加文字与尺寸标注

（1）添加文字。

要在轴测平面中添加文字或尺寸数字，可新设置一文字样式，使文字倾斜角与基线旋转角均成 30°或 -30°，如图 12-46 所示。

若要使文字在平行于 $X_1O_1Z_1$ 的平面内直立，则倾斜角为 30°，旋转角为 30°。若在平行于 $Y_1O_1Z_1$ 平面看文本是直立的，则倾角为 -30°，旋转角为 -30°。若文字在 $X_1O_1Y_1$ 平面上沿 O_1Y_1 轴书写，则倾角为 30°，旋转角为 -30°；沿 O_1X_1 轴书写，倾角为 -30°、旋转角为 30°。

（2）尺寸标注。

在正等轴测图中，线性尺寸的尺寸线必须和所标注的线段平行，尺寸界线一般应平行于某一轴测轴，尺寸数字写在尺寸线上方或中断处。因此，在 AutoCAD 中标注轴测图尺寸时，首先采用"对齐"标注方式将尺寸标注出来，然后再用"编辑标注"中的"倾斜（O）"选项将尺寸线位置做相应调整。例如，标注图 12-46 中的 35 尺寸，其倾斜角度为 30°。

标注圆的直径尺寸时，尺寸线和尺寸界线应分别平行于圆所在平面内的轴测轴；标注圆弧半径及小圆直径时，其尺寸线可从圆心引出，但注写数字的横线必须平行于轴测轴，如图 12-47 所示。

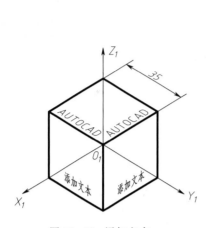

图 12-46　添加文本

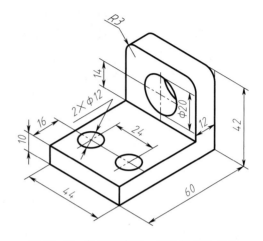

图 12-47　轴测图直径、半径的标注方法

轴测图上角度尺寸的尺寸线应画成与该坐标平面相应的椭圆弧，角度数字应水平注写在尺寸线中断处，字头向上，如图 12-48 所示。

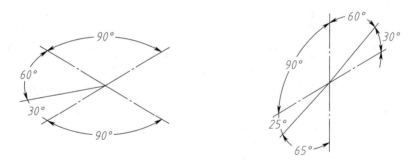

图 12-48　轴测图角度的尺寸标注

§12-9　三维实体建模

在科技飞速发展的今天，产品设计已进入三维设计时代，三维图形的应用越来越广泛。工程领域的虚拟制造、仿真等技术，都是以三维图形为基础，机械行业大量采用的先进设计、加工手段，如数控机床、加工中心、快速成形等制造模式都是直接以三维实体模型传递信息。AutoCAD 创建三维模型的能力很强，它支持三种类型的基本模型线框模型、表面模型、实体模型。本章将介绍常用的三维实体绘制和编辑命令，以组合体为例，讲述创建实体模型的一般过程。

一、三维空间坐标系的建立

AutoCAD 中存在两种坐标系——世界坐标系(WCS)和用户坐标系(UCS)。

WCS 是模型空间中唯一的、固定的坐标系，原点和坐标轴方向不允许改变。其原点(0,0,0)位于屏幕的左下角点，X 轴的正方向水平向右，Y 轴的正方向垂直向上，Z 轴的正方向垂直于屏幕向外。

UCS 则由用户定义，其原点和坐标轴方向可以按照用户的要求改变。

在三维空间中图形对象的方位比二维平面中复杂，只依靠世界坐标系 WCS 绘图是很不方便的。为此，AutoCAD 允许用户建立自己的坐标系 UCS，通过改变 UCS 的设置，可以方便地绘制各种方位的三维形体。

1. 坐标系图标

由于 AutoCAD 允许存在多个坐标系，为了便于识别，一般在视口中标出"当前坐标系图标"。常用的三维图标的形式如图 12-49 所示。直线开放端指出正方向；当模型处在三维 WCS 中，坐标系图标的原点上有一个小方块，如图 12-49a 所示；当处在 UCS 中，坐标系图标的原点上没有小方块，如图 12-49b 所示。

坐标系图标控制可以通过"UCS 图标"对话框进行，如图 12-50 所示。

图 12-49　三维坐标系图标显示方式

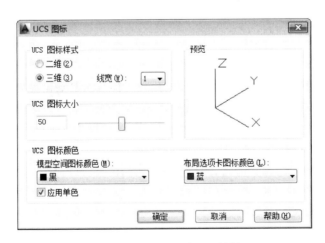

图 12-50　"UCS 图标"对话框

命令执行方式（下拉菜单，之后未说明"菜单"均指下拉菜单）：视图→显示→UCS 图标→特性。

在"UCS 图标"对话框中，可以设置图标显示形式、图标大小、图标轴线的线宽和坐标轴的形状；以及图标在模型空间和图纸空间中的显示颜色。用户可在对话框右上角的预览框中预览图标的设置效果。

2. 设置用户坐标系

（1）命令执行方式如下：

工具栏：UCS 工具栏（图 12-51）按钮 ；

输入命令：ucs。

（2）激活 UCS 命令后，命令窗口提示：

指定 UCS 的原点或［面(F)命名(NA)对象(OB)上一个(P)视图(V)世界(W)X Y Z Z 轴(ZA)］<世界>：（通过各个选项可以为用户坐标系 UCS 更改原点的位置，以及 XY 平面和 Z 轴的方向；可以在三维空间的任意位置定位和定向 UCS，并根据需要定义、保存和调用任意数量的 UCS）

3. UCS 工具栏

利用 UCS 工具栏进行 UCS 变换，可以方便、快捷地改变 UCS 原点的位置和三个坐标轴的方向。UCS 变换的方式很多，常用的是平移和旋转方式。

图 12-51 UCS 工具栏

下面对 UCS 工具栏中常用的工具按钮进行说明：

（1）"UCS" 按钮 ：执行 UCS 命令。

（2）"上一个 UCS" 按钮 ：在进行了 UCS 变换后，可恢复到上一个 UCS 设置。

（3）"世界 UCS" 按钮 ：可以从当前的用户坐标系恢复到世界坐标系。

（4）"对象 UCS" 按钮 ：可以利用选定三维图形的拉伸方向定义新的 UCS。新 UCS 的 Z 轴正方向将与选定图形对象的拉伸方向重合。

（5）"面 UCS" 按钮 ：可以让新 UCS 的某个坐标轴平面与一个选定的图形对象表面重合。命令执行过程中，要求选择图形对象的一个面在此面的边界。

（6） 按钮：旋转坐标轴操作。保持 UCS 原点位置和其中一个坐标轴的方向不变，其余两个坐标轴绕着不变的坐标轴旋转指定的角度。

（7）"原点 UCS" 按钮 ：保持 X、Y、Z 三个坐标轴的方向不变，改变 UCS 坐标原点的位置。

二、创建三维实体

实体模型不仅可以更完善、准确地表达模型的几何特征，进行消隐、着色和渲染，还可以具有质量、体积和重心等物理特性。这些信息是设计过程中进行工程分析的重要数据，因此是三维建模中最重要的部分。

AutoCAD 中提供了直接创建基本形体的实体建模命令，建模工具栏如图 12-52 所示。

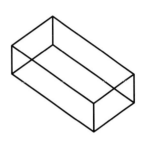

图 12-52 "建模"工具栏

1. 基本实体

（1）长方体　指定长方体的长、宽、高，可以绘制长方体，如图 12-53 所示。

① 命令执行方式。

菜单方式：绘图→建模→立方体；

输入命令：box；

工具栏：按钮 。

② 操作方式。命令被激活后，命令窗口提示：

指定长方体的角点或[中心点（CE）]<0,0,0>：（指定一个点作为长方体的角点）

指定角点或[立方体（C）/长度（L）]：（输入 L 后，系统提示输入长、宽、高）

（2）球体　指定球体的球心、半径或直径，可绘制球体，

图 12-53　长方体

如图 12-54 所示。

① 命令执行方式。

菜单命令：绘图→建模→球体；

输入命令：sphere；

工具栏：按钮 。

② 操作方式。命令被激活后，命令窗口提示：

命令：_ sphere

当前线框密度：ISOLINES=4（线框密度可以设置，例如："_ ISOLINES"命令）

指定球体球心<0,0,0>：（指定球体的中心）

指定球体半径或[直径（D）]：（指定球体的半径或直径）

（3）圆柱　指定圆柱的底面圆心坐标、半径或直径以及高度，可绘制圆柱或椭圆柱，如图 12-55 所示。

ISOLINES=4

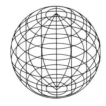
ISOLINES=18

图 12-54　球体

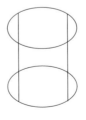
ISOLINES=4

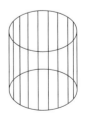
ISOLINES=18

图 12-55　圆柱

① 命令执行方式。

菜单命令：绘图→建模→圆柱；

输入命令：cylinder；

工具栏：按钮 🔲。

② 操作方式。命令被激活后，命令窗口提示：

命令：_cylinder

当前线框密度：ISOLINES＝4

指定圆柱底面的中心点或［椭圆（E）］＜0，0，0＞：（指定圆柱底面的中心点坐标或选择"椭圆"选项，生成一个圆柱或椭圆柱）

（4）圆锥 指定圆锥的底面圆心坐标、半径或直径以及圆锥的高度，如图 12-56 所示。

① 命令执行方式。

菜单命令：绘图→建模→圆锥；

输入命令：cone；

工具栏：按钮 🔺。

② 操作方式。命令被激活后，命令窗口提示：

命令：_cone

当前线框密度：ISOLINES＝4

指定圆锥底面的中心点或［椭圆（E）］＜0，0，0＞：（指

ISOLINES=4 ISOLINES=18

图 12-56 圆锥

定圆锥底面的中心坐标或选择"椭圆"选项）

两个选项的含义为：

a. 指定圆锥底面的中心点——接下来系统输入提示如下：

指定圆锥底面的半径或［直径（D）］：

指定圆锥高度或［顶点（A）］：

b. 椭圆（E）——生成一个椭圆锥，接着系统要求输入确定底面椭圆的相关参数以及椭圆锥的高。

（5）楔形体。

① 命令执行方式。

菜单命令：绘图→建模→楔形体；

输入命令：wedge；

工具栏：按钮 🔲。

② 操作方式。命令被激活后，命令窗口提示：

命令：_wedge

指定楔体的第一个角点或［中心点（CE）］＜0，0，0＞：（指定一个点或选择"中心点"选项）

各选项的含义如下：

a. 指定楔体的第一个角点——为默认选项，要求指定楔形体底面的一个顶点，指定顶点后，系统继续提示：

指定角点或［立方体（C）/长度（L）］：

这些选项的含义如下：

指定角点：为默认选项，要求指定楔形体底面的另一个顶点的位置。

立方体（C）：生成一个由正方体分割成的楔形体，系统接下来要求输入正方体的边长。

长度（L）：根据接下来的提示输入楔形体的长、宽、高。

b. 中心点（CE）——按指定的中心点生成一个楔形体。

（6）圆环　执行 TORUS 命令，可生成一个圆环，该圆环默认为平行于 UCS 的 *XY* 坐标平面，并被 *XY* 坐标平面所平分。

① 命令执行方式。

菜单命令：绘图→建模→圆环；

输入命令：torus；

工具栏：按钮 。

② 操作方式。命令被激活后，命令窗口提示：

命令：_ torus

当前线框密度：ISOLINES = 4

指定圆环中心 <0,0,0>：

指定圆环半径或 [直径（D）]：

指定圆管半径或 [直径（D）]：

指定圆环中心、半径或直径以及圆管半径或直径，绘制圆环，如图 12-57 所示。

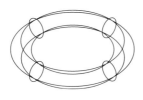

ISOLINES=4　　　　　　　　ISOLINES=18

图 12-57　圆环

2. 通过二维图形创建实体

在 AutoCAD 中，一些特定的二维对象通过拉伸（EXTRUDE）或旋转（REVOLVE），可以创建出三维实体。

（1）将二维对象拉伸成实体　使用拉伸命令可以将一些二维对象拉伸成三维实体。在拉伸过程中，不但可以指定拉伸高度，而且还可以沿拉伸方向改变形体截面的大小。此外，还可以沿着指定的路径拉伸对象。该路径可以是封闭的，也可以是不封闭的。

可用于拉伸的二维对象包括圆、封闭（但不自相交）的多义线、正多边形、椭圆、封闭的样条曲线、封闭的区域等。

① 命令执行方式。

菜单命令：绘图→建模→拉伸；

工具栏：按钮 。

② 操作方式。激活拉伸命令后，命令窗口提示：

命令：_ extrude

当前线框密度：ISOLINES = 4

选择对象：找到 1 个

选择对象：↙（回车结束选择对象）

指定拉伸高度或 [路径(P)]：（指定拉伸的高度或选择按"路径"拉伸）

各选项的含义如下：

a. 指定拉伸高度——为默认选项，要求指定二维对象的拉伸高度。当输入值为正时，将使对象沿着 UCS 的 Z 轴的正向拉伸；当输入值为负时，将使对象沿着当前 UCS 的 Z 轴的负向拉伸。

b. 路径（P）——要求指定一对象作为拉伸路径。可以作为拉伸路径的对象包括直线、圆、圆弧、椭圆、椭圆弧、多义线和样条曲线。用做拉伸路径的对象不能与被拉伸的对象处于同一平面内。

在指定了拉伸高度或拉伸路径后，命令窗口提示：

指定拉伸的倾斜角度<0>：

输入的角度将成为在拉伸过程中改变形体截面的倾斜角，该角度的值可在 $-90°\sim90°$ 之间选择。默认的角度值为 $0°$，这意味着在拉伸的过程中不改变形体截面的大小。

用拉伸命令将一个二维对象（图 12-58a）拉伸成三维实体。图 12-58b 拉伸高度为 10，拉伸的角度为 $0°$；图 12-58c 拉伸高度为 10，拉伸的角度为 $20°$；对相同平面图形进行拉伸，对"指定拉伸高度或 [路径(P)]："提示的响应为路径，两个图形所选择的路径分别为直线和曲线。

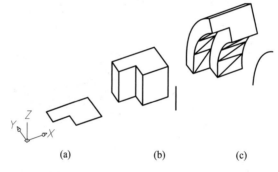

(a)　　　　　　　　(b)　　　　　　　　(c)

图 12-58　二维图形拉伸成实体示例

（2）将二维对象旋转成实体　使用旋转命令可以将一些二维对象绕指定轴旋转一个角度而形成三维实体，这样生成的实体是一个回转体。可用于旋转的二维对象，包括圆、封闭的多义线、正多边形、椭圆、封闭的样条曲线等。

① 命令执行方式。

菜单命令：绘图→建模→旋转；

输入命令：revolve；

工具栏：按钮 ⊘。

② 操作方式。命令被激活后，命令窗口提示：

命令：_ revolve

当前线框密度：ISOLINES = 20

选择对象：（选择要进行旋转的对象）

选择对象：↙

指定旋转轴的起点或定义轴依照 [对象(O)/X 轴(X)/Y 轴(Y)]：

各选项的含义如下：

a. 定义轴依照——为默认选项，要求指定旋转轴的起点和终点，旋转方向符合右手法则。

b. 对象（O）——允许指定一个对象作为旋转轴，可以作为旋转轴的对象只能是用"直线"命令和"多义线"命令绘制的直线。

c. X 轴（X）——用当前 UCS 的 X 轴作为旋转轴。

d. Y 轴（Y）——用当前 UCS 的 Y 轴作为旋转轴。

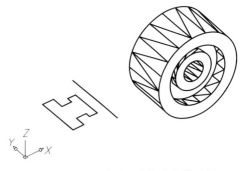

当指定了旋转轴后，系统将出现如下提示：

指定旋转角度<360>：（输入旋转的角度，可在 $0° \sim 360°$ 之间选择）。

图 12-59 所示为用"旋转"命令将一个二维图形旋转生成三维实体。

图 12-59 二维图形旋转成实体示例

三、编辑三维实体

前面所学的编辑二维图形的大多数命令也适用于三维实体编辑，如删除、移动、复制、旋转、缩放、镜像、倒圆、倒角……其中，倒圆、倒角命令还适用于三维实体的特定功能。下面仅介绍用于三维实体编辑的命令。

1. 布尔运算

在 AutoCAD 中，可以将两个或两个以上的实体通过布尔运算组合生成一个较为复杂的实体。基本的布尔运算有三种：并运算、差运算和交运算。

（1）并运算。

并运算可以将两个或多个实体合并成一个新的实体。

① 命令执行方式。

菜单命令：修改→实体编辑→并集；

输入命令：union；

工具栏：实体编辑工具栏按钮 ⊚ 。

② 操作方式。激活并运算命令后，命令窗口提示：

命令：_ union

选择对象：（选择要进行并运算的对象）

可以同时选择两个或多个实体进行并运算。图 12-60 所示为两个实体进行并运算前、后的对比。

（2）差运算。

两个实体进行差运算，实质是从一个实体中减去与另一个实体重合的部分，从而生成一个新的实体。进行差运算的实体在空间应该有重合的部分。

① 命令执行方式。

图 12-60 并运算示例

菜单命令：修改→实体编辑→差集；

输入命令：substract；

工具栏：实体编辑工具栏按钮 ⓪ 。

② 操作方式。差运算命令被激活后，命令窗口提示：

命令：_ subtract

运行差运算命令，确定差运算的源对象后，系统要求选择进行差运算的对象，系统提示：

选择要减去的实体或面域：（在图 12-61a 中选择长方体作为源对象，然后回车；可以选择多个实体作为差运算的源对象）

选择对象：（在图 12-61a 中选择圆柱作为差对象，然后回车）

将圆柱移动到长方体的一个角上（图 12-61b）然后进行差运算，运算结果如图 12-61c 所示。

（3）交运算。

两个或两个以上的实体进行交运算，其结果是生成一个只包含几个源对象重合部分的新实体。进行交运算的实体在空间应该有重合的共同部分。

① 命令执行方式。

菜单命令：修改→实体编辑→交集；

输入命令：intersect；

工具栏：实体编辑工具栏按钮 ⓪ 。

② 操作方式。交运算命令激活后，命令窗口提示：

命令：_ intersect

选择对象：（选择进行交运算的实体）

选择对象：（选择进行交运算的其他实体）

选择对象：↙

图 12-62a 所示为一立方体与一圆柱进行交运算，得到如图 12-62b 所示的结果。

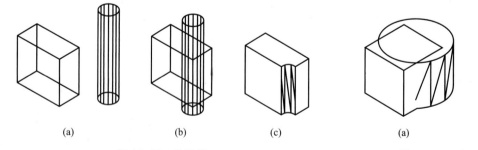

(a)   (b)   (c)   (a)   (b)

图 12-61 差运算   图 12-62 交运算示例

2. 实体的编辑

（1）三维阵列命令。

① 命令。

菜单命令：修改→三维操作→三维阵列；

输入命令：3darray。

② 操作方式。

正在初始化… 已加载 3DARRAY 选择对象：

输入阵列类型［矩形（R）/环形（P）］<矩形>：

③ 说明。

a. 该命令是把三维实体进行矩形或环形阵列。

b. 默认矩形阵列，通过输入行数、列数、层数和行间距、列间距、层间距，确定矩形阵列，如图 12-63 所示。

c. 若选择环形阵列，提示为：

输入阵列中的项目数目：

指定要填充的角度（+=逆时针，−=顺时针）<360>：

旋转阵列对象？［是（Y）/否（N）］<是>：

指定阵列的中心点：

指定旋转轴上的第二点：

通过指定环形阵列中实体数、填充的角度（默认为 360°）、指定阵列对象是否旋转并指定阵列的旋转轴，来确定环形阵列，如图 12-64 所示。

图 12-63　矩形阵列

（行数 2,列数 3,层数 3）

（2）三维镜像命令。

① 命令。

菜单命令：修改→三维操作→三维镜像；

输入命令：mirror3d。

② 操作方式。

选择对象：

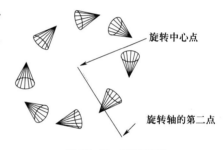

旋转中心点

旋转轴的第二点

图 12-64　环形阵列

指定镜像平面（三点）的第一个点或［对象（O）/最近的（L）/Z 轴（Z）/视图（V）/XY 平面（XY）/YZ 平面（YZ）/ZX 平面（ZX）/三点（3）］<三点>：

在镜像平面上指定第二点：（输入旋转中心点）

在镜像平面上指定第三点：（输入旋转轴的第二点）

是否删除源对象？［是（Y）/否（N）］<否>：

③ 说明。

a. 该命令是把三维实体对指定的平面进行对称复制。

b. 镜像面可由几种方式确定，一般默认空间三点确定镜像面，如图 12-65 所示。

（3）三维实体倒角。

① 命令。

菜单命令：修改→倒角；

输入命令：chamfer；

工具栏：修改工具栏按钮 ▨ 。

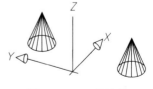

图 12-65　三维镜像

② 操作方式。

("修剪"模式) 当前倒角距离 1 = 0.000 0，距离 2 = 0.000 0

选择第一条直线或 [多段线 (P) /距离 (D) /角度 (A) /修剪 (T) /方式 (M) /多个 (U)]：

③ 说明。

a. 该命令可对三维实体的棱边进行倒角。

b. 默认当前倒角距离为 0，可输入 d，再回车，修改倒角距离值。

可对任意棱边进行倒角，如图 12-66 所示。

（4）三维实体倒圆角。

① 命令。

菜单命令：修改→圆角；

输入命令：fillet；

工具栏：修改工具栏按钮 。

② 操作方式。

当前设置：模式 = 修剪，半径 = 0.000 0

选择第一个对象或 [多段线 (P) /半径 (R) /修剪 (T) /多个 (U)]：（输入 R 来修改圆角半径）

指定圆角半径<0.000 0>：50（输入圆角半径值 50）

选择边或 [链 (C) /半径 (R)]：（选择边）

已选定 1 个边用于圆角

③ 说明。

该命令可对三维实体的棱边进行倒圆角，如图 12-67 所示。

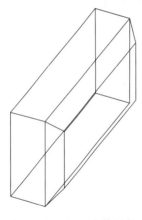

图 12-66　三维实体倒角

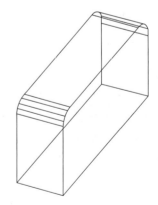

图 12-67　实体倒圆角

四、创建组合体三维实体实例

[**例 12-7**]　将支架三视图（图 12-68）绘制成三维实体模型。

作图：

（1）设置视图。

菜单命令：视图→视口→新建视口。

　　打开"新建视口"对话框，将视区设置为四个视口，其填写内容如图 12-69 所示，将视图设置为四个视图。

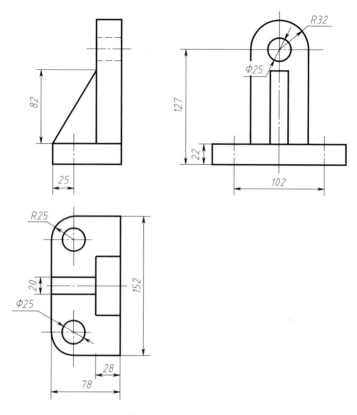

图 12-68　支架三视图

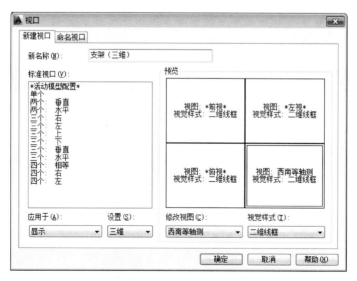

图 12-69　视口设置

（2）绘制底板。

① 绘制长方体。

单击建模工具栏按钮 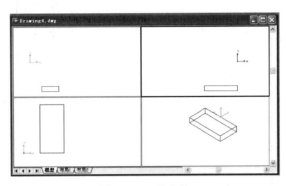 ：

指定长方体的角点或［中心点（CE）］<0,0,0>：（选择任意一点）

指定角点或［立方体（C）/长度（L）］：@78，152，22

绘制的长方体如图 12-70 所示。

图 12-70　长方体

② 设置 UCS。

命令：ucs

当前 UCS 名称：＊俯视＊

输入选项　［新建（N）/移动（M）/正交（G）/上一个（P）/恢复（R）/保存（S）/删除（D）/应用（A）/?/世界（W）]<世界>：n

指定新 UCS 的原点或［Z 轴（ZA）/三点（3）/对象（OB）/面（F）/视图（V）/X/Y/Z］<0,0,0>：_mid（选取右上棱边中点为新 UCS 的原点）

③ 绘制长方体圆角。

单击二维圆角按钮 ：

命令：_fillet

当前设置：模式＝修剪，半径＝12.000 0

选择第一个对象或［多段线（P）/半径（R）/修剪（T）/多个（U）］：r

指定圆角半径<12.000 0>：25

选择第一个对象或［多段线（P）/半径（R）/修剪（T）/多个（U）］：（选择 1 棱边）

输入圆角半径<25.000 0>：

选择边或［链（C）/半径（R）］：

已选定 1 个边用于圆角

选择两条棱线用同样的方法进行倒圆角，并进行消隐，如图 12-71 所示。

④ 底板上钻孔。

绘制 φ25 的圆柱，再复制该圆柱到指定位置如图 12-72 所示。也可用三维镜像复制命令。

命令：_cylinder

当前线框密度：ISOLINES＝40

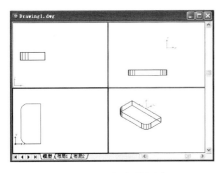

图 12-71　长方体圆角

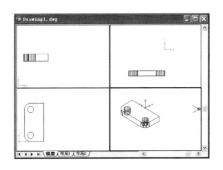

图 12-72　底板钻孔

指定圆柱底面的中心点或［椭圆（E）］<0,0,0>：（选底板底面的圆角中心）

指定圆柱底面的半径或［直径（D）］：12.5

指定圆柱高度或［另一个圆心（C）］：22

命令：_ copy

选择对象：找到 1 个（φ25 的圆柱）

选择对象：（直接回车）

指定基点或位移，或者［重复（M）］：（选取圆柱的底面中心）

指定位移的第二点或<用第一点作位移>：_ cen（到第二个圆角中心）

底板绘制完成后，进行消隐，如图 12-73 所示。

（3）绘制立板。

① 绘制立板（长方体，图 12-74）和圆柱。

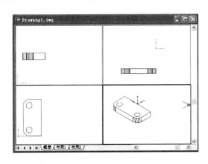

图 12-73　消隐底板

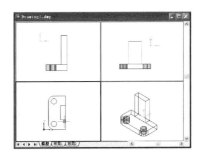

图 12-74　绘制立板

命令：_ box

指定长方体的角点或［中心点（CE）］<0,0,0>：0,32,0

指定角点或［立方体（C）/长度（L）］：@ -28,-64,105

绘制完立板长方体后，再绘制 φ64（R32）圆柱和 φ25 圆柱。

命令：_ cylinder

当前线框密度：ISOLINES=40

指定圆柱底面的中心点或［椭圆（E）］<0,0,0>：_ mid（取支撑板上部左棱边中点为圆柱底面的中心点）

指定圆柱底面的半径或［直径（D）］：32

指定圆柱高度或［另一个圆心（C）］：c

指定圆柱的另一个圆心：@28,0,0（取支撑板厚度为28）

命令：_ cylinder

当前线框密度：ISOLINES = 40

指定圆柱底面的中心点或［椭圆（E）］<0,0,0>：（取ϕ64圆柱底面中心为ϕ25圆柱底面的中心点）

指定圆柱底面的半径或［直径（D）］：12.5；

指定圆柱高度或［另一个圆心（C）］：c；

指定圆柱的另一个圆心：（取ϕ64圆柱的另一中心为ϕ25圆柱的另一中心点）

② 组合实体。

用前面的方法，绘制ϕ25圆孔。对ϕ64圆柱和立板作并集运算，底板上圆孔与立板上圆孔用差运算完成，如图12-75a所示，然后消隐，如图12-75b所示。

命令：_ subtract

选择要从中减去的实体或面域：

选择对象：找到1个（依次选取底板、长方体和ϕ64圆柱）

选择对象：找到1个，总计2个

选择对象：找到1个，总计3个

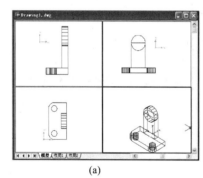 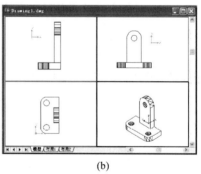

　(a)　　　　　　　　　　　　　　　(b)

图12-75　组合立板

选择对象：↙

选择要减去的实体或面域：

选择对象：找到1个（选取ϕ25圆柱）；

选择对象：↙

③ 绘制筋板。

命令：_ wedge

指定楔体的第一个角点或［中心点（CE）］<0,0,0>：-28,-10,0

指定角点或［立方体（C）/长度（L）］：@-50,20,82

把筋板与前面所绘制实体作并运算，如图12-76所示。单击"渲染"工具栏的"渲染"按钮，对实体进行渲染，结果如图12-77所示。

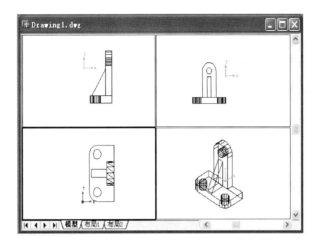

图 12-76 绘制筋板

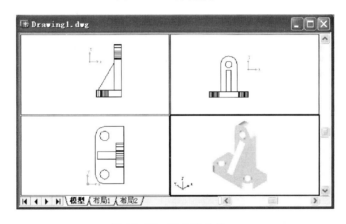

图 12-77 完成组合体

五、三维实体的视图

AutoCAD 提供了三维绘图功能,使得设计工作具备直观性,设计效率显著提高,还可以实现干涉检查,避免出现不合理结构。但目前最普及的制造工程语言仍然是二维工程图,为此 AutoCAD 提供了专门用于由三维模型生成二维工程图的命令。下面通过实例介绍由三维实体创建二维工程图。

[**例 12-8**] 将图 12-78 所示的三维实体转化为二维工程图。

作图:

① 打开三维实体文件,如图 12-78 所示。

② 设置图幅。

单击布局 1 按钮转到图纸空间,在布局 1 按钮上单击右键,选择页面设置管理器,新建"设置 1",系统弹出"页面设置-布局 1"对话框,如图 12-79 所示。点击图纸尺寸下拉列表框,选择 ISO A3 图幅,单击"确定"。

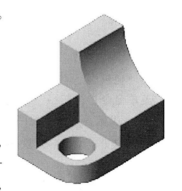

图 12-78 三维实体

图 12-79 "页面设置"对话框

③ 单击视口边框，拾取该视口右下角夹持点，调整视口，将其缩小到布局 1 虚线框1/4左右。然后单击图纸按钮，切换到模型空间，选择缩放命令的全部，则布局 1 如图 12-80 所示。

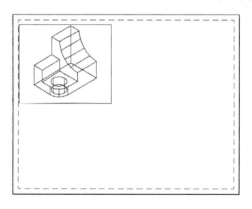

图 12-80 布局 1

④ 生成主视图。

切换到模型空间：

菜单命令：视图→三维视图→前视，将该视口设为主视图。

⑤ 生成俯视图和左视图。

菜单命令：绘图→建模→设置→视图；或单击设置视图按钮 🖼️。

命令行提示：

命令：_ solview

输入选项［UCS（U）/正交（O）/辅助（A）/截面（S）］：o（选择"正交（O）"选项）

指定视口要投影的那一侧：（指定主视图视口的左边框）

指定视图中心：（在主视图右侧适当位置拾取一点）

指定视图中心 <指定视口>：↙

指定视口的第一个角点：（在左视图的左上角拾取一点）

指定视口的对角点：（在左视图的右下角拾取一点）

输入视图名：left（指定视图名称为 left）

UCSVIEW = 1　UCS 将与视图一起保存

输入选项［UCS（U）/正交（O）/辅助（A）/截面（S）］：o

指定视口要投影的那一侧：（指定主视图视口的上边框）

指定视图中心：（在主视图的下边适当的位置拾取一点）

指定视图中心 <指定视口>：↙

指定视口的第一个角点：（在俯视图的左上角拾取一点）

指定视口的对角点：（在俯视图的右下角拾取一点）

输入视图名：top（指定视图名称为 top）

UCSVIEW = 1　UCS 将与视图一起保存

输入选项［UCS（U）/正交（O）/辅助（A）/截面（S）］：↙（结束命令）

　　所生成的俯视图和左视图如图 12-81 所示。SOLVIEW 可以用于创建基本视图、辅助视图以及剖视图。视图相关的信息随创建的视口一起保存。

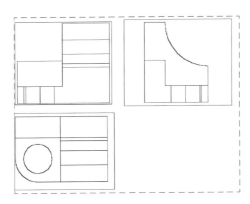

图 12-81　生成俯视图和左视图

⑥ 设置图形。

　　图 12-81 中三个视口中的图形并不是真正的三视图，而是三维实体模型在不同观察方向上的视图，在布局的模型空间仍然可以用"三维动态观察器""视图"工具栏的按钮从不同方向观察三维模型。视图中仍存在切线和隐藏线，还需要进一步转化。使用 SOLDRAW、SOLPROF 命令可将实体的三维视图转化为具有工程应用价值的三视图。

　　菜单命令：绘图→建模→设置→图形；或单击设置图形按钮 ▨。

　　命令窗口提示：

　　命令：_soldraw

　　选择要绘图的视口…

选择对象：找到 1 个（选择左视图视口）

选择对象：找到 1 个，总计 2 个（按 Shift 选择俯视图视口）

选择对象：↙（结束选择）

SOLDRAW 命令用来为每个视图中的可见线和隐藏线设置图层。SOLVIEW 命令可以创建放置在各视口中可见标注的图层，如图 12-82 所示。

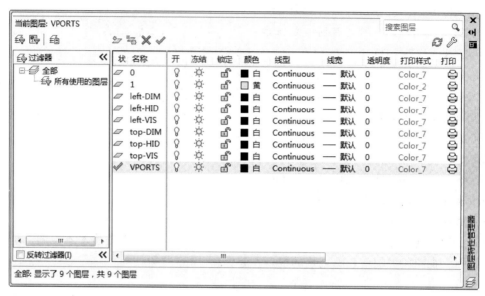

图 12-82　SOLVIEW 命令下的图层

图层的命名规则如表 12-6 所示，其中"视图名"是用户创建视图时赋予它的名称。

表 12-6　图层名及其对象类型

由 SOLVIEW 创建的图层	
图层名	对象类型
视图名-VIS	可见图线
视图名-HID	隐藏图线
视图名-DIM	标注
视图名-HAT	填充图案（用于剖面）

说明：

a. 运行 SOLDRAW 时将删除和更新存储在这些图层上的信息。请勿将永久性图形信息放置在这些图层上。

b. SOLVIEW 在 VPORTS 图层上放置视口对象。如果该图层不存在，则 SOLVIEW 将创建此图层。

c. SOLVIEW 必须在"布局"选项卡上运行。如果当前处于"模型"选项卡，则最后一个活动的"布局"选项卡将成为当前"布局"选项卡。

SOLDRAW 用于创建视口中实体轮廓和边的可见线和隐藏线，然后投射到垂直视图方向的平面上。

⑦ 设置轮廓。

由图纸空间（对应"布局"选项卡）切换到模型空间（对应"模型"选项卡）。

菜单命令：绘图→建模→设置→轮廓；或单击工具栏按钮 ▦ 。

命令窗口提示如下：

命令：_ solprof

选择对象：找到 1 个（选择主视图中的三维模型）

选择对象：✓（选择结束）

是否在单独的图层中显示隐藏的轮廓线？［是（Y）/否（N）］<是>：✓

是否将轮廓线投影到平面？［是（Y）/否（N）］<是>：✓

是否删除相切的边？［是（Y）/否（N）］<是>：✓

已选定一个实体

用同样的方法将左视图，俯视图设置轮廓。

使用 SOLPROF 命令，系统自动创建了 2 个前缀为"PH-"和"PV-"的图层，分别用于放置不可见轮廓线和可见轮廓线。

由模型空间切换到图纸空间，选中主视口边框，将其由"0"层改为"VPORTS"，然后冻结 0 层、left-HID 和 top-HID 图层，结果可见的轮廓显示如图 12-83 所示。

⑧ 编辑图形。

建议在各个视口中的"PV-"和"-VIS"图层中补画中心线、尺寸线，以免扰乱正常的绘图。而尺寸线标注在模型空间或布局空间均可，结果如图 12-84 所示。

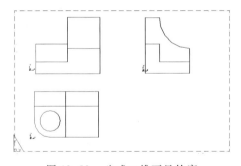

图 12-83 生成二维可见轮廓

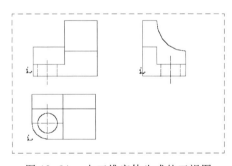

图 12-84 由三维实体生成的三视图

附　　录

附表 1　常用黑色金属材料

标准编号	材料名称	牌名	性能及应用举例	说　明
GB/T 700—2006	碳素结构钢	Q215	金属结构件，拉杆、套圈、铆钉、螺栓、短轴、心轴、凸轮(载荷不大)、吊钩、垫圈、渗碳零件及焊接件	Q 表示普通碳钢，215、235 表示抗拉强度
		Q235	金属结构构件，心部强度要求不高的渗碳或氰化零件；吊钩、拉杆、车钩、套圈、气缸、齿轮、螺栓、螺母、连杆、轮轴、楔、盖及焊接件	
GB/T 699—2015	优质碳素结构钢	10	屈服强度和抗拉强度比较低，塑性和韧性较高，在冷状态下容易模压成形，一般用于拉杆、卡头、钢管垫片、垫圈、铆钉，这种钢焊接性甚好	牌号的两位数字表示平均碳质量分数，45 钢即表示平均碳质量分数为 0.45%；含锰量较高的钢，须加注化学元素符号 Mn；碳质量分数 ≤0.25% 的是低碳钢(渗碳钢)，碳质量分数为 0.25%~0.60% 的是中碳钢(调质钢)，碳质量分数大于 0.60% 的是高碳钢
		15	塑性、韧性、焊接性和冷冲性均极良好，但强度较低，用于制造受力不大、韧性要求较高的零件、紧固件、冲模锻件及不要热处理的低载荷零件，如螺栓、螺钉、拉条、法兰及化工贮存器、蒸汽锅炉等	
		35	具有良好的强度和韧性，用于制造曲轴、转轴、轴销、杠杆、连杆、横梁、星轮、圆盘、套筒、钩环、垫圈、螺钉、螺母等，一般不作焊接用	
		45	用于强度要求较高的零件，如汽轮机的叶轮、压缩机、泵的零件等	
		60	强度和弹性相当高，用于制造轧辊、轴、弹簧圈、弹簧、离合器、凸轮、钢绳等	
		15 Mn	性能与 15 钢相似，但其淬透性、强度和塑性比 15 钢都高一些，用于制造中心部分的力学性能要求较高且需渗碳的零件，这种钢焊接性好	
		65 Mn	强度高，淬渗性较大，离碳倾向小，但有过热敏感性，易产生淬火裂纹，并有回火脆性，适宜作大尺寸的各种扁、圆弹簧，如座板簧、弹簧发条	

标准编号	材料名称	牌名	性能及应用举例	说　明
GB/T 1298—2008	碳素工具钢	T8、T8A	有足够的韧性和较高的硬度，用于制造钻中等硬度岩石的钻头，简单模子、冲头等	用"碳"或"T"后附以平均碳质量分数的千分数表示，有 T7~T13，平均碳质量分数约为 0.7%~1.3%
GB/T 1591—2018	低合金高强度结构钢	Q355	桥梁、造船、厂房结构、储油罐、压力容器、机车车辆、起重设备、矿山机械及其他代替 Q235 的焊接结构	普通碳钢中加入少量合金元素（总量<3%）；其力学性能较碳钢高，焊接性、耐蚀性、耐磨性较碳钢好，但经济指标与碳钢相近
		Q390	中高压容器、车辆、桥梁、起重机等	
GB/T 3077—2015	合金结构钢	20Mn2	对于截面较小的零件，相当于 20Cr，可作渗碳小齿轮、小轴、活塞销、柴油机套筒、气门推杆、钢套等	钢中加入一定量的合金元素，提高了钢的力学性能和耐磨性，也提高了淬透性，保证金属在较大截面上获得较高的力学性能
		15Cr	船舶主机用螺栓、活塞销、凸轮、凸轮轴汽轮机套环，以及机车用小零件等，用于心部韧性较好的渗碳零件	
		35SiMn	耐磨、耐疲劳性均佳，适用于作轴、齿轮及在 430 ℃ 以下的重要紧固件	
		20CrMnTi	工艺性能特优，用于汽车、拖拉机上的重要齿轮和强度、韧性均高的减速器齿轮，需渗碳处理	
GB/T 1221—2007	耐热钢	1Cr17Ni13W	热强性及热稳定性较好，用于燃气轮机的叶片、隔叶块、增压器叶片	在 620 ℃ 以下耐热
GB/T 11352—2009	铸钢	ZG 310-570	各种形状的机件，如联轴器，轮、气缸、齿轮、齿轮圈及重载荷机架	ZG 是铸钢的代号
GB/T 9439—2010	灰铸铁	HT150	用于制造端盖、汽轮泵体、轴承座、阀壳、管子及管路附件、手轮，一般机床底座、床身、滑座、工作台等	HT 为灰铸铁的代号，后面的数字代表抗拉强度，如 HT200 表示抗拉强度 ≥ 200 MPa 的灰铸铁
		HT200	用于制造气缸、齿轮、底架、机体、飞轮、齿条、衬筒，一般机床铸有导轨的床身及中等压力的液压筒、液压泵和阀体等	
GB/T 1348—2019	球墨铸铁	QT500-7、QT450-10、QT400-18	具有较高制强度耐磨性和韧性。广泛用于机械制造业中受磨损和受冲击的零件，如曲轴、齿轮、气缸套、活塞杯、摩擦片、中低压阀门、千斤顶座、轴承座等	QT 是球墨铸铁的代号，后面的数字表示强度和延伸率的大小，如 QT500-7 即表示球墨铸铁的抗拉强度 ≥ 500 MPa，延伸率≥7%

续表

标准编号	材料名称	牌名	性能及应用举例	说　明
GB/T 9440—2010	可锻铸铁	KTH 300-06	用于受冲击、振动的零件，如汽车零件、农机零件、机床零件以及管道配件等	KTH、KTB、KTZ 分别是黑心、白心、珠光体可锻铸铁的代号，它们后面的数字分别代表抗拉强度和延伸率
		KTB 350-04、KTZ 550-04	韧性较低，强度大，耐磨性好，加工性良好，可用于要求较高强度和耐磨性的重要零件，如曲轴、连杆、齿轮、凸轮轴等	

附表 2　常用有色金属材料

标准编号	材料名称	牌名及代号	性能及应用举例	说　明
GB/T 5231—2012	普通黄铜	H62	适用于各种拉伸和弯折制造的受力零件，如销钉、垫圈、螺母、导管、弹簧、铆钉等	H 表示黄铜，62 表示铜质量分数为 60.5% ~ 63.5%
GB/T 1176—2013	38 黄铜	ZCuZn38	散热器、垫圈、弹簧、各种网、螺钉及其他零件	Z 表示铸，铜质量分数为 60% ~ 63%
	38-2-2 锰黄铜	ZCuZn38Mn2Pb2	用于制造轴瓦、轴套及其他耐磨零件	铜质量为分数为 57% ~ 60%，锰 1.5% ~ 2.5%，铅为 2% ~ 4%
	3-8-6-1 锡青铜	ZCuSn3Zn8Pb6Ni1	用于受中等冲击载荷和在液体或半液体润滑及耐腐蚀条件下工作的零件，如轴承、轴瓦、蜗轮、螺母	锡质量分数 2% ~ 4%，锌为 6% ~ 9%，铅为 4% ~ 7%，硅 0.5% ~ 1%
	10-3 铝青铜	ZCuAl10Fe3	强度高，减磨性、耐蚀性、受压能力、铸造性均良好，用于在蒸汽和海水条件下工作的零件及受摩擦和腐蚀的零件，如蜗轮衬套等	铝质量分数为 8% ~ 11%，铁为 2% ~ 4%
GB/T 1173—2013	铸造铝合金	ZAlSi12（代号 ZL102）、ZAlCu4（代号 ZL203）	耐磨性中上等，气密性、焊接性、切削性好，用于制造中等载荷的零件，如泵体、气缸、支架等	ZL102 表示硅质量分数为 10% ~ 13%，余量为铝的铝硅合金
		ZAlSi9Mg（代号 ZL104）	用于制造形状复杂的受高温静载荷或受冲击作用的大型零件，如风机叶片、气缸头	
GB/T 3191—2019	硬铝	2A12、2A11	适于制作中等强度的零件，焊接性能好	2A12 铜质量分数为 3.8% ~ 4.9%，镁为 1.2% ~ 1.8%，锰为 0.3% ~ 0.9%，余量为铝的硬铝

附表 3 常用非金属材料

标准编号	材料名称	牌名及代号	性能及应用举例	说　明
GB/T 5574 —2008	普通橡胶板	1613	中等硬度，具有较好的耐磨性和弹性，适于制作具有耐磨、耐冲击及缓冲性能好的垫圈、密封条、垫板	
	耐油橡胶板	3707、3807	硬度较高，耐溶剂性、膨胀性较好，可在 -30～100 ℃机油、汽油等介质中工作，可制作垫圈	
FZ/T 25001 —2012	工业用毛毡	T112、T122、T132	用作密封、防漏油、防振、缓冲衬垫等	厚度 1.5～2.5 mm
JB/T 8149.3 —1995	酚醛层压布板	PFCC1、PFCC2、PFCC3、PFCC4	力学性能很高，刚性大，耐热性高，可用作密封件、轴承、轴瓦、带轮、齿轮、离合器、摩擦轮、电气绝缘件等	在水润滑下摩擦系数极低(0.01～0.03)
QB/T 3625 —1999　QB/T 3626 —1999	聚四氟乙烯　板　棒	PTFE	化学稳定性好，耐热、耐寒性高，自润滑好，用于耐腐蚀耐高温密封件、填料、衬垫、阀座、轴承、导轨、密封圈等	
GB/T 7134 —2008	有机玻璃	PMMA	耐酸耐碱，可制造具有一定透明度和强度的零件、油杯、标牌、管道、电气绝缘件等	有色和无色
JB/ZQ 4196 —2006	尼龙 6　尼龙 66　尼龙 610　尼龙 1010	PA	有高抗拉强度和良好的冲击韧性，可耐热达 100 ℃，耐弱酸、弱碱，耐油性好，消音性好，可制作齿轮等机械零件	

注：FZ 是纺织行业标准；JB 是机械行业标准；QB 是轻工行业标准。

附表 4　零件倒圆与倒角（GB/T 6403.4—2008）　　　　mm

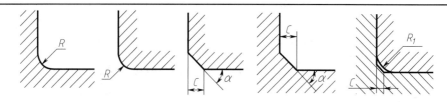

α 一般采用 45°，也可采用 30°或 60°。

与直径 ϕ 相应的倒角 C、倒圆 R 的推荐值									
ϕ	<3	>3~6	>6~10	>10~18	>18~30	>30~50	>50~80	>80~120	>120~180
C 或 R	0.2	0.4	0.6	0.8	1.0	1.6	2.0	2.5	3.0

内角倒角、外角倒圆时 C 的最大值 C_{max} 与 R_1 的关系										
R_1	0.3	0.4	0.5	0.6	0.8	1.0	1.2	1.6	2.0	2.5	3.0	4.0
C_{max}	0.1	0.2	0.2	0.3	0.4	0.5	0.6	0.8	1.0	1.2	1.6	2.0

附表 5　砂轮越程槽（GB/T 6403.5—2008）　　　　mm

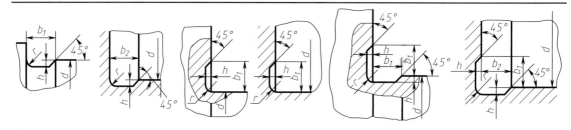

| (a) 磨外圆 | (b) 磨内圆 | (c) 磨外端面 | (d) 磨内端面 | (e) 磨外圆及端面 | (f) 磨内圆及端面 |

回转面及端面砂轮越程槽的尺寸								
b_1	0.6	1.0	1.6	2.0	3.0	4.0	5.0	8.0	10
b_2	2.0	3.0		4.0		5.0		8.0	10
h	0.1	0.2		0.3	0.4		0.6	0.8	1.2
r	0.2	0.5		0.8	1.0		1.6	2.0	3.0
d	~10			10~50		50~100		100	

注：1. 越程槽内二直线相交处，不允许产生尖角。

　　2. 越程槽深度 h 与圆弧半径 r，要满足 $r \leqslant 3h$。

　　3. 磨削具有数个直径的工件时，可使用同一规格的越程槽。

　　4. 直径 d 值大的零件，允许选择小规格的越程槽。

　　5. 砂轮越程槽的尺寸公差和表面粗糙度根据该零件的结构性能确定。

平面砂轮越程槽的尺寸				
b	2	3	4	5
r	0.5	1.0	1.2	1.6

燕尾导轨砂轮越程槽的尺寸

H	≤5	6	8	10	12	16	20	25	32	40	50
b	1		2	3			4		5		
h	1		2	3			4		5		
r	0.5	0.5	1.0				1.6			1.6	

附表6　普通螺纹直径与螺距标准组合系列（GB/T 193—2003）　　mm

公称直径 D、d			螺距 P		公称直径 D、d			螺距 P	
第一系列	第二系列	第三系列	粗牙	细牙	第一系列	第二系列	第三系列	粗牙	细牙
2			0.4	0.25	16			2	1.5, 1
	2.2		0.45				17		
2.5				0.35		18			2, 1.5, 1
3			0.5		20			2.5	
	3.5		0.6			22			
4			0.7	0.5	24			3	
	4.5		0.75				25		
5			0.8				26		1.5
		5.5				27		3	2, 1.5, 1
6			1	0.75			28		
	7				30			3.5	(3), 2, 1.5, 1
8			1.25	1, 0.75			32		2, 1.5
	9		1.25			33		3.5	(3), 2, 1.5
10			1.5	1.25, 1, 0.75			35		1.5
	11		1.5	1.5, 1, 0.75	36			4	3, 2, 1.5
12			1.75	1.25, 1			38		1.5
	14		2	1.5, 1.25, 1		39		4	3, 2, 1.5
		15		1.5, 1			40		

注：1. 优先选用第一系列，其次是第二系列，第三系列尽可能不用。

2. 括号内的螺距尽可能不用。

3. M14×1.25 仅用于火花塞。

4. M35×1.5 仅用于滚动轴承锁紧螺母。

附表 7　梯形螺纹直径与螺距标准组合系列（GB/T 5796.2—2005）　　　mm

公称直径 d		螺距 P											
第一系列	第二系列	14	12	10	9	8	7	6	5	4	3	2	1.5
8													1.5
	9											2	1.5
10												2	1.5
	11										3	2	
12											3	2	
	14										3	2	
16										4		2	
	18									4		2	
20										4		2	
	22					8			5		3		
24						8			5		3		
	26					8			5		3		
28						8			5		3		
	30			10				6			3		
32				10				6			3		
	34			10				6			3		
36				10				6			3		
	38			10			7				3		
40				10			7				3		
	42			10			7				3		
44			12				7				3		
	46		12			8					3		
48			12			8					3		
	50		12			8					3		
52			12			8					3		
	55	14			9						3		
60		14			9						3		

注：1. 应优先选用第一系列的公称直径。

2. 在每个公称直径所对应的螺距中应优先选择粗黑框内的螺距。

3. 特殊需要时，允许选用表中邻近直径所对应的螺距。

附表 8　55°非密封管螺纹（GB/T 7307—2001）

尺寸代号	每 25.4 mm 牙数 n	螺距 P /mm	牙高 h /mm	基 本 直 径	
				大径 d、D/mm	小径 d_1、D_1/mm
1/8	28	0.907	0.581	9.728	8.566
1/4	19	1.337	0.856	13.157	11.445
1/2	14	1.814	1.162	20.955	18.631
3/4		1.814	1.162	26.441	24.117
1	11	2.309	1.479	33.249	30.291
$1\frac{1}{4}$		2.309	1.479	41.910	38.952
$1\frac{1}{2}$		2.309	1.479	47.803	44.845
2	11	2.309	1.479	59.614	56.656
$2\frac{1}{2}$		2.309	1.479	75.184	72.226
3		2.309	1.479	87.884	84.926

附表9 螺纹收尾、肩距、退刀槽、倒角（GB/T 3—1997） mm

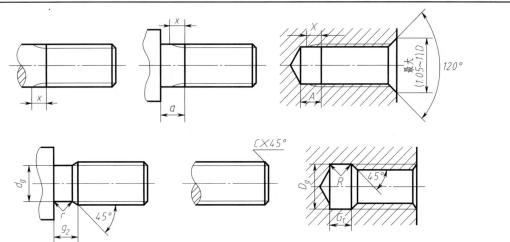

螺距 P	粗牙螺纹大 径 D，d	外 螺 纹								内 螺 纹						
		螺纹收尾 x max		肩距 a max			退刀槽			螺纹收尾 X max		肩距 A		退刀槽		
							g_2 max	r	d_g					G_1	R	D_g
		一般	短的	一般	长的	短的	一般	≈		一般	短的	一般	长的	一般	≈	
0.2	—	0.5	0.25	0.6	0.8	0.4				0.8	0.4	1.2	1.6			
0.25	1，1.2	0.6	0.3	0.75	1	0.5	0.75	0.12	d−0.4	1	0.5	1.5	2			
0.3	1.4	0.75	0.4	0.9	1.2	0.6	0.9	0.16	d−0.5	1.2	0.6	1.8	2.4			
0.35	1.6，1.8	0.9	0.45	1.05	1.4	0.7	1.05	0.6	d−0.6	1.4	0.7	2.2	2.8			
0.4	2	1	0.5	1.2	1.6	0.8	1.2	0.2	d−0.7	1.6	0.8	2.5	3.2			
0.45	2.2，2.5	1.1	0.6	1.35	1.8	0.9	1.35	0.2	d−0.7	1.8	0.9	2.8	3.6			
0.5	3	1.25	0.7	1.5	2	1	1.5	0.2	d−0.8	2	1	3	4	2	0.2	D+ 0.3
0.6	3.5	1.5	0.75	1.8	2.4	1.2	1.8	0.4	d−1	2.4	1.2	3.2	4.8	2.4	0.3	
0.7	4	1.75	0.9	2.1	2.8	1.4	2.1	0.4	d−1.1	2.8	1.4	3.5	5.6	2.8	0.4	
0.75	4.5	1.9	1	2.25	3	1.5	2.25	0.4	d−1.2	3	1.5	3.8	6	3	0.4	
0.8	5	2	1	2.4	3.2	1.6	2.4	0.4	d−1.3	3.2	1.6	4	6.4	3.2	0.5	
1	6，7	2.5	1.25	3	4	2	3	0.6	d−1.6	4	2	5	8	4	0.5	
1.25	8	3.2	1.6	4	5	2.5	3.75	0.6	d−2	5	2.5	6	10	5	0.6	
1.5	10	3.8	1.9	4.5	6	3	4.5	0.8	d−2.3	6	3	7	12	6	0.8	
1.75	12	4.3	2.2	5.3	7	3.5	5.25	1	d−2.6	7	3.5	9	14	7	0.9	
2	14，16	5	2.5	6	8	4	6	1	d−3	8	4	10	16	8	1	
2.5	18；20，22	6.3	3.2	7.5	10	5	7.5	1.2	d−3.6	10	5	12	18	10	1.2	D+ 0.5
3	24，27	7.5	3.8	9	12	6	9	1.6	d−4.4	12	6	14	22	12	1.5	
3.5	30，33	9	4.5	10.5	14	7	10.5	1.6	d−5	14	7	16	24	14	1.8	
4	36，39	10	5	12	16	8	12	2	d−5.7	16	8	18	26	16	2	
4.5	42，45	11	5.5	13.5	18	9	13.5	2.5	d−6.4	18	9	21	29	18	2.2	
5	48，52	12.5	6.3	15	20	10	15	2.5	d−7	20	10	23	32	20	2.5	
5.5	56，60	14	7	16.5	22	11	17.5	3.2	d−7.7	22	11	25	35	22	2.8	
6	64，68	15	7.5	18	24	12	18	3.2	d−8.3	24	12	28	38	24	3	

普通螺纹

附表 10　六角头螺栓

mm

六角头螺栓　A 和 B 级（GB/T 5782—2016）　　　　　六角头螺栓　全螺纹（GB/T 5783—2016）

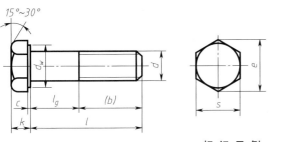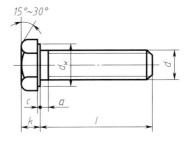

标 记 示 例

螺纹规格为 M12，公称长度 $l=80$ mm，性能等级为 8.8 级，表面氧化，产品等级为 A 级的六角头螺栓的标记：

螺栓　GB/T 5782　M12×80

螺纹规格			M5	M6	M8	M10	M12	M16	M20	M24	M30
$b_{参考}$	$l_{公称} \leqslant 125$		16	18	22	26	30	38	46	54	66
	$125 < l_{公称} \leqslant 200$		22	24	28	32	36	44	52	60	72
	$l_{公称} > 200$		35	37	41	45	49	57	65	73	85
c	min		0.15	0.15	0.15	0.15	0.15	0.2	0.2	0.2	0.2
	max		0.50	0.50	0.60	0.60	0.6	0.8	0.8	0.8	0.8
d_w min	产品等级	A	6.88	8.88	11.63	14.63	16.63	22.49	28.19	33.61	
		B	6.74	8.74	11.47	14.47	16.47	22	27.7	33.25	42.75
e min	产品等级	A	8.79	11.05	14.38	17.77	20.03	26.75	33.53	39.98	
		B	8.63	10.89	14.20	17.59	19.85	26.17	32.95	39.55	50.85
$k_{公称}$			3.5	4	5.3	6.4	7.5	10	12.5	15	18.7
$s_{公称} = $ max			8.00	10.00	13.00	16.00	18.00	24.00	30.00	36.00	46.00
$l_{公称}$（系列值）			12，16，20，25，30，35，40，45，50，55，60，65，70，80，90，100，110，120，130，140，150，160，180，200，220，240，260，280，300								

注：A 级用于 $d \leqslant 24$ 和 $l \leqslant 10d$ 或 $l \leqslant 150$ mm（按较小值）的螺栓，d 为螺纹大径；B 级用于 $d > 24$ 或 $l > 10d$ 右 $l > 150$ mm（按较小值）的螺栓。

附表 11　双 头 螺 柱

mm

双头螺柱（$b_m = 1d$）（GB/T 897—1988）、（$b_m = 1.25d$）（GB/T 898—1988）、（$b_m = 1.5d$）（GB/T 899—1988）、（$b_m = 2d$）（GB/T 900—1988）

A 型　　　　　　　　　　　　　　　　B 型

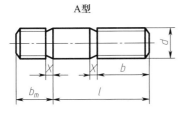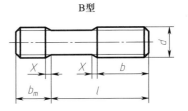

$l \leqslant 1.5P$（P 为粗牙螺纹的螺距）

续表

标 记 示 例

两端均为粗牙普通螺纹，$b_m = d = 10$ mm，$b_m = 50$ mm，性能等级为 4.8 级、不经表面处理、按 B 型制造的双头螺柱的标记：

螺柱 GB/T 897   M10×50

旋入机体一端为粗牙普通螺纹，旋螺母一端为螺距 1 mm 的细牙普通螺纹，$b_m = d = 10$ mm，$l = 50$ mm，性能等级为 4.8 级、不经表面处理、按 A 型制造的双头螺柱的标记：

螺柱   GB/T 897   AM10—M10×1×50

d	b_m				l/b	d	b_m				l/b
	GB/T 897	GB/T 898	GB/T 899	GB/T 900			GB/T 897	GB/T 898	GB/T 899	GB/T 900	
2			3	4	12~25/6	8	8	10	12	16	20~22/12、25~28/16、30~90/20
2.5			3.5	5	16~30/8	10	10	12	15	20	25~28/14、30~35/16、38~130/25
3			4.5	6	16~18/6、20~40/10	12	12	15	18	24	25~30/16、32~40/20、45~180/30
4			6	8	16~20/8、22~40/12	16	16	20	24	32	30~38/20、40~55/30、60~200/40
5	5	6	8	10	16~20/10、22~50/14	20	20	25	30	40	32~45/25、50~70/40、75~200/50
6	6	8	10	12	20~22/10、25~28/14、30~75/16	24	24	30	36	48	45~55/30、60~80/45、85~200/60

l（系列）：12、（14）、16、（18）、20、（22）、25、（28）、30、（32）、35、（38）、40、45、50、55、60、65、70、75、80、85、90、95、100、110、120、130、140、150、160、170、180、190、200

注：1. l 系列值括号内的尺寸尽可能不采用。

2. GB/T 897—1988 和 GB/T 898—1988 在 l 系列中无 12，（14）。

附表 12 螺 钉

mm

开槽圆柱头螺钉（GB/T 65—2016）、开槽盘头螺钉（GB/T 67—2016）、开槽沉头螺钉（GB/T 68—2016）、开槽半沉头螺钉（GB/T 69—2016）

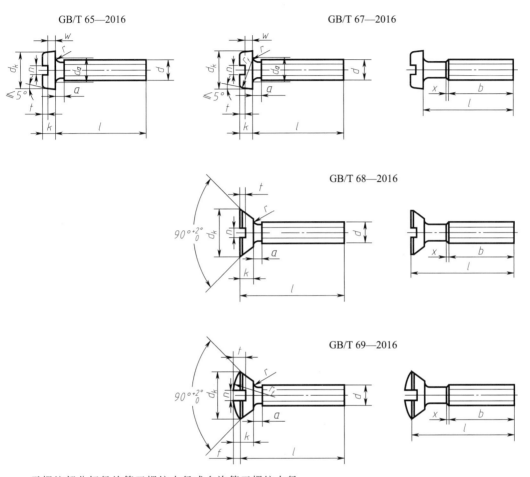

无螺纹部分杆径约等于螺纹中径或允许等于螺纹大径。

标 记 示 例

螺纹规格为 M5，公称长度 $l=20$ mm，性能等级为 4.8 级，表面不经处理的 A 级开槽圆柱头螺钉：

    螺钉 GB/T 65 M5×20

螺纹规格为 M5，公称长度 $l=20$ mm，性能等级为 4.8 级，表面不经处理的 A 级开槽盘头螺钉：

    螺钉 GB/T 67 M5×20

螺纹规格为 M5，公称长度 $l=20$ mm，性能等级为 4.8 级，表面不经处理的 A 级开槽沉头螺钉：

    螺钉 GB/T 68 M5×20

螺纹规格为 M5，公称长度 $l=20$ mm，性能等级为 4.8 级，表面不经处理的 A 级开槽半沉头螺钉：

    螺钉 GB/T 69 M5×20

续表

螺纹规格			M1.6	M2	M2.5	M3	M4	M5	M6	M8	M10
P			0.35	0.4	0.45	0.5	0.7	0.8	1	1.25	1.5
a	max		0.7	0.8	0.9	1	1.4	1.6	2	2.5	3
b	min		25				38				
n	公称		0.4	0.5	0.6	0.8	1.2		1.6	2	2.5
d_a	max		2	2.6	3.1	3.6	4.7	5.7	6.8	9.2	11.2
x	max		0.9	1	1.1	1.25	1.75	2	2.5	3.2	3.8
GB/T 65	d_k	max	3	3.8	4.5	5.5	7	8.5	10	13	16
	k	max	1.10	1.4	1.8	2	2.6	3.3	3.9	5	6
	t	min	0.45	0.6	0.7	0.85	1.1	1.3	1.6	2	2.4
	r	min	0.1				0.2		0.25	0.4	
	l 范围（公称）		2~16	3~20	3~25	4~30	5~40	6~50	8~60	10~80	12~80
	全螺纹时最大长度		30				40				
GB/T 67	d_k	max	3.2	4	6	5.6	8	9.5	12	16	20
	k	max	1	1.3	1.5	1.8	2.4	3	3.6	4.8	6
	l	min	0.35	0.5	0.6	0.7	1	1.2	1.4	1.9	2.4
	r	min	0.1				0.2		0.25	0.4	
	r_f	参考	0.5	0.6	0.8	0.9	1.2	1.5	1.8	2.4	3
	l 范围（公称）		2~16	2.5~20	3~25	4~30	5~40	6~50	8~60	10~80	12~80
	全螺纹时最大长度		30				40				
GB/T 68 GB/T 69	d_k	max	3	3.8	4.7	5.5	8.4	9.3	11.3	15.8	18.3
	k	max	1	1.2	1.5	1.65	2.7	2.7	3.3	4.65	5
	t min	GB/T 68	0.32	0.4	0.5	0.6	1	1.1	1.2	1.8	2
		GB/T 69	0.64	0.8	1	1.2	1.6	2	2.4	3.2	3.8
	r	max	0.4	0.5	0.6	0.8	1	1.3	1.5	2	2.5
	r_f		3	4	5	6	9.5	9.5	12	16.5	19.5
	f		0.4	0.5	0.6	0.7	1	1.2	1.4	2	2.3
	l 范围（公称）		2.5~16	3~20	4~25	5~30	6~40	8~50	8~60	10~80	12~80
	全螺纹时最大长度		30				45				
l 系列（公称）			2, 2.5, 3, 4, 5, 6, 8, 10, 12, （14）, 16, 20, 25, 30, 35, 40, 45, 50, （55）, 60, （65）, 70, （75）, 80								

注：1. b 不包括螺尾。

　　2. 括号内规格尽可能不采用。

附表 13　六 角 螺 母

mm

1 型六角螺母(GB/T 6170—2015)　　　　　　六角薄螺母(GB/T 6172.1—2016)

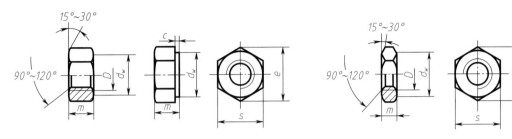

标 记 示 例

螺纹规格为 M12、性能等级为 8 级、表面不经处理、产品等级为 A 级的 1 型六角螺母的标记:

螺母　GB/T 6170　M12

螺纹规格 D			M2	M2.5	M3	M4	M5	M6	M8	M10	M12	M16	M20	M24	M30
c	max		0.2	0.3	0.4	0.4	0.5	0.5	0.6	0.6	0.6	0.8	0.8	0.8	0.8
d_w	min		3.1	4.1	4.6	5.9	6.9	8.9	11.6	14.6	16.6	22.5	27.7	33.2	42.7
e	min		4.32	5.45	6.01	7.66	8.79	11.05	14.38	17.77	20.03	26.75	32.95	39.55	50.85
m	GB/T 6170	max	1.6	2	2.4	3.2	4.7	5.2	6.8	8.4	10.8	14.8	18	21.5	25.6
		min	1.35	1.75	2.15	2.9	4.4	4.9	6.44	8.04	10.37	14.1	16.9	20.2	24.3
	GB/T 6172.1	max	1.2	1.6	1.8	2.2	2.7	3.2	4	5	6	8	10	12	15
		min	0.95	1.35	1.55	1.95	2.45	2.9	3.7	4.7	5.7	7.42	9.10	10.9	13.9
s	max		4	5	5.5	7	8	10	13	16	18	24	30	36	46
	min		3.82	4.82	5.32	6.78	7.78	9.78	12.73	5.73	17.73	23.67	29.16	35	45

注:A 级用于 $D \leqslant 16$ 的螺母,B 级用于 $D > 16$ 的螺母,D 为螺纹大径。

附表 14　垫 　 圈

mm

平垫圈　A 级(GB/T 97.1—2002)　平垫圈倒角型 A 级(GB/T 97.2—2002)

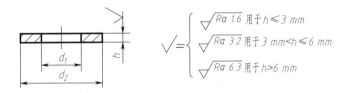

$$\sqrt{\ } = \begin{cases} \sqrt{Ra\ 1.6} \text{ 用于 } h \leqslant 3 \text{ mm} \\ \sqrt{Ra\ 3.2} \text{ 用于 } 3 \text{ mm} < h \leqslant 6 \text{ mm} \\ \sqrt{Ra\ 6.3} \text{ 用于 } h > 6 \text{ mm} \end{cases}$$

标 记 示 例

标准系列、公称尺寸 $d = 8$ mm、性能等级为 200HV 级、不经表面处理的平垫圈的标记:

垫圈　GB/T 97.1　8

公称规格(螺纹大径 d)	2	2.5	3	4	5	6	8	10	12	(14)	16	20	24	30
内径 d_1　公称(min)	2.2	2.7	3.2	4.3	5.3	6.4	8.4	10.5	13	15	17	21	25	31
外径 d_2　公称(max)	5	6	7	9	10	12	16	20	24	28	30	37	44	56
厚度 h　公称	0.3	0.5	0.5	0.8	1	1.6	1.6	2	2.5	2.5	3	3	4	4

注:1. GB/T 97.2—2002 的公称规格(螺纹大径 $d \geqslant 5$)

　　2. 括号内为非优选尺寸。

弹簧垫圈(GB/T 93—1987)　　　轻型弹簧垫圈(GB/T 859—1987)

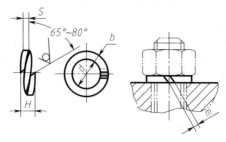

标 记 示 例

规格直径 16 mm，材料为 65Mn，热处理硬度为 44~50HRC，表面氧化的标准型弹簧垫圈的标记：

垫圈　GB/T 93　16

规格(螺纹大径)		2	2.5	3	4	5	6	8	10	12	16	20	24	30	36	42	48
d		2.1	2.6	3.1	4.1	5.1	6.2	8.2	10.2	12.3	16.3	20.5	24.5	30.5	36.6	42.6	49
H	GB/T 93—1987	1.2	1.6	2	2.4	3.2	4	5	6	7	8	10	12	13	14	16	18
	GB/T 859—1987	1	1.2	1.6	1.6	2	2.4	3.2	4	5	6.4	8	9.6	12			
$S(b)$	GB/T 93—1987	0.6	0.8	1	1.2	1.6	2	2.5	3	3.5	4	5	6	6.5	7	8	9
S	GB/T 859—1987	0.5	0.6	0.8	0.8	1	1.2	1.6	2	2.5	3.2	4	4.8	6			
$m \leqslant$	GB/T 93—1987	0.4		0.5	0.6	0.8	1	1.2	1.5	1.7	2	2.5	3	3.2	3.5	4	4.5
	GB/T 859—1987	0.3		0.4		0.5	0.6	0.8	1	1.2	1.6	2	2.4	3			
b	GB/T 859—1987	0.8		1		1.2		1.6	2	2.5	3.5	4.5	5.5	6.5	8		

附表 15　紧固件通孔及沉孔尺寸

mm

螺纹规格		M3	M3.5	M4	M5	M6	M8	M10	M12	M14	M16	M20	M24	M30	M36	M42	M48
螺栓和螺钉通孔直径 d_h(GB/T 5277—1985)	精装配	3.2	3.7	4.3	5.3	6.4	8.4	10.5	13	15	17	21	25	31	37	43	50
	中等装配	3.4	3.9	4.5	5.5	6.6	9	11	13.5	15.5	17.5	22	26	33	39	45	52
	粗装配	3.6	4.2	4.8	5.8	7	10	12	14.5	16.5	18.5	24	28	35	42	48	56
六角头螺栓和六角螺母用沉孔(GB/T 152.4—1988)	d_2	9	—	10	11	13	18	22	26	30	33	40	48	61	71	82	98
	t	只要能制出与通孔轴线垂直的圆平面即可															

续表

螺纹规格			M3	M3.5	M4	M5	M6	M8	M10	M12	M14	M16	M20	M24	M30	M36	M42	M48
沉头螺钉用沉孔(GB/T 152.2—2014)	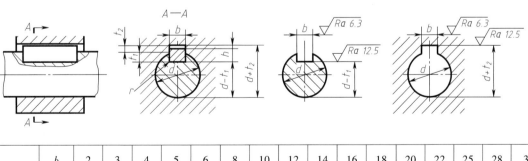	D_e min (公称)	6.3	8.2	9.4	10.40	12.60	17.30	20.0	—	—	—	—	—	—	—	—	—
开槽圆柱头用沉孔（GB/T 152.3—1988）		d_2	—	—	8	10	11	15	18	20	24	26	33	—	—	—	—	—
		t	—	—	3.2	4	4.7	6	7	8	9	10.5	12.5	—	—	—	—	—
内六角圆柱头用沉孔（GB/T 152.3—1988）		d_2	6.0	—	8.0	10.0	11.0	15.0	18.0	20.0	24.0	26.0	33.0	40.0	48.0	57.0	—	—
		t	3.4	—	4.6	5.7	6.8	9.0	11.0	13.0	15.0	17.5	21.5	25.5	32.0	38.0	—	—

附表 16　平键及键槽各部分尺寸

mm

平键键槽的剖面尺寸（GB/T 1095—2003）

键尺寸	b	2	3	4	5	6	8	10	12	14	16	18	20	22	25	28	32
	h	2	3	4	5	6	7	8	8	9	10	11	12	14	14	16	18

续表

键槽深	轴 t_1	1.2	1.8	2.5	3.0	3.5	4.0	5.0	5.0	5.5	6.0	7.0	7.5	9.0	9.0	10.0	11.0
	毂 t_2	1.0	1.4	1.8	2.3	2.8	3.3	3.3	3.3	3.8	4.3	4.4	4.9	5.4	5.4	6.4	7.4
半径	r	0.08~0.16			0.16~0.25			0.25~0.40						0.40~0.60			

注：在零件工作图中，轴槽深用 $(d-t_1)$ 标注，轮毂槽深用 $(d+t_2)$ 标注。

普通型平键形式尺寸（GB/T 1096—2003）

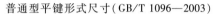

A型　　　　　B型　　　　　C型

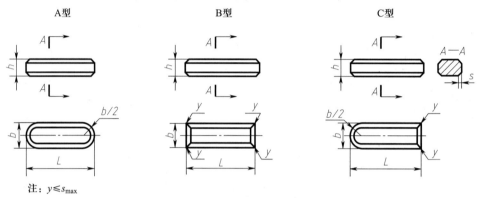

注：$y \leqslant s_{\max}$

标 记 示 例

$b=18$ mm，$h=11$ mm，$L=100$ mm，普通 A 型平键的标记为：

　　GB/T 1096　键 18×11×100

$b=18$ mm，$h=11$ mm，$L=100$ mm，普通 B 型平键的标记为：

　　GB/T 1096　键 B18×11×100

$b=18$ mm，$h=11$ mm，$L=100$ mm，普通 C 型平键的标记为：

　　GB/T 1096　键 C18×11×100

b	2	3	4	5	6	8	10	12	14	16	18	20	22	25	28	32	36	40	45	50
h	2	3	4	5	6	7	8	8	9	10	11	12	14	14	16	18	20	22	25	28
倒角或倒圆	0.16~0.25			0.25~0.40		0.40~0.60						0.60~0.80					1.00~1.20			
L 范围	6~20	6~36	8~45	10~56	14~70	18~90	22~110	28~140	36~160	45~180	50~200	56~220	63~250	70~280	80~320	90~360	100~400	100~400	110~450	125~500
L 系列	6，8，10，12，14，16，18，20，22，25，28，32，36，40，45，50，56，63，70，80，90，100，110，125，140，160，180，200，220，250，280，320，360，400，450，500																			

附表 17　销

mm

圆柱销（GB/T 119.1—2000）

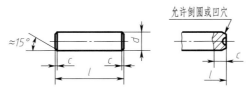

标 记 示 例

公称直径 $d = 8$ mm，公差为 m6，长度 $l = 30$ mm，材料为钢，不经淬火，不经表面处理的圆柱销的标记：

销　GB/T 119.1　8 m6×30

$d_{公称}$	1	1.2	1.5	2	2.5	3	4	5	6	8	10	12
$c \approx$	0.20	0.25	0.30	0.35	0.40	0.50	0.63	0.80	1.2	1.6	2	2.5
$l_{公称}$ （系列值）	2，3，4，5，6，8，10，12，14，16，18，20，22，24，26，28，30，32，35，40，45，50，55，60，65，70，75，80，85，90，95，100，120，140，160，180，200											

圆锥销（GB/T 117—2000）

A型(磨削)　　　　　　　　　　　　　　　　　　　　B型(切削或冷镦)

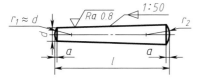

$$r_2 \approx \frac{a}{2} + d + \frac{(0.021)^2}{8a}$$

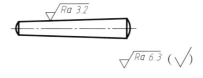

标 记 示 例

公称直径 $d = 10$ mm，长度 $l = 60$ mm，材料为 35 钢，热处理硬度 28~38 HRC，表面氧化处理的 A 型圆锥销的标记为：

销　GB/T 117　10×60

$d_{公称}$	1	1.2	1.5	2	2.5	3	4	5	6	8	10	12
$a \approx$	0.12	0.16	0.2	0.25	0.3	0.4	0.5	0.63	0.8	1	1.2	1.6
$l_{公称}$ （系列值）	2，3，4，5，6，8，10，12，14，16，18，20，22，24，26，28，30，32，35，40，45，50，55，60，65，70，75，80，85，90，95，100，120，140，160，180，200											

开口销（GB/T 91—2000）

标 记 示 例

公称直径 $d = 5$ mm，长度 $l = 50$ mm，材料为低碳钢，不经表面处理的开口销的标记：

销　GB/T 91　5×50

公称规格		1	1.2	1.6	2	2.5	3.2	4	5	6.3	8	10	13
c	max	1.8	2.0	2.8	3.6	4.6	5.8	7.4	9.2	11.8	15.0	19.0	24.8
	min	1.6	1.7	2.4	3.2	4.0	5.1	6.5	8.0	10.3	13.1	16.6	21.7
$b \approx$		3	3	3.2	4	5	6.4	8	10	12.6	16	20	26
a max		1.6		2.5			3.2		4			6.3	
l 公称 （系列值）		4, 5, 6, 8, 10, 12, 14, 16, 18, 20, 22, 24, 26, 28, 30, 32, 36, 40, 45, 50, 55, 60, 65, 70, 75, 80, 85, 90, 95, 100, 120, 140, 160, 180, 200, 224, 250, 280											

注：1. 公称规格等于销孔的直径。

2. 根据使用需要，由供需双方协议，可采用公称规格为3、6和12 mm的规格。

附表 18 滚 动 轴 承

深沟球轴承 （GB/T 276—2013）	圆锥滚子轴承 （GB/T 297—2015）	推力球轴承 （GB/T 301—2015）
标记示例 滚动轴承 6308 GB/T 276—2013	**标记示例** 滚动轴承 30210 GB/T 297—2015	**标记示例** 滚动轴承 51206 GB/T 301—2015

轴承型号	尺寸/mm			轴承型号	尺寸/mm					轴承型号	尺寸/mm			
	d	D	B		d	D	B	C	T		d	D	T	D_{1min}
尺寸系列（02）				尺寸系列（02）						尺寸系列（12）				
6202	15	35	11	30203	17	40	12	11	13.25	51202	15	32	12	17
6203	17	40	12	30204	20	47	14	12	15.25	51203	17	35	12	19
6204	20	47	14	30205	25	52	15	13	16.25	51204	20	40	14	22
6205	25	52	15	30206	30	62	16	14	17.25	51205	25	47	15	27

轴承型号	尺寸/mm			轴承型号	尺寸/mm					轴承型号	尺寸/mm			
	d	D	B		d	D	B	C	T		d	D	T	D_{1min}
尺寸系列（02）				尺寸系列（02）						尺寸系列（12）				
6206	30	62	16	30207	35	72	17	15	18.25	51206	30	52	16	32
6207	35	72	17	30208	40	80	18	16	19.75	51207	35	62	18	37
6208	40	80	18	30209	45	85	19	16	20.75	51208	40	68	19	42
6209	45	85	19	30210	50	90	20	17	21.75	51209	45	73	20	47
6210	50	90	20	30211	55	100	21	18	22.75	51210	50	78	22	52
6211	55	100	21	30212	60	110	22	19	23.75	51211	55	90	25	57
6212	60	110	22	30213	65	120	23	20	24.75	51212	60	95	26	62
尺寸系列（03）				尺寸系列（03）						尺寸系列（13）				
6302	15	42	13	30302	15	42	13	11	14.25	51304	20	47	18	22
6303	17	47	14	30303	17	47	14	12	15.25	51305	25	52	18	27
6304	20	52	15	30304	20	52	15	13	16.25	51306	30	60	21	32
6305	25	62	17	30305	25	62	17	15	18.25	51307	35	68	24	37
6306	30	72	19	30306	30	72	19	16	20.75	51308	40	78	26	42
6307	35	80	21	30307	35	80	21	18	22.75	51309	45	85	28	47
6308	40	90	23	30308	40	90	23	20	25.25	51310	50	95	31	52
6309	45	100	25	30309	45	100	25	22	27.25	51311	55	105	35	57
6310	50	110	27	30310	50	110	27	23	29.25	51312	60	10	35	62
6311	55	120	29	30311	55	120	29	25	31.5	51313	65	115	36	67
6312	60	130	31	30312	60	130	31	26	33.5	51314	70	125	40	72

附表 19　标准公差数值(GB/T 1800.1—2020)

公称尺寸/mm		公 差 等 级																		
		IT1	IT2	IT3	IT4	IT5	IT6	IT7	IT8	IT9	IT10	IT11	IT12	IT13	IT14	IT15	IT16	IT17	IT18
大于	至	μm											mm						
—	3	0.8	1.2	2	3	4	6	10	14	25	40	60	0.1	0.14	0.25	0.4	0.6	1	1.4
3	6	1	1.5	2.5	4	5	8	12	18	30	48	75	0.12	0.18	0.3	0.48	0.75	1.2	1.8
6	10	1	1.5	2.5	4	6	9	15	22	36	58	90	0.15	0.22	0.36	0.58	0.9	1.5	2.2
10	18	1.2	2	3	5	8	11	18	27	43	70	110	0.18	0.27	0.43	0.7	1.1	1.8	2.7
18	30	1.5	2.5	4	6	9	13	21	33	52	84	130	0.21	0.33	0.52	0.84	1.3	2.1	3.3
30	50	1.5	2.5	4	7	11	16	25	39	62	100	160	0.25	0.39	0.62	1	1.6	2.5	3.9
50	80	2	3	5	8	13	19	30	46	74	120	190	0.3	0.46	0.74	1.2	1.9	3	4.6
80	120	2.5	4	6	10	15	22	35	54	87	140	220	0.35	0.54	0.87	1.4	2.2	3.5	5.4
120	180	3.5	5	8	12	18	25	40	63	160	160	250	0.4	0.63	1.6	1.6	2.5	4	6.3
180	250	4.5	7	10	14	20	29	46	72	115	185	290	0.46	0.72	1.15	1.85	2.9	4.6	7.2
250	315	6	8	12	16	23	32	52	81	130	210	320	0.52	0.81	1.3	2.1	3.2	5.2	8.1
315	400	7	9	13	18	25	36	57	89	140	230	360	0.57	0.89	1.4	2.3	3.6	5.7	8.9
400	500	8	10	15	20	27	40	63	97	155	250	400	0.63	0.97	1.55	2.5	4	6.3	9.7

注：1. 公称尺寸小于或等于 1 mm 时，无 IT14 至 IT18。

　　2. IT01 和 IT0 的标准公差本表未列入。

附表 20　优先配合中轴的极限偏差(GB/T 1800.2—2020)　　μm

公称尺寸/mm		公 差 带												
		c	d	f	g	h				k	n	p	s	u
大于	至	11	9	7	6	6	7	9	11	6	6	6	6	6
－	3	−60 −120	−20 −45	−6 −16	−2 −8	0 −6	0 −10	0 −25	0 −60	+6 0	+10 +4	+12 +6	+20 +14	+24 +18
3	6	−70 −145	−30 −60	−10 −22	−4 −12	0 −8	0 −12	0 −30	0 −75	+9 +1	+16 +8	+20 +12	+27 +19	+31 +23
6	10	−80 −170	−40 −76	−13 −28	−5 −14	0 −9	0 −15	0 −36	0 −90	+10 +1	+19 +10	+24 +15	+32 +23	+37 +28

| 公称尺寸 /mm | | 公差带 | | | | | | | | | | | | |
大于	至	c11	d9	f7	g6	h6	h7	h9	h11	k6	n6	p6	s6	u6
10	14	-95 / -205	-50 / -93	-16 / -34	-6 / -17	0 / -11	0 / -18	0 / -43	0 / -110	+12 / +1	+23 / +12	+29 / +18	+39 / +28	+44 / +33
14	18	-95 / -205	-50 / -93	-16 / -34	-6 / -17	0 / -11	0 / -18	0 / -43	0 / -110	+12 / +1	+23 / +12	+29 / +18	+39 / +28	+44 / +33
18	24	-110 / -240	-65 / -117	-20 / -41	-7 / -20	0 / -13	0 / -21	0 / -52	0 / -130	+15 / +2	+28 / +15	+35 / +22	+48 / +35	+54 / +41
24	30	-110 / -240	-65 / -117	-20 / -41	-7 / -20	0 / -13	0 / -21	0 / -52	0 / -130	+15 / +2	+28 / +15	+35 / +22	+48 / +35	+61 / +48
30	40	-120 / -280	-80 / -142	-25 / -50	-9 / -25	0 / -16	0 / -25	0 / -62	0 / -160	+18 / +2	+33 / +17	+42 / +26	+59 / +43	+76 / +60
40	50	-130 / -290	-80 / -142	-25 / -50	-9 / -25	0 / -16	0 / -25	0 / -62	0 / -160	+18 / +2	+33 / +17	+42 / +26	+59 / +43	+86 / +70
50	65	-140 / -330	-100 / -174	-30 / -60	-10 / -29	0 / -19	0 / -30	0 / -74	0 / -190	+21 / +2	+39 / +20	+51 / +32	+72 / +53	+106 / +87
65	80	-150 / -340	-100 / -174	-30 / -60	-10 / -29	0 / -19	0 / -30	0 / -74	0 / -190	+21 / +2	+39 / +20	+51 / +32	+78 / +59	+121 / +102
80	100	-170 / -390	-120 / -207	-36 / -71	-12 / -34	0 / -22	0 / -35	0 / -87	0 / -220	+25 / +3	+45 / +23	+59 / +37	+93 / +71	+146 / +124
100	120	-180 / -400	-120 / -207	-36 / -71	-12 / -34	0 / -22	0 / -35	0 / -87	0 / -220	+25 / +3	+45 / +23	+59 / +37	+101 / +79	+166 / +144
120	140	-200 / -450	-145 / -245	-43 / -83	-14 / -39	0 / -25	0 / -40	0 / -100	0 / -250	+28 / +3	+52 / +27	+68 / +43	+117 / +92	+195 / +170
140	160	-210 / -460	-145 / -245	-43 / -83	-14 / -39	0 / -25	0 / -40	0 / -100	0 / -250	+28 / +3	+52 / +27	+68 / +43	+125 / +100	+215 / +190
160	180	-230 / -480	-145 / -245	-43 / -83	-14 / -39	0 / -25	0 / -40	0 / -100	0 / -250	+28 / +3	+52 / +27	+68 / +43	+133 / +108	+235 / +210
180	200	-240 / -530	-170 / -285	-50 / -96	-15 / -44	0 / -29	0 / -46	0 / -115	0 / -290	+33 / +4	+60 / +31	+79 / +50	+151 / +122	+265 / +236
200	225	-260 / -550	-170 / -285	-50 / -96	-15 / -44	0 / -29	0 / -46	0 / -115	0 / -290	+33 / +4	+60 / +31	+79 / +50	+159 / +130	+287 / +258
225	250	-280 / -570	-170 / -285	-50 / -96	-15 / -44	0 / -29	0 / -46	0 / -115	0 / -290	+33 / +4	+60 / +31	+79 / +50	+169 / +140	+313 / +284

公称尺寸/mm		公 差 带											
		c	d	f	g	h				k	n	p	s	u
大于	至	11	9	7	6	6	7	9	11	6	6	6	6	6
250	280	−300 −620	−190	−56	−17	0	0	0	0	+36	+66	+88	+190 +158	+347 +315
280	315	−330 −650	−320	−108	−49	−32	−52	−130	−320	+4	+34	+56	+202 +170	+382 +350
315	355	−360 −720	−210	−62	−18	0	0	0	0	+40	+73	+98	+226 +190	+426 +390
355	400	−400 −760	−350	−119	−54	−36	−57	−140	−360	+4	+37	+62	+244 +208	+471 +435
400	450	−440 −840	−230	−68	−20	0	0	0	0	+45	+80	+108	+272 +232	+530 +490
450	500	−480 −880	−385	−131	−60	−40	−63	−155	−400	+5	+40	+68	+292 +252	+580 +540

附表 21　优先配合中孔的极限偏差（GB/T 1800.2—2020）　　　　μm

公称尺寸/mm		公 差 带												
		C	D	F	G	H				K	N	P	S	U
大于	至	11	9	8	7	7	8	9	11	7	7	7	7	7
−	3	+120 +60	+45 +20	+20 +6	+12 +2	+10 0	+14 0	+25 0	+60 0	0 −10	−4 −14	−6 −16	−14 −24	−18 −28
3	6	+145 +70	+60 +30	+28 +10	+16 +4	+12 0	+18 0	+30 0	+75 0	+3 −9	−4 −16	−3 −20	−15 −27	−19 −31
6	10	+170 +80	+76 +40	+35 +13	+20 +5	+15 0	+22 0	+36 0	+90 0	+5 −10	−4 −19	−9 −24	−17 −32	−22 −37
10	14	+205 +95	+93 +50	+43 +16	+24 +6	+18 0	+27 0	+43 0	+110 0	+6 −12	−5 −23	−11 −29	−21 −39	−26 −44
14	18													
18	24	+240 +110	+117 +65	+53 +20	+28 +7	+21 0	+33 0	+52 0	+130 0	+6 −15	−7 −28	−14 −35	−27 −48	−33 −54
24	30													−40 −61

公称尺寸 /mm		公 差 带												
		C	D	F	G	H				K	N	P	S	U
大于	至	11	9	8	7	7	8	9	11	7	7	7	7	7
30	40	+280 +120	+142	+64	+34	+25	+39	+62	+160	+7	−8	−17	−34	−51 −76
40	50	+290 +130	+80	+25	+9	+0	0	0	0	−18	−33	−42	−59	−61 −86
50	65	+330 +140	+174	+76	+40	+30	+46	+74	+190	+9	−9	−21	−42 −72	−76 −106
65	80	+340 +150	+100	+30	+10	0	0	0	0	−21	−39	−51	−48 −78	−91 −121
80	100	+390 +170	+207	+90	+47	+35	+54	+87	+220	+10	−10	−24	−58 −93	−111 −146
100	120	+400 +180	+120	+36	+12	0	0	0	0	−25	−45	−59	−66 −101	−131 −166
120	140	+450 +200	+245	+106	+54	+40	+63	+100	+250	+12	−12	−23	−77 −117	−155 −195
140	160	+460 +210											−85 −125	−175 −215
160	180	+480 +230	+145	+43	+14	0	0	0	0	−28	−52	−68	−93 −133	−195 −235
180	200	+530 +240	+285	+122	+61	+46	+72	+115	+290	+13	−14	−33	−105 −151	−219 −265
200	225	+550 +260											−113 −159	−241 −287
225	250	+570 +280	+170	+50	+15	0	0	0	0	−33	−60	−79	−123 −169	−267 −313
250	280	+620 +300	+320	+137	+69	+52	+81	+130	+320	+16	−14	−36	−138 −190	−295 −347
280	315	+650 +330	+190	+56	+17	0	0	0	0	−36	−66	−88	−150 −202	−330 −382

公称尺寸 /mm		公 差 带												
		C	D	F	G	H				K	N	P	S	U
大于	至	11	9	8	7	7	8	9	11	7	7	7	7	7
315	355	+720 +360	+350	+151	+75	+57	+89	+140	+360	+17	−16	−41	−169 −226	−369 −426
355	400	+760 +400	+210	+62	+18	0	0	0	0	−40	−73	−98	−187 −244	−414 −471
400	450	+840 +440	+385	+165	+83	+63	+97	+155	+400	+18	−17	−45	−209 −279	−467 −530
450	500	+880 +480	+230	+68	+20	0	0	0	0	−45	−80	−108	−229 −292	−517 −580

参 考 文 献

[1] 西安交通大学工程画教研室. 画法几何及工程制图 [M]. 5 版. 北京：高等教育出版社, 2017.

[2] 王颖, 等. 现代工程制图 [M]. 北京：北京航空航天大学出版社, 2000.

[3] 管殿柱. AutoCAD 2000 机械工程绘图教程 [M]. 北京：机械工业出版社, 2001.

[4] 中国纺织大学工程图学教研室, 等. 画法几何及工程制图. 上海：上海科学技术出版社, 1997.

[5] 张跃峰, 陈通. AutoCAD 2004 入门与提高 [M]. 北京：清华大学出版社, 2000.

[6] 大连理工大学工程画教研室. 画法几何学 [M]. 7 版. 北京：高等教育出版社, 2011.

[7] 大连理工大学工程画教研室. 机械制图 [M]. 7 版. 北京：高等教育出版社, 2013.

[8] 焦永和. 机械制图. 北京：北京理工大学出版社, 2001.

[9] 卞正国. 画法几何及机械制图 [M]. 北京：机械工业出版社, 1996.

[10] 魏崇光. 化工工程制图 [M]. 北京：化学工业出版社, 1994.

[11] 王槐德. 机械制图新旧标准代换教程 [M]. 北京：中国标准出版社, 2004.

[12] 李丽. 工程制图 [M]. 成都：电子科技大学出版社, 2002.

[13] 丁宇明, 黄水生, 张竞. 土建工程制图 [M]. 3 版. 北京：高等教育出版社, 2012.

[14] 何铭新, 钱可强, 徐祖茂. 机械制图 [M]. 7 版. 北京：高等教育出版社, 2016.

[15] 何培英, 贾雨, 白代萍. 机械工程图学 [M]. 武汉：华中科技大学出版社, 2013.

[16] 张彤, 刘斌, 焦永和. 工程制图 [M]. 3 版. 北京：高等教育出版社, 2020.

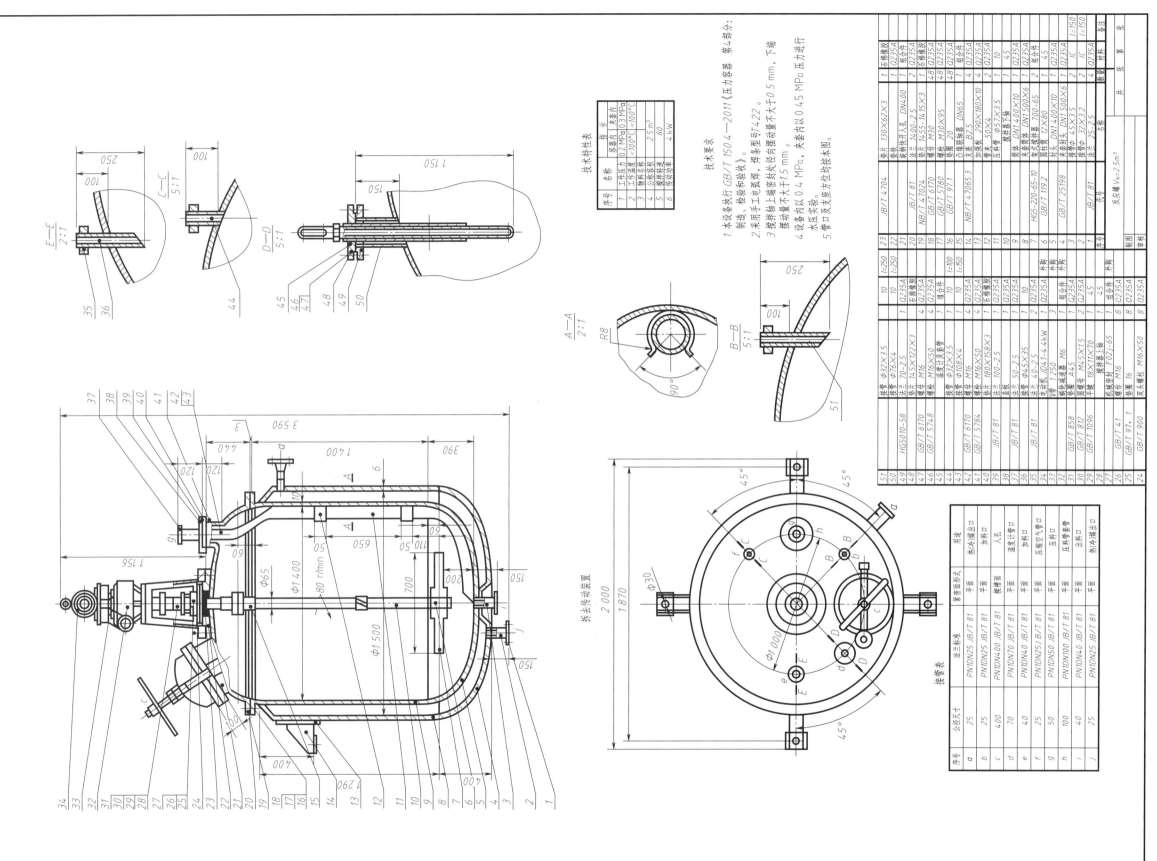

技术特性表

序号	名称	指标
1	工作压力	容器内 0.2 MPa 夹套内 0.3 MPa
2	工作温度	<100°C <100°C
3	物料名称	
4	公称容积	2.5 m³
5	搅拌转速	80
6	传动功率	4 kW

技术要求

1. 本设备执行 GB/T 150.4—2011《压力容器》第4部分: 制造、检验、检查和验收。
2. 采用手工电弧焊, 焊条型号 J422。
3. 搅拌轴上端密封处轴向摆动量不大于 0.5 mm, 下端摆动量不大于 1.5 mm。
4. 设备内以 0.4 MPa, 夹套内以 0.45 MPa 压力进行水压试验。
5. 管口及支座方位均按本图。

接管表

序号	公称尺寸	连接面形式	法兰标准	用途
a	25	PN1DN25 JB/T 81	平面	热冷媒出口
b	25	PN1DN25 JB/T 81	平面	加料口
c	400	PN1DN400 JB/T 81	装槽面	人孔
d	70	PN1DN70 JB/T 81	平面	温度计及套管
e	40	PN1DN40 JB/T 81	平面	加料口
f	25	PN1DN25 JB/T 81	平面	压缩空气管口
g	50	PN1DN50 JB/T 81	平面	压料口
h	100	PN1DN100 JB/T 81	平面	出料口
i	40	PN1DN40 JB/T 81	平面	出料口
j	25	PN1DN25 JB/T 81	平面	热冷媒出口

图 10-1

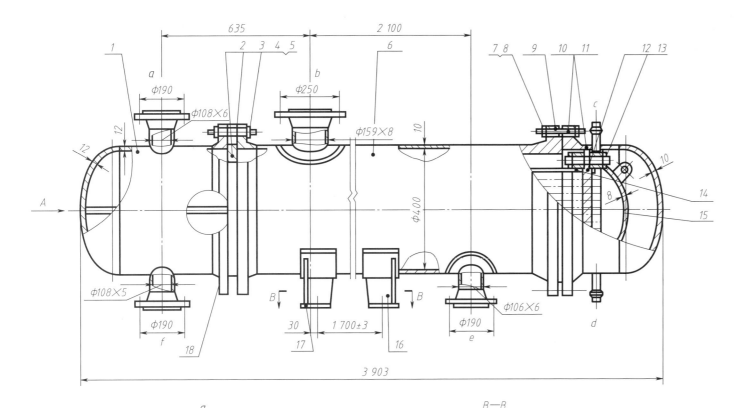

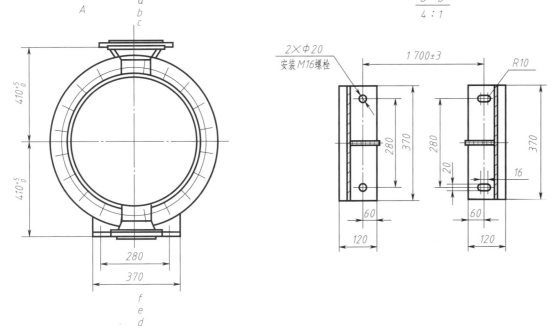

技术要求

1. 本设备按《压力容器安全技术监察规程》和《钢制列管式换热器技术条件》，进行制造、试验和验收。
2. 焊接采用电气焊，16MnR 之间采用 E5015 焊条，16MnR 与残钢之间采用 E4315 焊条。
3. 焊接接头形式及尺寸除图中注明外，其余均按 GB/T 985.1—2008 中有关规定，角焊缝腰高按较薄板的厚度，法兰焊接按相应法兰焊接。
4. 对接焊缝总长的 20% 进行射线或超声波探伤，射线探伤符合 GB/T 3323—2019 中的三级合格，超声波探伤符合 JB 4730—2005 中的 Ⅱ 级合格。
5. 管板密封面与壳体轴线垂直，其公差为 1 mm。
6. 列管与管板采用胀接连接。
7. 设备制造完成后，管程和壳程分别以 3.13 MPa 表压进行液压试验。
8. 管口方位按本图。
9. 各项检验质量合格后，设备外表面涂红丹漆二层，然后涂灰漆一层。

技术特性表

名称		管程	壳程
工作压力 MPa		0.57	2.38
工作温度 °C		≤40	≤200
设计压力 MPa			2.5
设计温度 °C			200
物料名称		水	热油
换热面积 m²		17	
焊缝系数 φ			
腐蚀厚度 mm			
容器类别			

接管表

符号	公称尺寸	连接尺寸标准	连接面标准	用途或名称
a	100	PN1DN100 JB/T 81	凹面	冷油出口
b	150	PN1DN100 JB/T 81	凹面	水进口
c	G1/2			排气口
d	G1/2			排污口
e	100	PN1DN100 JB/T 81	凸面	水出口
f	100	PN1DN100 JB/T 81	凸面	热油进口

序号	代号	名称	数量	规格	备注
18	GB/T 897	双头螺柱 M20×150	16	40MnB	
17	JB/T 4712	鞍式支座 B/400-FS	1	组合件	
16	JB/T 4712	鞍式支座 B/400-FS	1	组合件	
15	89-113H-5	浮头盖	1	组合件	
14	89-113H-3	管束	1	组合件	
13	GB/T 897	双头螺柱 M20×190	16	40Cr	
12	89-113H-5	浮头垫圈 Φ390×Φ360	1	组合件	δ=3
11	89-113H-5	浮头垫圈	1	20	
10	89-113H-4	外头盖	1	组合件	
9	89-113H-5	外头盖垫圈 Φ564×Φ520	1	组合件	δ=3
8	GB/T 897	双头螺柱 M24×145	28	40MnB	
7	GB/T 6170	螺母和 M24	28	35	
6	89-113H-2	管壳	1	组合件	
5	GB/T 6170	螺母 M24	72	35	
4	89-113H-5	带有等长双头螺柱 M24×180	2	40MnB	
3	JB/T 4706	管箱侧垫圈 Φ453/Φ422	1		δ=3
2	89-113H-5	管箱垫圈 Φ453/Φ425	1	组合件	δ=3
1	89-113H-1	管箱	1	组合件	
序号	代号	名称	数量	规格	备注

浮头式冷却器	S=17 cm²	1:5	89-113H-0
		共 张	第 张
制图			
审核			

图 10-11